数字图像
置乱算法的研究

李用江 著

吉林大学出版社
·长春·

图书在版编目（CIP）数据

数字图像置乱算法的研究 / 李用江著 . -- 长春：吉林大学出版社，2024. 5. -- ISBN 978-7-5768-3290-7

Ⅰ. TP391.413

中国国家版本馆 CIP 数据核字第 2024TM5627 号

书　名　数字图像置乱算法的研究
　　　　SHUZI TUXIANG ZHILUAN SUANFA DE YANJIU

作　　者　李用江
策划编辑　李承章
责任编辑　甄志忠
责任校对　陈曦
装帧设计　康博
出版发行　吉林大学出版社
社　　址　长春市人民大街 4059 号
邮政编码　130021
发行电话　0431-89580036/58
网　　址　http://www.jlup.com.cn
电子邮箱　jldxcbs@sina.com
印　　刷　北京北印印务有限公司
开　　本　787mm×1092mm　1/16
印　　张　10.75
字　　数　240 千字
版　　次　2025 年 5 月第 1 版
印　　次　2025 年 5 月第 1 次印刷
书　　号　ISBN 978-7-5768-3290-7
定　　价　72.00 元

前　　言

本书研究了数字图像置乱算法及其应用，主要包括数字图像置乱矩阵的构造方法、置乱矩阵的周期性、置乱矩阵在图像置乱中的应用三个方面。主要成果如下：

(1)基于 Euclid 算法提出了两种构造二维广义 Arnold 矩阵：一种基于广义 Fibonacci 序列，一种基于 Dirichlet 序列。优点是：可以选择周期较大的二维广义 Arnold 矩阵，用户自行输入加密密钥，做到了一次一密，解决了一般二维广义 Arnold 矩阵的形式只有四种选择困境，从而大大增加了图像加密系统的安全性。

(2)提出了构造任意 n 维广义 Arnold 型矩阵的三种方法：基于等差数列的 n 维广义 Arnold 矩阵构造方法、基于混沌整数序列的 n 维广义 Arnold 矩阵的构造方法和基于 Chebyshev 混沌神经网络的 n 维广义 Arnold 矩阵构造方法。优点是：每种方法都只与密钥有关，算法简单且可公开；密钥空间大，每种算法可"一次一密"生成安全性很高的加密矩阵，且加密结果具有良好的混沌特性和自相关性，明文的自然频率得以隐蔽和均匀化，有利于抵抗统计分析法的攻击，能满足密码学的要求。由密钥生成的变换矩阵和逆变换矩阵的算法中不涉及复杂矩阵运算，时间复杂度低，不会因为变换矩阵维数较高而超出了计算能力；使用此类变换矩阵对图像进行置乱，通过逆变换对置乱图像进行恢复。

(3)阐述了二维 Arnold 映射的周期性与 Fibonacci 模数列的周期性的内在联系，证明了二维 Arnold 变换的模周期等于 Fibonacci 数列的模周期的一半，得到了猫映射的最小模周期的上界为 $3N$，大大推进了现有的结论($N^2/2$)。

(4)首次提出了孪生 Fibonacci 数列对的定义，给出了其性质和定理，并证明了孪生 Fibonacci 数列对 $\bmod p^r$ 的最小正周期定理；阐明了三维 Arnold 映射的周期性与孪生 Fibonacci 数列对的周期性的内在联系，得到了 3 维 Arnold 变换的最小正周期上界为 $3.14N^2$，大大推进了现有的结论(N^3)。

(5)证明了任意 n 维广义 Arnold 矩阵($\bmod p^r$)的最小正周期定理，即对任意素数 p 和 $r \in \mathbf{Z}^+$，$N = p^r$，若 $T = \pi_p[\mathbf{A}(\bmod p)]$，则 $\pi_N[\mathbf{A}(\bmod N)] = p^{r-1}T$。给出了 n 维 Arnold 矩阵的模周期上界为 $N^2/2$。这些定理解决了长期困扰大家的变换矩阵模周期性计算问题，从而为图像置乱提供了更坚实的理论基础。

(6)首次提出了 Arnold 变换的最佳置乱周期的定义，给出了使用 Arnold 变换时的变换最佳置乱次数。

(7)提出了基于 n 维广义 Arnold 型变换矩阵的多轮双置乱的一次一密的加密算法:采取图像位置空间与色彩空间的多轮乘积型双置乱。优点是:具有周期长,算法完全公开,可有效防止多种攻击。实验结果表明该置乱变换算法效率高,安全性强。

著　者

2023 **年** 11 **月**

目　　录

第1章　绪　　论

1.1　网络时代的信息安全

最近几十年来，计算机技术、通信技术、互联网技术日新月异，信息技术的普及以及互联网的广泛应用，人类社会已经进入了21世纪这个开放的网络信息时代。一方面，信息技术和产业高速发展，呈现出空前繁荣的景象。电脑的使用已与现代生活密不可分了，人们越来越依赖电脑，越来越沉溺于网络所带来的效率与便利，通过网络查找最新资料，发布或传递信息，看电影，听音乐，进行电子交易，网络视频会议等，多媒体数据的数字化为多媒体信息的存取提供了极大的便利，同时也极大地提高了信息表达的效率和准确度。另一方面，危害信息安全的事件不断发生，形势是严峻的。网络政治、网络经济、网络文化等网络社会形态正在加快形成，核心信息泄密、网络经济犯罪、非法信息传播、垃圾邮件、黑客攻击等一系列信息安全问题严重威胁社会稳定，尤其是黑客攻击，随着互联网的普及，已成为威胁网络安全的最大隐患。

黑客，是指利用通信软件，通过网络非法进入他人计算机系统，截取或篡改计算机数据，以及恶意攻击信息网络、金融网络资源和危害国家或社会公众信息资源安全的电脑入侵者。美国作为网络技术最为发达、最为成熟的国家，数字化犯罪也最为猖獗，曾发生过少年黑客攻击五角大楼、窃走机密文件的事件；英国也有军用通信卫星被电脑黑客控制并受勒索威胁的报道。

在我国，黑客离我们也并不遥远。据报道，近年来利用计算机网络进行的各类违法行为在中国以每年30%的速度递增。黑客的攻击方法有近千种，已超过计算机病毒的种类。2002年，国内共破获电脑黑客案近百起。如2月，广州视聆通被黑客多次入侵，造成4小时的系统失控；4月，贵州信息港被黑客入侵，主页被一幅淫秽图片替换；6月，上海热线被入侵，多台服务器的管理员口令被盗，数百个用户和工作人员的账号和密码被窃取；8月，印尼事件激起中国黑客集体入侵印尼网点，造成印尼多个网站瘫痪，但与此同时，中国的部分站点也遭到印尼黑客的报复；等等。

目前已发现的黑客攻击案仅占总数的很小一部分，多数事件并未被曝光。有资料表明，国内与国际互联网相连的网络管理中心绝大多数遭到过黑客攻击或入侵，而政府、邮电、军事部门和银行证券机构是黑客攻击的重点。以上事实表明，在网络上如何保证合法用户对资源的合法访问以及如何防止网络黑客攻击，成为网络安全的主要内容，维护网络社会正常秩序，已迫在眉睫。网络中流动的信息，如何保证安全性呢？

当前信息安全主要包括以下特征：

(1)完整性——信息未经授权不能改变的特性，即对抗主动攻击，保证数据一致性，防止数据被非法用户修改和破坏。

(2)保密性——信息不被泄漏给未经授权者的特性，即对抗被动攻击，以保证秘密信息不泄漏给非法用户；

(3)可用行——信息可被授权访问者访问并按照需求使用的特性，保证合法用户对信息和资源的使用不被不合理的拒绝；

(4)不可否认性——也称不可抵赖性，即所有参加者都不可能否认或抵赖曾经完成的操作和承诺。消息的发送方不能否认已经发送的消息，接受方也不能否认已接收的消息；

(5)可控性——对信息的传播及内容具有控制能力的特性，即能够对网络信息实施安全监控。

信息安全事关国家安全和社会稳定，因此，必须采取措施确保我国的信息安全[1]。信息安全主要包括4个方面：信息设备安全、数据安全、内容安全和行为安全。信息系统硬件结构的安全和操作系统的安全是信息系统安全的基础，密码、网络安全等技术是关键技术。只有从信息系统的硬件和软件的底层采取安全措施，从整体上采取措施，才能比较有效地确保信息系统的安全。在大多数的通信系统中，人们对通信内容的保密往往求助于密码学[1-4]。然而，在许多领域，密码学的应用已经越来越明显地暴露出它的局限性：密码学通过密文的不可理解性来保护信息的内容，而密文的不可理解性同时也暴露了信息的重要性。这很容易引起攻击者的注意，从而吸引攻击者采取多种手段对通信的内容进行破译或对通信过程进行破坏，继而造成通信过程的失败。

在上述背景下，一种新的信息保密方式成为信息安全领域的一个热门研究课题，这就是新兴的交叉学科——信息隐藏[1,5-10]。信息隐藏是网络环境下把机密信息隐藏在其他无关紧要的信息中形成隐秘信道，除通信双方以外的任何第三方并不知道秘密通信这个事实的存在，信息加密从“看不懂”变为“看不见”，转移了攻击者的目标，从而提供了比密码学更加可靠的安全性。如今信息隐藏学作为隐蔽通信和知识产权保护等的主要手段，正得到广泛的研究与应用。

1.2 信息隐藏综述

1.2.1 信息隐藏的基本概念

信息隐藏的思想源于古代的隐写术(steganography)。隐写术最有名的例子可以追溯到几千年前的远古时代[5,10]。希腊历史学家西罗多德(Herodotus，公元前485—425年)在他的著作 *Histories* 中讲述了这样一个有趣的故事：大约在公元前440年，Histiaus 剃光最信任的奴隶的头发并将消息刺在他的头皮上,当这个奴隶的头发重新长出之后,这条消息就变得看不见了。这样做的目的是为了传递秘密消息鼓动奴隶们反抗波斯人。文艺复兴时代,人们在音乐乐谱中隐藏信息,在几何图形中使用点、线、面来隐藏信息。在第二次世界大战中,间谍们使用的不可见墨水、缩微胶卷等都是隐写术的实例。为了保护信息的安全传递,隐形墨水、微型胶片、卡登格子、藏头诗等充满智慧的方法不断被人们创造和使用[11]。古典隐写术与其说是一门技术,毋宁说是一种需要丰富想象力的艺术[7]。随着社会的发展,人类进入信息时代。网络通信的普及和信息处理技术的丰富推动古老的隐写术进入新的阶段。

虽然信息隐藏技术有很长的发展历史,但是以数字多媒体为载体的信息隐藏技术却是近年来新兴的一个技术领域[4],属于信息安全范畴。它与密码学有很强联系而又有所不同,它的基础理论涉及感知科学、信息论、密码学、通信理论、人类听觉视觉系统理论等众多学科领域,涵盖信号处理、扩频通信、图像处理等多种专业技术的研究方向。信息隐藏是指利用人类感觉器官的不敏感,以及多媒体数字信号本身存在的冗余,将机密信息隐藏于一个载体信号中,不被人的感知系统察觉或不被注意到,而且不影响载体信号的感觉效果和使用价值[12]。现今在国内外已引起了众多专家学者的重视与关注。1996 年 5 月在英国剑桥召开的国际第一届信息隐藏学术研讨会(First International Workshop on Information Hiding)上,已经对信息隐藏的部分英文术语进行了统一和规范[13],2001 年 9 月在西安召开的“第三届全国信息隐藏学术研讨会”(CIHW2001)上,只对“信息隐藏”(information hiding, data hiding)一词取得了一致的看法[12],达成了共识,对其他的概念还没有取得大家一致公认的术语表达。

信息隐藏是具有伪装特点的信息安全技术,它提供了一种有别于加密的安全模式,不仅隐藏了秘密信息的内容,而且隐藏了秘密通信的存在,因而在信息安全领域显示了更为优良的特性。在人类进入信息时代以前,秘密信息隐藏的载体主要以实物的形式出现,如书本、纸张和雕像等。在当今信息时代,信息隐藏的载体可以是各种可公开传播的多媒体信息,如图像、音频和视频文件等。

1.2.2 信息隐藏分支

信息隐藏是利用人类感觉器官的不敏感性(感觉冗余),以及多媒体数字信号本身存在的冗余(数据特性冗余),将信息隐藏于一个宿主信号(掩护体)中,同时不被觉察到或不易被注意到,而且不影响宿主信号的感觉效果和使用价值。从它的研究方法来看,它与数学、生理学、电子学、计算机科学等许多学科可以相互借鉴;从它的研究范围来看,它与模式识别、计算机视觉、计算机图形学等多个专业义互相交叉。自从 20 世纪 90 年代世界各国开始研究数字信号信息隐藏技术以来,已有相当数量的研究成果问世,现在信息隐藏已经成为一门新兴的拥有许多分支的学科。Petitcolas 等在文献中给出了其分支情况[4],如图 1-1 所示。

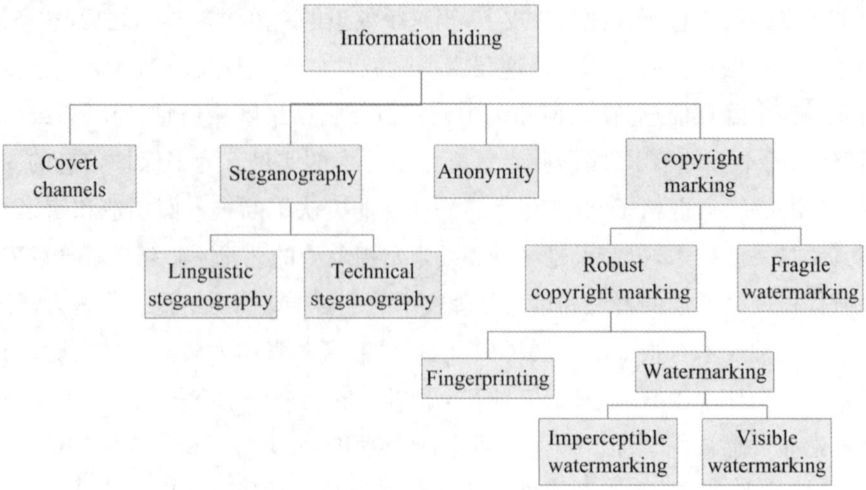

图 1-1　信息隐藏学科的主要分支(英文术语)

对于图 1-1 中的各分支相应中文规范的表示众说纷纭,参考文献[7,10,12],与图 1-1 对应的信息隐藏学科分支的中文术语如图 1-2 所示。

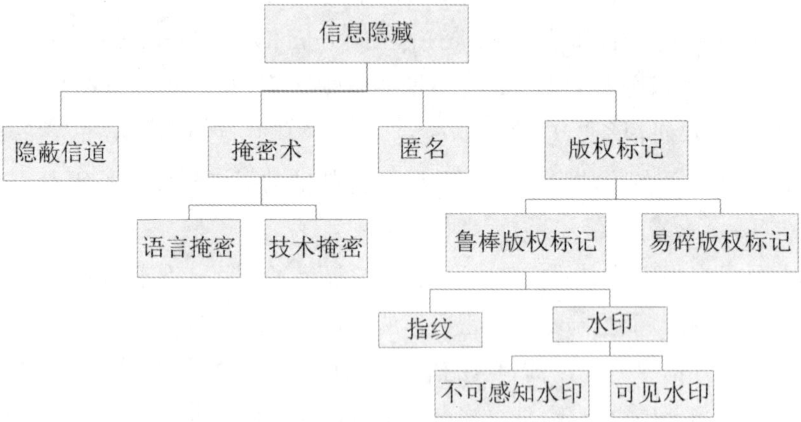

图 1-2　信息隐藏学科的主要分支(中文术语)

隐蔽信道(covert channels):在多级安全水平的系统环境中,那些既不是专门设计的也不打算用来传输消息的通信路径称为隐蔽信道。这些信道在为某一程序提供服务时,可以被一个不可信赖的程序用来向它们的操纵者泄漏信息。

掩密术(或隐写术,steganography):隐写术是信息隐藏学科的重要分支之一。隐写术通过不引起注意的与秘密信息无关的载体的传递实现安全的秘密通信。不同于密码学中的对通信内容的加密保护,隐写术着眼于隐藏通信本身的存在。现代的隐写术主要是利用数字多媒体信息中普遍存在的冗余向其中嵌入数据信息。

匿名(anonymity):信息隐藏中的匿名技术就是设法隐藏消息的来源,即隐藏消息的发送者和接收者。例如:收发信者通过一套邮件转发器或路由器,就能够实现掩盖信息的痕迹的目的,条件是只要这些中介环节相互不串谋。因此,剩下的是对这些手段基础的信赖。匿名通信早期的例了如 Syverson 所提出的洋葱路由,其想法是:只要中间参与者不相互串通勾结,通过使用一组邮件重发器或路由器,人们就可以将消息的踪迹隐蔽起来,因此信任是其实现的前提和基础。匿名通信可分为隐匿发送者、隐匿接收者和同时隐匿发送者和接收者几种类型。Web应用强调接收者的匿名性,而电子邮件用户则更关心发送者的匿名性。

数字水印(digital watermarking):数字水印是信息隐藏技术的另一个重要分支[14-15]。数字水印技术是将含有版本归属等信息的标记嵌入到图像、音频、视频和文本等多媒体信息中,用以证明作者对作品的所有权,并作为鉴定、起诉非法侵权的证据,同时通过对水印的探测和分析保证数字信息的完整和可靠性,从而成为知识产权和数字多媒体防伪的有效手段。

1.2.3 信息隐藏的主要特征

对于一个典型的信息隐藏系统在设计时必须依据其不同的应用目的来实现不同的特性,例如不可察觉性,鲁棒性,隐藏容量,算法可靠性,低错误率,盲提取[16]。下面对信息隐藏中的一般性要求进行总结和概括[11,17-19]。

(1)不可察觉性(imperceptibility):不可察觉性(也称透明性)是信息隐藏系统的最基本要求,它是指嵌入的信息不能使载体介质的品质发生改变,不会影响载体介质的使用价值,也就是说隐藏后的介质与载体介质在人类感觉系统(包括视觉系统和听觉系统)下是不可区分的。

(2)不可检测性(undetectability):不可检测性是指隐秘载体与原始载体具有一致的数学特性,如具有一致的统计噪声分布等,使非法拦截者即使通过数据的数学分析也无法判断是否有隐藏信息。

(3)鲁棒性(robustness):鲁棒性是指要求嵌入信息的方法有一定的稳定性,并且具有一定的对非法探测和非法解密的对抗能力。具体是指隐秘后的数字媒体在传递过程中由于多种无意或有意的信号处理过程出现一定失真的情况下,仍然能够在保证较低错误率的条件下将秘密信息加以恢复,保持原有信息的完整性和可靠性。这些处理过程一般包括数/模、模/数转换;再取样、再量化和低通滤波;剪切、旋转、缩放、位移;对图像进行有损压缩编码,如变换编码、矢量量化;对音频信号的低频放大等。鲁棒性反映了信息隐藏技术的抗干扰能力。在第二代水印系统中,特别要求算法具备对几何攻击的高鲁棒性,该问题也是目前信息隐藏学术界研究的热点和难点之一。

(4)隐藏容量(capability):隐藏容量是指在隐藏秘密数据后仍满足不易觉察性的前提下,数字载体中可以隐藏秘密信息的最大比特数。在满足不可感知的情况下,嵌入信息量越大,鲁棒性越高,隐蔽性越差;嵌入信息量越小,鲁棒性越低,隐蔽性越高。在实际的应用中必须对不可察觉性、信息隐藏量和鲁棒性之间进行适当的折中。

(5)完整性(intactness):完整性指将要隐藏的秘密信息直接嵌入载体信息的内容中,而非文件头等处,防止因格式变换而遭到破坏。

(6)安全性:信息隐藏的安全性可以用密码技术中的安全性来解释。Kerckhoffs准则指出,假设对手知道加密数据的方法,数据的安全性必须仅依赖于密码的选择。换句话说,密码系统的安全应该是依赖于密钥而不是依赖于算法的。同样信息隐藏系统的安全性不能建立在攻击者对算法不知道的基础上，只有在攻击者知道嵌入和提取算法的情况下仍然无法提取或检测到秘密信息或者水印的时候，那么系统才是真正安全的。

(7)自恢复性：经过一些操作或变换后，可能使隐秘载体产生较大的破坏，如果只从留下的片断数据，仍能恢复隐藏信息，而且恢复过程不需要原始载体信号，就是自恢复性。

(8)计算复杂度：在嵌入和恢复隐藏消息时，计算复杂度也是信息隐藏系统所要考虑的因素。在实时性要求不高的情况下，对计算复杂度没有过多要求；如果在嵌入、提取信息时有实时性要求，则要求隐藏算法尽量计算简单，以节省时间。

(9)错误率：是指秘密信息的检测或提取过程中出错的概率。对于隐蔽通信，错误率是指提取秘密信息时的误比特率；对于数字水印技术，是指对水印检测时出错的概率，可分为"确认错误率"和"否认错误率"。确认错误率是指当载体信号中并不存在数字水印而检测出水印存在的概率。否认错误率是指当载体信号中存在水印而没有检测出水印存在的概率。一般来说，基于概率统计的数字水印算法都能够保证很低的错误率。错误率是衡量信息隐藏技术稳定性和鲁棒性的一个重要指标。

(10)盲提取：是指秘密信息的检测与提取无需原始的覆盖信号，水印的检测和提取也不需要原始的载体。早期的信息隐藏算法大多需要原始覆盖与隐秘信号作比较才能提取和检测出秘密信息，现在很多鲁棒水印算法也需要原始覆盖信号参与提取运算。但随着信息处理技术的发展和信息隐藏算法的完善，盲提取已从信息隐藏发展的趋势成为信息隐藏技术的一项要求，进而发展为一项特征。盲提取对于信息隐藏技术具有非凡的意义，它不仅意味着秘密信息的检测和提取的智能化，有利于提高信息隐藏的安全性，而且有利于统一的信息隐藏标准和协议的制定。

除了上述基本特性外，还包括嵌入算法和提取算法的运算量和算法的通用性等特性。同时随着数字隐藏技术的发展，在特定的应用方面对其技术性能又提出了更高、更具体的要求。一般的信息隐藏方法中，这些特性都是相互冲突、相互矛盾的。图 1-3 给出了一个指标三角形，形象的说明了容量、不可察觉性、鲁棒性之间的矛盾：隐藏容量和鲁棒性之间有矛盾，不易察觉性和鲁棒性之间也有矛盾，如有的方法隐藏容量较大，但鲁棒性较差；有的方法鲁棒性很好，但不易觉察性较差；有的方法鲁棒性较差，但运算量很小，等等，因此只能根据具体需求的不同，对各种性能做出选择和折中，从而找到最合适的信息隐藏方法。

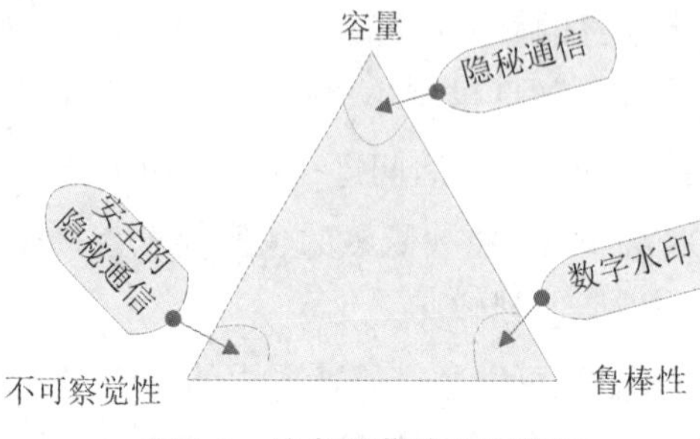

图 1-3　信息隐藏的主要指标

当前的信息隐藏研究热点涉及数字产品版权保护、网络隐蔽通信、隐藏信息检测(对于水印的袭击)和低概率截取通信等应用方向,提出的信息隐藏技术方法已达数十种。Internet 上有一些网站定期发布新的研究成果和新的处理工具。在隐秘通信中,多以静态数字图像折中为载体的隐蔽通信技术,也有以视频、语音、文本为载体的研究报道,关于视频、音频、文本的信息隐藏技术请参考文献[20-36]。

1.2.4 信息隐藏的应用

信息隐藏在许多方面都有重要的应用,我们对其主要应用总结如下[37-43]:

(1)隐蔽通信:主要技术为信息隐写技术,保障军事通信安全。在现代战争中,虽然传递的信息内容被加密,但是敌方通过对信号检测和定位会很快发现信号并进行攻击。以隐写术为技术基础的隐蔽通信可以隐藏通信本身的存在,能够为军事通信提供比密码术更进一步的安全保证。另外可用于商业机密信息的保护、电子商务中的数据传递、网络金融交易重要信息传递以及个人电子邮件业务保护等方面。

(2)情报获取:主要技术为隐写分析技术。执法与反情报机关等通过分析可疑载体,从而达到发现和跟踪隐藏信息,获取情报,发现非法用户的目的。

(3)版权保护:主要技术为鲁棒数字水印技术。数字音乐、视频、电脑美术、三维动画等的版权保护问题备受关注,对数字产品的版权保护是数字水印最主要的应用。鲁棒性数字水印技术能够在不可感知的前提下嵌入版权标识,既不损害原作品质量,又达到了版权保护的目的。目前,用于版权保护的数字水印技术已经进入了实用化阶段,IBM 公司在其“数字图书馆”软件中就提供了数字水印功能,Adobe 公司也在其著名的 Photoshop 软件中集成了 Digimarc 公司的数字水印插件。

(4)多媒体认证:主要技术为脆弱数字水印和鲁棒数字水印技术。多媒体的来源、历经的销售商和授权用户跟踪信息都可以通过数字水印技术实现。

(5)篡改提示:主要技术为脆弱数字水印。通过将数字水印散列在图像中,可以对图像中的篡改和替换进行自动检测和提示。

(6)数字广播电视分级控制:主要技术为鲁棒数字水印技术和数字指纹。利用数字水印在数字广播和数字影视中控制进行不同的服务,对各级用户分发不同的内容。

(7)内容鉴定数据的不可抵赖性认证:数字媒体的司法性验证和真实内容鉴定。在数字媒体中嵌入脆弱数字水印和半脆弱数字水印,可以对数据的篡改进行检测,实现数据的完整性和真实性认证。如数码相机和数码摄像机的图像和视频的来源鉴定。

(8)注释数字水印:将图像的注释加在数字水印之中,不占信道容量和带宽,其安全性要求不高,但容量要求大。

(9)医疗领域中的医学图像系统可以得益于信息隐藏技术。在医用数字图像与通信(DICOM)的标准中,图像数据与患者姓名、图像拍摄日期和诊断医生等说明内容是相互分离的。有时候患者的文字资料与图像的连接关系会丢失，利用信息隐藏技术将患者的姓名嵌入到图像数据中，将有效避免这种情况的发生。

(10)商务交易中的票据防伪：在传统商务向电子商务转化的过程中，会出现大量的过渡性的电子文件，如各种纸质票据的扫描图像等。数字水印技术可以为各种票据提供不可见的认证标志，从而大大降低了防伪的难度。

(11)合法的身份隐藏：信息隐藏技术可以应用在出于合法的动机(如个人隐私、公平选举、保险的责任限额等)需要隐匿自己身份的场合。合法用户在在线选举中进行投票，通过匿名通信隐藏身份就是其中的一个实际应用。

1.2.5 信息隐藏技术国内外研究动态

信息隐藏是一门具有渊源历史背景的新兴学科，涉及感知科学、信息论、密码学等多个学科领域，涵盖信号处理、扩频通信等多专业技术的研究方向。对于以数字媒体为载体的数字信息隐藏来说，国际上正式提出这方面的研究是从 1992 年 Kurak 等提出图像降级用于秘密交换图像开始的[44]。国际上第一届信息隐藏研讨会(First International Workshop on Information Hiding)于 1996 年 5 月 30 日至 6 月 1 日，在英国剑桥召开上，已经对信息隐藏的部分英文术语和学科分支进行了统一和规范[45]，标志着一门新兴的交叉学科——信息隐藏学的正式诞生。国际上至今已经分别在英国、美国、德国、荷兰、加拿大、西班牙和法国等地举办了十二届国际信息隐藏学术研讨会。一些知名的学术组织，包括 IEEE，ACM，SPIE，EURASIP 等，在它们主办的学术会议中设置专题或以杂志专辑形式对信息隐藏技术进行讨论。其研究内容从空域信息隐藏，在逐步转向频率域的信息隐藏；从以数字水印为主的研究正逐步转向与数据压缩、数据融合、神经网络等学科的理论和方法相结合的全面的理论和应用研究。

1999 年 12 月，Katzenbeisser 和 Petitcolas 等人出版了该领域的第一本专业论著 *Information Hiding Techniques for Steganography and Digital Watermarking*，中文译本也于 2001 年由人民邮电出版社出版[9]。

国内关于信息隐藏技术研究 1999 年开始兴起，其标志是由我国信息科学领域的何德全、周仲义、蔡吉人三位院士联合发起的全国信息隐藏学术研讨会。在 1999 年 12 月 11 日由北京电子技术应用研究所组织召开了全国第一届信息隐藏学术研讨会。在随后的 2000—2010 年又相继召开了第二至九届全国信息隐藏学术研讨会，其中第九届全国信息隐藏学术研讨会(CIHW2010)于 2010 年 9 月在成都召开，第十届全国信息隐藏暨多媒体信息安全学术大会(CIHW)于 2012 年 3 月在北京召开。

目前国外研究信息隐藏的学术机构有美国财政部、美国版权工作组、美国海军研究院、美国陆军研究实验室、德国国家信息技术研究中心、日本 NTT 信息与通信系统研究中心、麻省理工学院、伊利诺斯大学、明尼苏达大学、剑桥大学、瑞士洛桑联邦工学院、西班牙 Vigo 大学、IBM 公司 Watson 研究中心、微软公司剑桥研究院、朗讯公司贝尔实验室、CA 公司、Sony

公司、NEC研究所以及荷兰菲利浦公司等一些大学和机构。研究的重点在于如何将信息隐藏到图像、声音和文字中。目前对于信息隐藏应用在数字作品的著作权保护方面(数字水印)的研究较多。瑞士洛桑联邦工学院信号处理实验室和通信研究所、美国的NEC研究所等做出了不少成果。除了学术界的研究之外,也有一些公司开发出一些应用软件,以提供有关数字作品著作权保护方面的服务。

国内研究信息隐藏的科研院所主要有:中国科学院软件所、北京邮电大学信息安全中心、中国科学院自动化所、中山大学、北京电子技术应用研究所、南京理工大学、西安交通大学、西北工业大学、西安电子科技大学、上海大学、大连理工大学、解放军信息工程大学、西南交通大学、哈尔滨工业大学信息工程大学、台湾交通大学等。

1.3 图像置乱技术研究的意义和研究动态

1.3.1 信息隐藏技术研究的意义

在保密通信过程中,信息的发送者仅希望信息接受者能收到通信的内容,即希望保证通信内容的秘密性。通常的做法是用加密技术将通信的内容进行加密,没有密钥的其他接受者不能理解通信的内容。在电子商务中,为防止欺诈,银行卡号通过加密后,才能在网上进行安全的交易。在战时,军队的作战计划或其他重要的军事信息在传输前都要进过加密。公司新产品的设计和开发项目,也要通过加密来防止工业间谍[39]。但是随着密码分析技术的发展及计算机并行处理速度的飞速提高,使得传统密码体系的安全性受到严峻挑战。一系列密码分析的成功使人们重新思考加密通信的安全性。例如,传统密码学理论开发的加密系统即经典的密钥系统(如DES:data encryption standard)已经受到了威胁。从DES算法投入使用以来,人们一直在试图分析寻找它的弱点,其中差分分析法[3]和线性分析法[7]最具威胁。在DES使用20年后,最先对DES密码分析获得成功的却是一直不太被人们看好的穷举攻击法。1997年初,美国著名的RSA数据安全公司为迫使美国政府放松对密码产品的出口限制,发起了“向密码挑战”的活动。其中的挑战DES计划(DES CHALL),在Internet上数万名志愿者协助下,采用穷举攻击法仅用了96天,在一台非常普通的奔腾PC上成功地找到密钥并破译出明文“强大的密码技术使世界变得更安全”[2]。在随后的几年中密码分析能力又有了重大进展,如美国EFF(electronic frontier foundation)宣布他们以一台并不昂贵的专业解密机仅用56小时就破译了DES;在公钥体制方面也破译了密钥为512bit的RSA。这一系列密码分析的成功,表明DES时代已经结束[2],同时也促使人们对加密通信的安全性重新思考。

另一方面,信息加密后通常是乱码,容易引起拦截者的注意,即使拦截者不能破解,也能成功地拦截信息,甚至破坏和干扰通信的进行。密码技术的局限性促使信息隐藏技术的产生和发展。它通过将秘密信息隐藏到公开的数字媒体中,达到证实该媒体信息所有权、数据完整性或传输秘密信息的目的,从而为数字信息的安全问题提供一种新的解决方法。我们认为:不会引起别人发现和破解欲望的通信技术——隐蔽通信技术是解决通信安全的重要课题之一。

隐蔽通信技术是寻求隐蔽通信存在的技术,与加密通信技术的区别在于:后者保护通信内容不被非法接受者所理解,而前者不仅可保护通信的内容,更重要的是隐藏通信的存在,即非通信接受者觉察不到有通信发生。秘密信息通过加密后,进行隐蔽通信,又增加了一层保护。例如,将机密资料(图像、文字等)隐藏于一般的可公开的图像之中,然后通过网络传递,看起来和其他的非机密的图像一样,因而十分容易逃过非法拦截者的注意或破解。或将秘密情报隐藏在一首动听的歌曲里,通过公开的民用频道进行传输,而不易引起拦截者的攻击兴趣。其道理如同生物学上的保护色,巧妙地将自己伪装隐藏于环境之中,免于被天敌发现而遭受攻击。这一点是传统加密解密通信系统所欠缺的,也正是本书研究的出发点和基本思想。

虽然隐蔽通信技术不能完全取代加密通信技术,但我们认为无论在商业机密通信,还是在军事通信方面,它都是很有应用前景的通信技术。Petitcolas 等指出"军队的通信系统更应该应用信息隐藏与伪装技术,而不是仅仅通过加密技术来隐藏通信的内容,而应当用它来隐藏通信的发送者、接收者,甚至秘密通信的存在。"[4] 如果我们能隐藏军事通信的存在,是避免被干扰和被打击的有效方法之一。研究信息隐藏的意义具体有如下几点。

(1)海湾战争和科索沃战争的作战样式警示我们,现代高技术战争电磁环境极为恶劣,通信系统将经受全方位的压制干扰和超常规的火力打击,只有确保现代高技术战争条件下最低限度通信能力,方可保证战时指挥信息的不间断传输。所谓最低限度通信,是指在敌方软杀伤、硬摧毁和恶劣电磁环境下,常规通信中断时,仍能满足最低限度的作战指挥需求,确保最紧急、最重要和最基本作战指挥信息准确不间断传递的通信。在强敌面前,我军要确保最低限度通信能力,就目前的通信抗干扰能力而言,还难以做到。因此,本书的研究课题对最低限度通信建设具有重要的现实意义。

(2)信息隐藏技术主要分为数字水印和信息隐写。数字水印在国民生产中可以应用于数字媒体的产权保护、数字防伪等方面;信息隐写技术更多的是为各国军事部门、安全部门、情报机关所掌握,甚至被恐怖分子利用,应用于情报传输、通信等方面,对我国的国家安全构成严重威胁。美国的"食肉动物"和"阶梯"美国联邦调查局的网络监控软件,能监控 Internet 网中的通信内容,其无线通信监控,已遍及世界的各个角落。国际社会已将信息隐写软件作为信息产业的一种新产品,正式投放市场。目前 Internet 能够方便得到的几十种利用图像、文本等为载体的信息隐藏工具,如 JPEG-Jsteg,S-Tools,StegoDos,E2Stego,Hide and Seek 等。

(3)当前,信息隐藏技术还在发展之中。这门学科还没有形成自己完整的、成熟的理论。还没有像通信中香农信息论那样的经典理论从数学上对其进行描述。比如,在一幅图像中嵌入多少信息是安全的等问题还缺少理论上的证明。因此,从信息对抗的角度出发,尽早建立我们自己的、能够检测发现并还原隐藏信息的理论方法，为在互联网、电信网及无线专网等多种网络环境中，截获信息，保证网络安全具有重要意义。同时，隐藏信息检测能力的提高，也有助于开发更为安全的信息隐写方法，为我方的隐秘通信提供服务。因此本课题的研究无论对信息隐藏学科还是对通信学科的发展都具有重大的理论意义。

(4)近年来，随着网络的日益普及，多媒体信息的交流达到了前所未有的深度和广度，其发布形式愈加丰富。人们可以通过 Internet 网发布自己的作品，传递重要信息，进行网络贸易等。但是其暴露出的问题也十分明显：作品侵权更加容易，篡改更加方便。如何既充分利用 Internet 网的便利，又能有效地保护知识产权，已受到人们的高度重视。数字水印是实现版权保护的有效办法，已成为多媒体信息安全研究领域的一个热点，也是信息隐藏技术研究领域的重要分支。水印与原始数据(如图像、音频、视频数据等)紧密结合并隐藏其中，成为源数据不可分离的一部分，并可以经历一些不破坏源数据使用价值或商用价值的操作而存活下来。数字水印技术除具备信息隐藏技术的一般特点外，还有着其固有的特点和研究方法。例如，从信息安全的保密角度而言，隐藏的信息如果被破坏掉，系统可以视为安全的，因为秘密信息并未泄露；但是，在数字水印系统中，隐藏信息的丢失意味着版权信息的丢失，从而失去了版权保护的功能，这一系统就是失败的。因此数字水印技术必须具有较强的鲁棒性、安全性和透明性。

1.3.2 图像置乱的功能及其在信息隐藏中的意义

数字图像置乱最早起源于对有线电视信号的加密，最近随着数字电视技术的飞速发展，数字图像的置乱越来越受到各方面的重视，这是因为数字图像置乱是进行数字图像安全传输和保密存储的有效手段[51]。

数字图像置乱是指把一幅图像经过变换，使其成为面目全非的另一幅没有意义的混乱数字图像，操作者在知道算法的条件下，又能通过特定的算法从混乱的图像中重构出原来的图像。如果不知道算法和相应的参数则无法得到原始数据。数字图像置乱看起来很容易，但其实并非如此。因为非安全的算法并不能保证所有置乱后的数字图像都变得充分混乱而失去原始图像的意义。数字图像置乱要求置乱后的图像具有和原图像相同的分辨率，不能因为置乱的影响而对图像进行放大和缩小。

同密码学相比较，数字图像有很大的数据量，因而它具有很大的明文空间，也有很大的密文空间。最重要的是数字图像的自相关性直观地表现在相互垂直的两个方向上，而像文本这样的一维信号序列则很难谈及自相关性。从数字图像的这两个特点中，攻击者希望寻找到每一个像素出现的固定频率，但是由于不同的图像具有不同的灰度直方图，所以这样的寻找将非常困难。文献[52]中，对现有的，针对电视模拟图像的加密机制作了一个简介，其中有些方法显然可以改用到数字图像上。如随机行倒置置乱、行平移置乱、行置换置乱、行循环置乱、行分量切割置乱和像素置乱等。密码学家 Shamir 提出了一种基于空间填充曲线的置乱技术，此外，也有其他一些针对电视信号安全的工作，这些工作已经在实际中取得了应用,并申请了专利[51]。

针对大幅图像的信息隐藏问题,置乱技术是基础性的工作[39,63]。它既可作为一种常见的图像加密方法,又可作为进一步隐藏图像信息的预处理,是一种值得深入研究的课题。关于图像的置乱算法已有很多,从大的方面分可分:空域置乱(包括位置空间和颜色空间)、频率域置乱以及空频域同时置乱。

在很多文章中谈到,把置乱技术看成图像信息加密的一种方式,或者看成信息隐藏前的预处理,但没有说明为什么要进行预处理。通过大量的信息隐藏实验发现,信息的置乱不仅有利于进行隐藏,而且对隐蔽通信而言,在秘密信息的不可感知性方面、在隐蔽通信抗攻击和检测等方面,还有如下的一些功能和作用[39]。

(1)使用信息隐藏技术作为隐蔽通信的方法时,最需要的是不可感知性,宁可牺牲它的鲁棒性和容量。而置乱后再进行隐藏,可以减少不可感知性[54],如图 1-4。用 Cox 的隐藏方法[55-56],使用同样的隐藏强度参数,置乱后隐藏和不置乱隐藏的可感知性明显不同。在图 1-4(d)中还清晰可见秘密图像 Airplane 的轮廓。

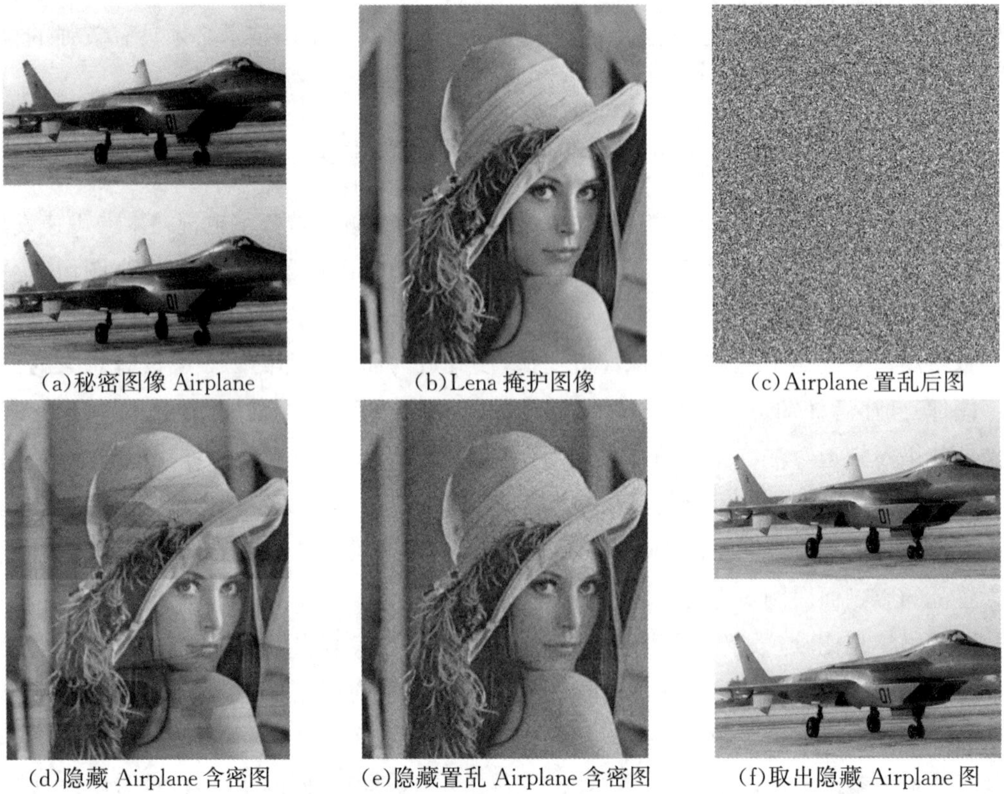

(a)秘密图像 Airplane　(b)Lena 掩护图像　(c)Airplane 置乱后图

(d)隐藏 Airplane 含密图　(e)隐藏置乱 Airplane 含密图　(f)取出隐藏 Airplane 图

图 1-4　置乱前后隐藏的感知性

(2)对隐蔽通信而言,如果信息置乱得好,可增强隐蔽信道的容量。目前已有的 Arnold 变换[6]在进行迭代置乱时,很多时候有较强的纹理特征,在用 Cox 的水印方法进行隐藏时,为达到隐藏的目的就必须减小其强度控制参数,从而降低了隐蔽信道的容量。如能构造出好的置乱变换，使得图像置乱后，其各种灰度值均匀分布在图像所在的区域，减少了置乱图像的纹理特征，从而可以增加隐蔽信道的容量。

(3)将秘密信息置乱后隐藏在图像中，不仅起到信息加密的目的，而且可以增强抗击含密图像被剪切和破损攻击的能力[54]，以及增强抵抗“位平面”检测攻击的能力[57]。

(4)LSB方法是信息隐藏技术最早使用的方法之一，由于该方法能达到高的信息隐藏容量和高的不可感知性，目前仍有较多的信息隐藏软件采用该方法进行信息隐藏。但是，由于知道信息被隐藏在LSB中，因此LSB方法用于秘密通信是不够安全的，这就需要先将信息置乱，再隐蔽以增强其安全性。

(5)对于隐蔽通信而言，信息置乱的功能是可以防止成组的或突发的错误。这允许错误在编码字中几乎可以是独立的发生，从而使差错编码在纠正所有码字中的错误时拥有相等的机会。

(6)通过置乱可将秘密信息扩散到整个图像区域，这类似于扩谱通信中的扩频过程。比如在直接序列扩谱通信中，用一个宽带伪噪声信号来对原始通信秘密信号进行时间调制，扩展后的秘密信号看上去像伪噪声信号。特别地，即使原始信号是窄带的，但扩展后的信号和伪噪声信号具有相似的频谱。即使在数据的传输过程中部分秘密信号在几个频段丢失了，其他频段仍有足够的信息可以用来恢复秘密信号。这种情况与置乱很相似，置乱也可以做到将秘密信息扩展整个掩护信息中，以达到不可感知和抗攻击的目的。

由以上可以看出，在隐蔽通信的研究中，置乱技术不仅是大幅图像隐蔽问题的基础性工作[53]，而且应该是隐蔽通信研究中的基础性工作。根据公钥信息隐藏系统的要求，置乱技术也是将秘密信息加工成具有“自然随机性”的重要手段之一。

总之，本书不仅对信息隐藏学科的发展十分重要，而且在最低限度通信建设中的作用是：有利于军事通信的隐蔽化，通信保障手段的多样化，抗干扰通信的广义化。

1.3.3 图像置乱技术研究现状

20世纪90年代中期以来，人们对信息隐藏技术的研究急剧升温，发表了大量的论文，其中图像置乱技术的研究从来就与信息隐藏技术相生相随，而Arnold映射在像置乱技术中占有重要的地位。

表1-1和表1-2分别列出了1991年至2011年3月来已发表的相关论文的统计数字。可见，图像置乱与Arnold映射方面的代表性成果逐年上升。当然，已发表的论文不止这些，更多的成果都发表在其他期刊和各种学术会议论文集上。

表1-1中的数据EI全部、JA(EI中的Journal Article)和CA(EI中的Conference Article)项是通过访问www.engineeringvillage.com的EI Village数据库查询得到的，表中的数据SCI项是通过访问www.isiknowledge.com的ISI Web of Knowledge平台并选择Web of Science数据库查询得到的。表1-2中的数据是通过查询中国学术期刊网络出版总库得到的。在查询过程中，左列使用主题为“Image Scrambling”，右列使用主题为“Image且

包含 Arnold 映射”。

表 1-1 国内外相关论文的统计

时间＼主题	Image Scrambling				Image 且包含 Arnold			
	EI 全部	JA	CA	SCI	EI 全部	JA	CA	SCI
1991—1995 年合计	25	10	14	2	97	45	51	5
1996 年	12	5	7	1	34	15	19	2
1997 年	9	6	3	1	39	21	18	3
1998 年	10	7	3	2	32	11	21	3
1999 年	6	3	3	2	48	31	16	1
2000 年	17	10	7	1	45	22	23	3
1996—2000 年合计	54	31	23	7	198	100	97	12
2001 年	12	5	7	1	39	22	17	2
2002 年	27	12	15	5	50	21	28	5
2003 年	18	10	8	2	50	21	29	4
2004 年	34	16	18	3	98	44	54	4
2005 年	50	26	23	5	79	30	49	5
2001—2005 年合计	141	69	71	16	316	138	177	20
2006 年	52	18	32	4	74	37	35	4
2007 年	69	25	44	4	77	39	37	9
2008 年	104	31	73	6	108	40	68	9
2009 年	98	22	74	10	90	27	63	6
2010 年	143	30	110	11	140	45	95	12
2006—2010 年合计	466	126	333	35	487	188	295	40
2011 年	24	11	11	9	18	9	6	4
总计	710	247	452	60	1116	480	626	81

国内外的研究情况从表 1-1 可以看到：

(1)论文总数之多，发展之迅速，每隔 5 年的论文总和都是上一个 5 年论文总得的 2～3 倍，近 5 年每年 EI 检索论文平均 90 多篇，SCI 检索论文平均 7 篇。

(2)使用主题为“Image 且包含 Arnold”进行检索的论文总数更多，因为 Arnold 映射也被应用于其他场合，如电视、通信等。2006—2010 年每年论文总数平均 90 篇，SCI 检索论文平均 7 多篇；说明从事研究 Arnold 映射的人也越来越多，但理论研究较少。

国外的研究情况从表 1-2 可以看到：

(1)使用主题为“图像置乱”，时间从 1993 年至 2011 年 2 月在中国学术期刊网络出版总库中进行查询。可以看到：论文总数之多，2006—2010 每年论文总数平均 200 篇；发展之迅速，每 5 年的论文总数都是上一个 5 年的 5 倍；国内从事研究的人越来越多，这说明我国对这个领域的关注程度更高，对图像置乱技术的研究是非常意义的。

（2）使用主题为“猫映射”或“Arnold”并且包含“图像”，“选择学科领域”中只限于“信息”与“工程”，时间从 1996 年至 2011 年 2 月在中国学术期刊网络出版总库中进行查询，可以看到：论文总数之多，占“图像置乱”中的一半，2006－2010 年每年论文总数平均 90 篇；从事研究 Arnold 映射的人越来越多。

表 1-2　相关论文的统计

主题/时间	图像置乱				图像并且包含 Arnold 映射			
	全部	核心	EI 源	SCI 源	全部	核心	EI 源	SCI 源
1991－1995 年合计	4	3	0	0	0	0	0	0
1996 年	1	0	0	0	10	3	0	1
1997 年	4	4	1	0	8	4	1	0
1998 年	3	1	1	0	6	4	4	0
1999 年	4	1	0	0	13	3	2	4
2000 年	7	3	1	1	13	4	0	2
1996－2000 年合计	18	9	3	1	50	18	7	7
2001 年	12	4	2	2	15	9	3	1
2002 年	24	19	4	0	19	9	2	1
2003 年	23	17	9	0	21	15	7	1
2004 年	64	51	14	1	31	17	4	1
2005 年	95	62	14	0	37	23	4	2
2001－2005 年合计	218	153	44	3	123	73	20	6
2006 年	130	67	12	0	42	16	4	0
2007 年	191	99	13	0	87	42	9	1
2008 年	220	94	21	0	105	39	6	0
2009 年	248	115	12	0	113	54	7	0
2010 年	226	95	10	0	112	41	7	0
2006－2010 年合计	1015	471	68	0	459	192	33	1
2011 年	21	11	1	0	8	4	0	0
总计	1276	647	115	4	640	287	60	14

总之，研究 Arnold 映射的热度仍然很高。但是，真正从数学角度深入研究 Arnold 映射的人并不多，大多数也仅仅是使用到了 Arnold 映射而已，这也正是本书研究 Arnold 映射的原因所在。

1.4 本书的研究内容和结构安排

本书针对计算机图像领域内的信息隐藏中的数字图像置乱加密技术的理论与算法进行了深入的研究。理论研究主要是包括构造高维 Arnold 映射矩阵的数学方法及其模周期的性质定理，算法设计研究包括图像加密算法和强鲁棒性水印算法两个部分。

本书的具体内容组织安排如下：

第 1 章为绪论。绪论阐述论文选题的研究背景、研究意义，以及本书的研究内容和结构安排。

第 2 章首先对数字图像置乱算法进行了综述，指出了图像置乱变换是目前国内学术界研究的热点问题之一，阐述了图像置乱的目的和作用。还研究了图像置乱变换的评价标准，定义了置乱程度，深入研究了置乱变换的周期性、密钥量、置乱程度等特性。

第 3 章详细研究了 2 维 Arnold 映射及其在数字图像置乱中的应用。主要是通过研究 Fibonacci 数列的模周期性来研究 Fibonacci_Q 变换的模周期性，证明了 Fibonacci_Q 变换矩阵的模周期等于 Fibonacci（斐波那契）数列的模周期，并通过 Fibonacci_Q 矩阵变换的周期和 Arnold 变换周期之间的关系，获得了 2 维 Arnold 映射的周期性规律，得到了 2 维 Arnold 映射的最小模周期的上界为 $3N$。提出了基于欧几里得（Euclid）算法的两种有效的方法用于构造广义猫映射，一种基于广义 Fibonacci（斐波那契）序列，一种基于狄利克雷（Dirichlet）序列。在程序实现时，可以让用户自行输入而作为加密的密钥，可以做到一次一密，从而大大增加了图像加密系统的安全性。

第 4 章详细研究了 3 维 Arnold 映射的模周期性定理和上界定理，提出了一种新的图像置乱的方法。首先定义了一种全新的数列——孪生 Fibonacci 数列对，并证明了它的模周期性定理，给出了模周期的估值定理，进而给出了 3 维 Arnold 变换的最小模周期的上界，从而为图像处理提供不可缺少的数学理论依据。

第 5 章首先证明了 n 维 Arnold 映射的模周期性定理，给出了 n 维 Arnold 变换矩阵的模周期上界定理；提出了构造任意 n 维广义 Arnold 变换矩阵的几种方法，给出了多种图像像素灰度值和坐标多轮双置乱算法。

第 6 章是本书研究工作的结论和展望。

第 2 章　数字图像置乱算法

在第 1 章中，已经提到信息置乱变换既可作为信息加密的一种方法，又可作为进一步隐藏的预处理过程，并指出了信息的置乱不仅有利于进行隐藏，而且在秘密信息的不可感知性方面、在隐蔽通信抗攻击和检测等方面，还有许多重要功能和作用。因此，也越来越多地受到众多学者的关注[6,52-53,58-69]。因为任何信息流，均可较快捷地转化为二维矩阵的形式，而从数学的观点出发，二维矩阵又可以看成是数字图像。

本章从数字图像入手，介绍了图像置乱的概念和分类，给出了图像几何变换的置乱程度的定义，并计算了现有典型的置乱变换的置乱程度，实验表明，所给的理论定义与实际结果能较好地吻合。

2.1　图像置乱的概念

针对“图像是什么”这个问题一般存在着四种不同的观点[70]：一种认为图像是二维连续函数，可以用微分方程来对图像进行处理和识别；第二种认为图像是二维随机场，借助于香农的信息论和马尔科夫随机场模型可以考察图像的某些统计特性，进而为图像处理和编码提供方法和理论上的依据；第三种观点认为图像是高维空间中的离散点，在做图像分类和比较时图像间的欧氏距离可以作为重要的数量依据；而第四种观点则认为图像是迭代函数系统的吸引子，对于某个迭代函数系统的描述可以用来代替对于一幅图像的描述。吴昊升等[70]提出了除上述四种观点以外的第五种观点：图像可以看作多重集上的全排列。因此可以借助于集合论和群论中的一些理论和方法来研究图像的某些性质。

由于彩色图像的置乱变换与灰度图像的置乱变换没有本质的区别，没有特别申明时，均指灰度图像的置乱变换。为了便于给出图像置乱变换的定义，把图像看成是数学上的矩阵，其行数和列数分别看成图像高和宽的像素数，其元素值看成图像的灰度值。因此本书给出图像置乱变换的定义如下：

定义 2—1　给定图像 $\boldsymbol{A}=[a(i,j)]_{n\times m}$，变换矩阵 $\boldsymbol{T}=[t(i,j)]_{n\times m}$ 是 n 的一种排列，用 $\boldsymbol{T}$ 作置乱变换，得到图像 $\boldsymbol{B}$。其变换方法如下：将 $\boldsymbol{A}$ 与 $\boldsymbol{T}$ 按行列作一一对应，将 $\boldsymbol{A}$ 中对应位置 1 的像素灰度值（或 RGB 分量值）移到对应位置 2，对应位置 2 的像素灰度值移到对应位置 3，…，以此类推。最后将对应 $n\times m$ 位置的像素灰度值移到对应位置 1，就得到了按 $\boldsymbol{T}$ 置乱后的图像 $\boldsymbol{B}$。我们称图像 $\boldsymbol{A}$ 经置乱变换 $\boldsymbol{T}$ 变换到了图像 $\boldsymbol{B}$。记为 $\boldsymbol{B}=\boldsymbol{TA}$。

定义 2—2 给定图像 $\boldsymbol{A}=[a(i,j)]_{n\times m}$，设变换 $\boldsymbol{T}$ 是 $\{(x,y):1\leqslant x\leqslant n,1\leqslant y\leqslant m,x\in\mathbf{Z},y\in\mathbf{Z}\}$ 到自身的一对一映射，即：

$$\begin{pmatrix}x'\\y'\end{pmatrix}=\boldsymbol{T}\begin{pmatrix}x\\y\end{pmatrix} \tag{2-1}$$

将图像 $\boldsymbol{A}$ 中位置 (x,y) 处的元素变换到位置 (x',y') 处，得到图像 $\boldsymbol{B}$，则称变换 $\boldsymbol{T}$ 是图像 $\boldsymbol{A}$ 的置乱变换。仍记为 $\boldsymbol{B}=\boldsymbol{TA}$。

从数学本质上看，定义 2—1 和定义 2—2 没有实质的区别，只是在有的使用场合用定义 1 方便，在另一些场合用定义 2—2 方便，后面这两种定义均要用到。

从定义 2—1 可以看出，构造置乱变换等价于构造矩阵 $\boldsymbol{T}$。不同的 $\mathbf{T}$ 则形成了不同的置乱变换。从定义 2—2 可以看出，构造置乱变换就是构造 $\{(x,y):1\leqslant x\leqslant n,1\leqslant y\leqslant m,x\in \boldsymbol{Z},y\in \boldsymbol{Z}\}$ 到自身的一对一映射。

若 $\boldsymbol{C}=\boldsymbol{TB}=\boldsymbol{T}(\boldsymbol{TA})=\boldsymbol{T}^2\boldsymbol{AC}=\boldsymbol{TB}=\boldsymbol{T}$，则称 $\boldsymbol{C}$ 为 $\boldsymbol{A}$ 迭代置乱两次的图像。以此类推，可以进行多次迭代置乱。

一般认为，置乱变换应该满足以下两个条件：

(1)变换是离散域 $\{(x,y):1\leqslant x\leqslant n,1\leqslant y\leqslant m\}$ 到其自身的一一映射：

(2)变换是离散域 $\{(x,y):1\leqslant x\leqslant n,1\leqslant y\leqslant m\}$ 到其自身的满映射，即变换是可逆的。

这两个条件是置乱变换可完成有效置乱的必要条件，即是说只有一一对应的，变换结果可遍历图像所有像素点，而且反变换存在的置乱变换才是实际中有效可用的。

定义 2—3 若存在一大于 1 的正整数 N，使得 $\boldsymbol{T}^N\boldsymbol{A}=\boldsymbol{A}$，则称最小的正整数 N 为置乱变换 $\boldsymbol{T}$ 的周期。

数字图像置乱加密的过程可以简单表述为：发送方借助数学或其他领域的技术，对一幅有意义的数字图像作变换使之变成一幅杂乱无章的图像再用于传输；在图像传输过程中，非法截获者无法从杂乱无章的图像中获得原图像信息，从而达到图像加密的目的：接收方经去乱解密，可恢复原图像。为了确保图像的机密性，置乱过程中一般引入密钥。具体框图如图 2-1 所示[72]。

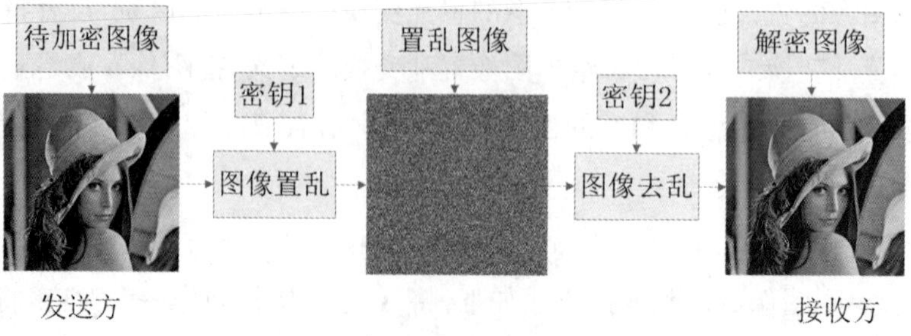

图 2-1　数字图像置乱加密过程

从上图可以看出，图像置乱直接表现为将一幅给定的数字图像变成一幅杂乱无章的图像，使其所要表达的真实信息无法直观地得到，即使计算各种可能的组合情况也要花费巨大的代价。同时由于对于给定的组合结果没有自动化的判别准则，如果在对组合结果的判断时需要人工干预，则实际中对加密图像的分析是不可能的。由于图像置乱可选取不同的方法，同样的方法可以设置不同的参数，组合起来的结果会迫使非法攻击者耗费巨大的计算量来测试各种可能性。因为，如用穷举的方法进行破译攻击，则其计算量应为 $O(N^2!)$ 量级（(N^2) 表示图像的像素数)，这在计算上是不可行的。因此，将置乱作为图像加密的一种方法从安全的角度考虑是可行的。另一方面，若知道了置乱的方法及所采用的参数，只要进行逆置乱变换，就可恢复原始机密图像，其置乱和逆置乱变换的时间复杂度一般不超过 $O(N^2)$ 量级，在时间上均可实时进行。因此，从时间角度看，置乱变换亦可作为图像加密的方法[71-75]。

2.2　图像置乱方法的分类

针对大幅图像的信息隐藏问题，置乱技术是基础性的工作。它既可作为一种常见的图像加密方法，又可作为进一步隐藏图像信息的预处理，是一种值得深入研究的课题。关于图像的置乱算法已有很多，从大的方面分可分：空域置乱（包括位置空间和颜色空间）、频率域置乱以及空频域同时置乱。由于其置乱算法没有本质的区别，这里主要从空间位置角度来研究图像的置乱变换。

目前空域图像置乱方法有两类，一类是基于位置变换的图像置乱方法，另外一类是基于像素灰度变换的图像置乱方法。前者可进一步划分为基于二维仿射变换的置乱方法和基于像素位置迁移的置乱方法；后者可进一步划分为基于单一像素灰度的置乱方法和基于多像素灰度的置乱方法。

(1)基于 2 维仿射变换的置乱变换方法主要有：2 维等长 Arnold 图像置乱变换[53,58-61,78-86]、2 维等长 Fibonacci-Q 图像置乱变换[53,60,71,87]和对二者进行扩展的 2 维等长图像置乱变换[64-70,82]。

(2)基于像素位置迁移的置乱方法比较典型的有：基于幻方变换的置乱方法[74,86-88]、基于生命游戏的置乱方法[81,86,89]、基于骑士巡游的置乱方法[90-94]、基于 Hilbert 曲线的置乱方法[81]；

(3)基于单一像素灰度坐标变换的置乱方法，其中典型的方法有：基于 3 维等长 Arnold 置乱变换[53,60]、基于 3 维等长 Fibonacci-Q 置乱变换[53,60]、基于简单异或操作的置乱变换[95]等；

(4)基于多像素灰度坐标变换的置乱变换方法，比较典型的方法有：基于 n 维等长 Arnold 置乱变换[53,60,62,97-99]、基于 n 维等长 Fibonacci-Q 置乱变换[53]以及基于非等长的置乱变换方法[64,100]。

此外，还有一些常用的方法，文献[70]中提出的排列变换，虽然没有给出一般性的具有很好置乱效果的排列变换构造方法，但仍有重要的价值。文献[70]中给出了两个具体方法：

基于采样理论的排列变换和基于几何运算的排列变换，前者使得变换后的图像“在视觉上通常具有基本上相同的形态”，达不到置乱加密的要求；后者推广了 Arnold 变换。其贡献在于在图像处理与集合论之间架起了一座桥梁，从而可以运用组合数学和群论等数学手段对图像和图像群进行更为深入的研究。

Gray 码变换是一种数论变换，可利用 Gray 码变换进行数字图像置乱[101-106]。非负数经过 Gray 码变换后，其值发生改变的规律为一一映射，即不同的非负数变成唯一的确定的非负数(0,1 除外)。因此，可将该规律应用到数字图像置乱中，当对图像中的每个像素点的灰度值进行 Gray 码变换时，就能够打乱原图像的灰度信息，破坏原图像的纹理结构和细节信息，从而达到图像置乱的目的。

混沌现象是非线性动态系统中出现的确定性伪随机过程，使用混沌动力系统产生的混沌序列具有可控的低通性和很好的相关特性，因此，利用混沌信号来对图像进行置乱加密亦被广泛研究使用[95,106-121]。文献[107-108]中充分利用混沌序列的优良特性，结合图像置乱技术，提出了基于离散混沌序列的图像置乱加密方法。因为图像的排列是迭代进行，迭代的次数可作为密钥的一部分，所以具有较好的加密效果。文献[118]利用混沌映射系统具有初值敏感性，参数敏感性和类随机性的特点，设计了一种基于 m 序列变换与混沌映射相结的图像加密算法。文献[118]针对低维混沌序列加密数字图像保密性较差的问题，提出了一种复合混沌序列和基于混沌序列的位图像加密算法，通过 Logistic 映射的动力学分析，对混沌序列生成方法进行 3 点改进，将改进后序列和 Henon 序列作为子序列生成复合混沌序列，由于复合序列掩盖了混沌子序列的分布特性，因此增强了序列的保密性加密算法综合应用置乱、置换两种加密技术在空域和小波域做了两次加密，理论分析和试验结果表明，加密图像不仅完全依赖于密钥，而且可以抵制常用攻击算法。

数字图像的置乱技术，在一定程度上丰富了图像加密的方法。但随着高科技的迅速发展，人们远不满足已有的传统加密方法，总是设法寻求具有新颖性的加密手段。

2.2.1　基于 2 维仿射变换的置乱方法

2 维仿射变换定义了一种 2 维坐标到 2 维坐标之间的线性变换，仿射变换具有平行线转换成平行线和有限点映射到有限点的一般特性。利用 2 维仿射变换的性质，可以将图像像素映射为另一个不同的坐标，在满足某些性质的情况下，又可以对原始图像进行恢复，利用这种性质，可以对图像进行置乱[75]。

定义 2—4　(2 维仿射变换)满足(2-2)式所给出的变换被称为 2 维仿射变换：

$$\begin{bmatrix} x' \\ y' \end{bmatrix} = \begin{bmatrix} a & b \\ c & d \end{bmatrix} \begin{bmatrix} x \\ y \end{bmatrix} + \begin{bmatrix} e \\ f \end{bmatrix} \tag{2-2}$$

其中，a,b,c,d 称为变形系数；e,f 称为平移系数；(x,y) 是映射前的坐标；(x',y') 是映射以后的坐标。由 a,b,c,d 构成的矩阵称为变换矩阵。

定义 2—5　(2 维等长图像置乱变换)设 N 为正方形图像矩阵的边长，(x,y) 为方形图像矩阵像素的行列坐标，且 $(x,y) \in [0,N-1] \times [0,N-1]$，$(x',y')$ 是映射以后的坐标，若 (x,y) 和 (x',y') 之间的映射满足（2-3）式，且 $(x',y') \in [0,N-1] \times [0,N-1]$，并且存在着可恢复周期，则称为 2 维等长图像置乱变换。其中 a,b,c,d 为正整数或 0，称为置乱参数，N 称为维度参数。

$$\begin{bmatrix} x' \\ y' \end{bmatrix} = \begin{bmatrix} a & b \\ c & d \end{bmatrix} \begin{bmatrix} x \\ y \end{bmatrix} \bmod N \tag{2-3}$$

若将定义 2—5 中的置乱参数分别取 $a=1,b=1,c=1,d=2$，则称为 2 维等长 Arnold 图像置乱变换，若将定义 2—5 中的置乱参数分别取 $a=1,b=1,c=1,d=0$，则称为 2 维等长 Fibonacci-Q 图像置乱变换。

2.2.2　基于像素位置迁移的置乱方法

基于像素位置迁移的置乱方法，是将图像像素矩阵中的像素和某一类矩阵变换元素迁移路线建立联系，形成一条迁移路线，并将迁移路线的第 1 个元素和最后一个元素首尾相接构成环路。图像像素沿着环路向前移动到下个位置，对图像进行置乱，当原始像素遍历整个环路回到初始位置，即实现对原始图像的恢复。这里给出四种典型的基于像素位置迁移的置乱方法：幻方变换、生命游戏、骑士巡游和 Hilbert 曲线（由于 Hilbert 曲线构造的特殊性，还存在些其他的置乱方法，文中所给出的方法是其中一种）四种变换方法。

1. 基于幻方变换的置乱方法

幻方（magic）是非常古老的数学问题，在中国古代的“河图洛书”中已有记载。一个 n 阶幻方是由整数 $1,2,\cdots,n^2$ 按下述方式组成的 $n \times n$ 方阵。该方阵每行、每列、每条对角线上的整数和都等于同一个数 S，这个数叫幻方和。经过古今中外众多数学家的多年潜心研究，已取得丰富的成果。当前，幻方已从被认为仅仅是“奇怪的现象”而逐渐开发了它的应用。事实上，幻方与群论、组合分析、试验设计等分支有许多关联。幻方的潜在价值有待人们去探索和发现。

定义 2—6（幻方）　以 $1,2,\cdots,n^2$ 为元素构成的 n 阶矩阵为 $\mathbf{A}$，记为（2-4）式，若 $\mathbf{A}$ 中的元素满足（2-5）式，则称矩阵 $\mathbf{A}$ 为幻方。

$$\mathbf{A} = \begin{bmatrix} a_{11} & a_{21} & \cdots & a_{n1} \\ a_{12} & a_{22} & \cdots & a_{n2} \\ \cdots & \cdots & \ddots & \cdots \\ a_{1n} & a_{2n} & \cdots & a_{nn} \end{bmatrix} \tag{2-4}$$

$$\sum_{i=1}^{n} a_{ii} = \sum_{i+j=n+1}^{n} a_{ii} = \sum_{j=1}^{n} a_{ij} = \sum_{i=1}^{n} a_{ij} = \frac{n(n^2+1)}{2} \tag{2-5}$$

定义 2—7（幻方正变换与幻方逆变换）　将和幻方等边长的图像像素矩阵中的元素和幻方中的元素一一对应起来，以幻方矩阵中的元素的值为顺序索引，将所有图像像素关联起来，并将索引值为的像素和索引值为 1 的像素首尾关联起来，形成环路。将图像中所有的像素元素沿着环路移动到下个时刻所在位置，而对图像进行的置乱变换称为幻方正变换。同样，若将图像中所有的像素元素沿着环路的逆方向移动到上时刻所在的位置，称为幻方逆变换。

2. 基于生命游戏的置乱方法

生命游戏是一类特殊的图像矩阵变换，英国数学家 John Conway 和他的学生在 1970 年前后，经过大量实验，确定了生命游戏，并给出了恰当的规则。它可用于数字图像的置乱。

定义 2－8(生命游戏变换和生命图像)　对于 $M\times N$ 的二值灰度图像，对于所有像素：

(1)如果某个像素在当前时刻，其周围的 8 个像素有 3 个是黑色的，则在下一时刻，将该像素修改为黑色；

(2)如果在当前时刻，某个像素周围的 8 个像素中，有 2 个是黑色的，则在下一时刻，保持该像素灰度小变；

(3)其他情况，将像素灰度修改为白色。

满足上而规则的图像变换，则称为生命游戏变换。其中二值灰度图像称为生命图像。

定义 2－9(基于生命游戏的图像置乱正变换和逆变换)　如果将一幅图像的像素矩阵对应于一幅二值灰度图像的像素矩阵，将二值灰度图像做生命游戏变换，在反复迭代过程中，按某种扫描策略，将曾经活着的生命或曾经死去的生命的像素位置记录下来(所有生命只记录一次)直到所有像素位置被完全记录下来，按照记录路线，形成迁移路线，将迁移路线的首元素和尾元素连接起来，形成环路。将图像中所有的像素元素沿着环路移动到下个时刻所在位置，而对图像进行的置乱变换，称为基于生命游戏的图像置乱正变换，反之，沿着环路的逆方向，回到像素上时刻所在的位置，称为基于生命游戏的图像置乱逆变换。

3. 基于骑士巡游的置乱方法

定义 2－10(骑士巡游矩阵)　将一个 $M\times N$ 矩阵对应于 $M\times N$ 的国际象棋棋盘，用骑士所在网格对应的矩阵元素记录当前骑士所移动的步数，其中步数 1 表示骑士初始位置，步数 $M\times N$ 表示骑士终止位置，以此记录的矩阵被称为骑士巡游矩阵。

定义 2－11(基于骑士巡游的正变换和逆变换)　将和骑士巡游矩阵相同大小的图像像素矩阵中的元素和骑士巡游矩阵中的元素对应起来，以骑士巡游矩阵中的元素的值为顺序索引，将所有图像像素关联起来，并将索引值最大的像素和索引值为 1 的像素首尾关联起来，形成环路。将图像中所有的像素元素沿着环路移动到下个时刻所在位置，而对图像进行的置乱变换称为基于骑士巡游的正变换。同样，若将图像中所有的像素元素沿着环路的逆方向移动到上时刻所在的位置，称为基于骑士巡游的逆变换。

4. 基于 Hilbert 曲线的置乱方法

1890 年意大利数学家 G. Peano 构造了一种平面曲线，它通过且充满整个平面正方形。不久人们找到了满足这种性质的其他曲线，统称为 Peano 曲线。德国数学家 D. Hilbert 在 1891 年构造了比较简单的 Peano 曲线，成为所谓 FASS(FASS 是 space-filling，self-avoiding，simple and self-similar 的缩写)曲线的重要典型。在文献[122－123]中介绍了几种特殊 FASS 曲线，以及如何利用它们进行数字图像置乱。

定义 2—12（n 阶 Hilbert 曲线）　若 Hilbert 曲线的填充空间的宽高大小均为 n 的正方形区域，则称为 n 阶 Hilbert 曲线。

定义 2—13（基于 Hilbert 曲线迁移路径的正变换和逆变换）　将边长为的正方形图像和 n 阶 Hilbert 曲线对应起来，以 Hilbert 曲线为迁移路径，沿着其前进方向，将图像像素移动到下一时刻所在位置，若像素移动到 Hilbert 曲线的终点，则将该像素移动到 Hilbert 曲线的初始位置，由此而对图像进行的置乱变换称为基于 Hilbert 曲线迁移路径的正变换。反之，像素沿着 Hilbert 曲线前进的逆方向，回到上时刻所在位置，若像素移动到 Hilbert 曲线的起点，则在下时刻，将其移动到终止位置，由此而对图像进行的置乱变换称为基于 Hilbert 曲线迁移路径的逆变换。

2.2.3　基于单一像素灰度坐标变换的置乱方法

基于单一像素灰度的变换方法，以像素的灰度为坐标，仅对单一像素的灰度进行变换，多个像素灰度之间不发生相互关联。这里给出三种典型的基于单一像素灰度坐标的置乱方法：基于 3 维等长 Arnold 变换、基于 3 维等长 Fibonacci-Q 变换和基于简单异或操作的置乱变换方法。

1. 基于 3 维等长 Arnold 变换和 Fibonacci-Q 变换的置乱方法

定义 2—14（3 维等长置乱变换）　若将一点坐标 (x,y,z) 变换为另点坐标 (x',y',z') 的变换为（2-6）式，并恢复周期存在，则称为 3 维等长置乱变换，其中 $(x,y,z)\in Z_{N-1}\times Z_{N-1}\times Z_{N-1}$，$(x',y',z')\in Z_{N-1}\times Z_{N-1}\times Z_{N-1}$ 且为整数。矩阵 $(a_{ij})_{3\times3}$ 称为 3 维等长置乱变换的变换矩阵，其元素均为止整数或 0。

$$\begin{bmatrix} x' \\ y' \\ z' \end{bmatrix} = \begin{bmatrix} a_{11} & a_{21} & a_{31} \\ a_{12} & a_{22} & a_{32} \\ a_{13} & a_{23} & a_{33} \end{bmatrix} \begin{bmatrix} x \\ y \\ z \end{bmatrix} \bmod N \tag{2-6}$$

对于定义 2—14 所给出的(2-6)式，若将变换矩阵分别对应为 3 维等长 Arnold 变换矩阵和 3 维等长 Fibonacci-Q 变换矩阵，则分别称为 3 维等长 Arnold 变换和 3 维等长 Fibonacci-Q 变换。以下分别给出其定义。

定义 2—15（3 维等长 Arnold 变换）　若将点坐标 (x,y,z) 变换为另点坐标 (x',y',z') 的变换为(2-7)式，则称为 3 维等长 Arnold 变换，其中 $(x,y,z)\in Z_{N-1}\times Z_{N-1}\times Z_{N-1}$，$(x',y',z')\in Z_{N-1}\times Z_{N-1}\times Z_{N-1}$ 且为整数。其变换矩阵称为 3 维等长 Arnold 变换矩阵。

$$\begin{bmatrix} x' \\ y' \\ z' \end{bmatrix} = \begin{bmatrix} 1 & 1 & 1 \\ 1 & 2 & 2 \\ 1 & 2 & 3 \end{bmatrix} \begin{bmatrix} x \\ y \\ z \end{bmatrix} \bmod N \tag{2-7}$$

定义 2—16(3 维等长 Fibonacci-Q 变换)　若将点坐标 (x, y, z) 变换为另点坐标 (x', y', z') 的变换为(2-8)式,则称为 3 维等长 Fibonacci-Q 变换,其中 $(x, y, z) \in Z_{N-1} \times Z_{N-1} \times Z_{N-1}$，$(x', y', z') \in Z_{N-1} \times Z_{N-1} \times Z_{N-1}$ 且为整数。其变换矩阵称为 3 维等长 Fibonacci-Q 变换矩阵。

$$\begin{bmatrix} x' \\ y' \\ z' \end{bmatrix} = \begin{bmatrix} 1 & 1 & 0 \\ 0 & 0 & 1 \\ 1 & 0 & 0 \end{bmatrix} \begin{bmatrix} x \\ y \\ z \end{bmatrix} \bmod N \tag{2-8}$$

若将(2-7)式和(2-8)式中的 (x, y, z) 对应于像素的三个色彩分量 (r, g, b)，并将 N 取值为 256,则对应于两种不同的图像置乱变换,分别称为基于 3 维等长 Arnold 变换的置乱变换和基于 3 维等长 Fibonacci-Q 变换的置乱变换,以下分别给出其体定义。

定义 2—17(基于 3 维等长 Arnold 变换的置乱变换)　若将图像像素的三个色彩分量 (r, g, b) 映射为另一个色彩分 (r', g', b') 的变换为(2-9)式,则称为基于 3 维等长 Arnold 变换的置乱变换,其中 $(r, g, b) \in Z_{255} \times Z_{255} \times Z_{255}$，$(r', g', b') \in Z_{255} \times Z_{255} \times Z_{255}$,且为整数。

$$\begin{bmatrix} r' \\ g' \\ b' \end{bmatrix} = \begin{bmatrix} 1 & 1 & 1 \\ 1 & 2 & 2 \\ 1 & 2 & 3 \end{bmatrix} \begin{bmatrix} r \\ g \\ b \end{bmatrix} \bmod 256 \tag{2-9}$$

定义 2—18(基于 3 维等长 Fibonacci-Q 变换的置乱变换)　若将图像像素的三个色彩分量 (r, g, b) 映射为另一个色彩分 (r', g', b') 的变换为(2-10)式,则称为基于 3 维等长 Fibonacci-Q 变换的置乱变换,其中 $(r, g, b) \in Z_{255} \times Z_{255} \times Z_{255}$，$(r', g', b') \in Z_{255} \times Z_{255} \times Z_{255}$,且为整数。

$$\begin{bmatrix} r' \\ g' \\ b' \end{bmatrix} = \begin{bmatrix} 1 & 1 & 0 \\ 0 & 0 & 1 \\ 1 & 0 & 0 \end{bmatrix} \begin{bmatrix} r \\ g \\ b \end{bmatrix} \bmod 256 \tag{2-10}$$

2. 基于简单异或操作的里乱变换方法

定义 2—19(基于简单异或操作的置乱变换方法)　设图像像素矩阵中的元素数为 $M \times N$,由初始随机数密钥 K 初始化一个和图像像素数相同的伪随机数序列 S,记序列中第 l 个元素为 S_l,若将对应位置的像素三个色彩分量 (r_l, g_l, b_l) 映射为另一个色彩分 (r'_l, g'_l, b'_l) 的变换为(2-11)式,则称为基于简单异或操作的置乱变换方法。

$$\begin{cases} S = \text{init}(K) \\ S = \{S_l / l \in [0, MN) \wedge S_l \in Z_{255}\} \\ r_l = r'_l \oplus S_l \\ g'_l = g_l \oplus S_l \\ b'_l = b_l \oplus S_l \end{cases} \tag{2-11}$$

对于基于简单异或操作的置乱变换方法可按(2-12)式进行恢复。

$$\begin{cases} S = \text{init}(K) \\ S = \{S_l / l \in [0, MN) \wedge S_l \in Z_{255}\} \\ r_l = r'_l \oplus S_l \\ g_l = g'_l \oplus S_l \\ b_l = b'_l \oplus S_l \end{cases} \tag{2-12}$$

2.2.4　基于多个像素灰度坐标变换的置乱方法

基于多个像素灰度坐标变换的置乱方法是将像素矩阵分成大小相同的小块(通常小块以像素所在行或列进行划分),将小块内的所有像素的灰度映射成为一个多维线性坐标,然后将该多维线性坐标映射为另一组线性坐标,以此来对图像进行置乱。这里给出两种典型的基于多个像素灰度坐标变换的置乱方法,即基于高维等长 Arnold 变换的置乱方法和基于高维等长 Fibonacci-Q 变换的置乱方法。

定义 2—20(n 维等长置乱变换)　若将 n 维线性坐标 $(x_1, x_2, \cdots, x_n)$ 变换为另一 n 维线性坐标 $(x'_1, x'_2, \cdots, x'_n)$ 的变换为(2-13)式并且可恢复周期存在,则称为 n 维等长置乱变换。其中 $x_i \in Z_{N-1}, x'_i \in Z_{N-1} (i = 1, 2, \cdots, n)$ 且为整数。矩阵 $(a_{ij})_{n \times n}$ 称为n 维等长置乱变换的变换矩阵。

$$\begin{bmatrix} x'_1 \\ x'_2 \\ \vdots \\ x'_i \\ \vdots \\ x'_n \end{bmatrix} = \begin{bmatrix} a_{11} & a_{21} & \cdots & a_{i1} & \cdots & a_{n1} \\ a_{12} & a_{22} & \cdots & a_{i2} & \cdots & a_{n2} \\ \cdots & \cdots & \ddots & \cdots & \cdots & \cdots \\ a_{1j} & a_{2j} & \cdots & a_{ij} & \cdots & a_{nj} \\ \cdots & \cdots & \cdots & \cdots & \ddots & \cdots \\ a_{1n} & a_{2n} & \cdots & a_{in} & \cdots & a_{nn} \end{bmatrix} \begin{bmatrix} x_1 \\ x_2 \\ \vdots \\ x_i \\ \vdots \\ x_n \end{bmatrix} \bmod N \tag{2-13}$$

对于定义 2—20 所给出的(2-13)式,若将变换矩阵分别对应为 n 维等长 Arnold 变换矩阵和 n 维等长 Fibonacci-Q 变换矩阵,则分别称为 n 维等长 Arnold 变换和 n 维等长 Fibonacci-Q 变换。

定义 2—21(基于n 维等长 Arnold 变换的置乱变换)　若将图像像素矩阵所在列或行的像素三个色彩分量映射为同一列或行像素的新的三个色彩分量的变换为(2-14)式,则称为基于 n 维等长 Arnold 变换的置乱变换,其中 $(r_i, g_i, b_i) \in Z_{255} \times Z_{255} \times Z_{255}$, $(r'_i, g'_i, b'_i) \in Z_{255} \times Z_{255} \times Z_{255}$, $i \in Z_n$,且为整数。

$$\begin{bmatrix} r'_1 & g'_1 & b'_1 \\ r'_2 & g'_2 & b'_2 \\ \vdots & \vdots & \vdots \\ r'_n & g'_n & b'_n \end{bmatrix} = \begin{bmatrix} 1 & 1 & \cdots & 1 & 1 \\ 1 & 2 & \cdots & 2 & 2 \\ \vdots & \vdots & & \vdots & \vdots \\ 1 & 2 & \cdots & n-1 & n-1 \\ 1 & 2 & \cdots & n-1 & n \end{bmatrix} \begin{bmatrix} r_1 & g_1 & b_1 \\ r_2 & g_2 & b_2 \\ \vdots & \vdots & \vdots \\ r_n & g_n & b_n \end{bmatrix} \bmod 256 \tag{2-14}$$

定义 2—22（基于 n 维等长 Fibonacci-Q 变换的置乱变换） 若将图像像素矩阵所在列或行的像素三个色彩分量映射为同一列或行像素的新的三个色彩分量的变换为(2-15)式，则称为基于 n 维等长 Fibonacci-Q 变换的置乱变换，其中 $(r_i, g_i, b_i) \in Z_{255} \times Z_{255} \times Z_{255}$，$(r'_i, g'_i, b'_i) \in Z_{255} \times Z_{255} \times Z_{255}$，$i \in Z_n$，且为整数。

$$\begin{bmatrix} r'_1 & g'_1 & b'_1 \\ r'_2 & g'_2 & b'_2 \\ \vdots & \vdots & \vdots \\ r'_n & g'_n & b'_n \end{bmatrix} = \begin{bmatrix} 1 & 1 & \cdots & 0 & 0 \\ 0 & 0 & 1 & \cdots & 0 \\ 0\ \vdots & \vdots & & \vdots & \vdots \\ 0 & 0 & \cdots & 0 & 1 \\ 1 & 0 & \cdots & 0 & 0 \end{bmatrix} \begin{bmatrix} r_1 & g_1 & b_1 \\ r_2 & g_2 & b_2 \\ \vdots & \vdots & \vdots \\ r_n & g_n & b_n \end{bmatrix} \bmod 256 \tag{2-15}$$

基于高维等长 Arnold 变换和高维等长 Fibonacci-Q 变换的置乱变换方法的迭代周期通常较长，在迭代过程中要进行高维向量之间的点乘运算，运算代价较大，在实际使用过程中可用逆变换对置乱后的图像进行恢复。以下分别给出基于高维等长 Arnold 变换和高维等长 Fibonacci-Q 变换的置乱变换方法的逆变换的具体定义。

定义 2—23（基于 n 维等长 Arnold 变换的置乱逆变换） 若将图像像素矩阵所在列或行的像素三个色彩分量映射为同一列或行像素的新的三个色彩分量的变换为(2-16)式，则称为基于 n 维等长 Arnold 变换的置乱逆变换，其中 $(r_i, g_i, b_i) \in Z_{255} \times Z_{255} \times Z_{255}$，$(r'_i, g'_i, b'_i) \in Z_{255} \times Z_{255} \times Z_{255}$，$i \in Z_n$，且为整数。

$$\begin{bmatrix} r'_1 & g'_1 & b'_1 \\ r'_2 & g'_2 & b'_2 \\ \vdots & \vdots & \vdots \\ r'_n & g'_n & b'_n \end{bmatrix} = \begin{bmatrix} 2 & -1 & 0 & \cdots & 0 & 0 \\ -1 & 2 & -1 & \cdots & 0 & 0 \\ 0 & -1 & 2 & \cdots & 0 & 0 \\ \cdots & \cdots & \cdots & \ddots & \cdots & \cdots \\ 0 & 0 & \cdots & -1 & 2 & -1 \\ 0 & 0 & \cdots & 0 & -1 & 1 \end{bmatrix} \begin{bmatrix} r_1 & g_1 & b_1 \\ r_2 & g_2 & b_2 \\ \vdots & \vdots & \vdots \\ r_n & g_n & b_n \end{bmatrix} \bmod 256 \tag{2-16}$$

定义 2—24（基于 n 维等长 Fibonacci-Q 变换的置乱逆变换） 若将图像像素矩阵所在列或行的像素三个色彩分量映射为同一列或行像素的新的三个色彩分量的变换为(2-17)式，则称为基于 n 维等长 Fibonacci-Q 变换的置乱逆变换，其中 $(r_i, g_i, b_i) \in Z_{255} \times Z_{255} \times Z_{255}$，$(r'_i, g'_i, b'_i) \in Z_{255} \times Z_{255} \times Z_{255}$，$i \in Z_n$，且为整数。

$$\begin{bmatrix} r'_1 & g'_1 & b'_1 \\ r'_2 & g'_2 & b'_2 \\ \vdots & \vdots & \vdots \\ r'_n & g'_n & b'_n \end{bmatrix} = \begin{bmatrix} 0 & 0 & 0 & \cdots & 0 & 1 \\ 1 & 0 & 0 & \cdots & 0 & -1 \\ 0 & 1 & 0 & \cdots & 0 & 0 \\ \cdots & \cdots & \cdots & \ddots & \cdots & \cdots \\ 0 & \cdots & 0 & 1 & 0 & 0 \\ 0 & 0 & \cdots & 0 & 1 & 0 \end{bmatrix} \begin{bmatrix} r_1 & g_1 & b_1 \\ r_2 & g_2 & b_2 \\ \vdots & \vdots & \vdots \\ r_n & g_n & b_n \end{bmatrix} \bmod 256 \tag{2-17}$$

2.2.5　基于非等长置乱变换的图像置乱方法

1. 基于 2 维非等长置乱变换方法

定义 2—25（2 维非等长置乱变换）　设 N_1 为图像像素矩阵的长，N_2 为图像像素矩阵的宽，(x,y) 和 (x',y')（$x,x' \in Z_{N_1-1}; y,y' \in Z_{N_2-1}$）分别为映射前和映射后的像素的位置坐标，若将像素从映射前的位置，移到映射以后的位置的变换为(2-18)式，则称为基于 2 维非等长置乱变换。

$$\begin{bmatrix} x' \\ y' \end{bmatrix} = \begin{bmatrix} a & b \\ c & d \end{bmatrix} \begin{bmatrix} x \\ y \end{bmatrix} \bmod \begin{bmatrix} N_1 \\ N_2 \end{bmatrix} \tag{2-18}$$

2. 基于 n 维非等长置乱变换方法

定义 2—26（n 维非等长置乱变换）　设单一像素，其所对应的二进制串的长度为 l_p，将其分成 n 段，其中每段的长度为 $l_i(1 \leqslant i \leqslant n)$，每段所对应的二进制串的值为 $x_i(1 \leqslant i \leqslant n)$ 作为该像素灰度坐标分量，以此来构造 n 维灰度坐标，若将该像素灰度坐标转换为另一像素的灰度坐标的变换为(2-19)式，则称为基于 n 维非等长置乱变换方法。

$$\begin{bmatrix} x'_1 \\ x'_2 \\ \vdots \\ x'_i \\ \vdots \\ x'_n \end{bmatrix} = \begin{bmatrix} a_{11} & a_{21} & \cdots & a_{i1} & \cdots & a_{n1} \\ a_{12} & a_{22} & \cdots & a_{i2} & \cdots & a_{n2} \\ \cdots & \cdots & \ddots & \cdots & \cdots & \cdots \\ a_{1j} & a_{2j} & \cdots & a_{ij} & \cdots & a_{nj} \\ \cdots & \cdots & \cdots & \cdots & \ddots & \cdots \\ a_{1n} & a_{2n} & \cdots & a_{in} & \cdots & a_{nn} \end{bmatrix} \begin{bmatrix} x_1 \\ x_2 \\ \vdots \\ x_i \\ \vdots \\ x_n \end{bmatrix} \bmod \begin{bmatrix} 2^{l_1} \\ 2^{l_2} \\ \\ 2^{l_i} \\ \\ 2^{l_n} \end{bmatrix} \tag{2-19}$$

其中，$l_p = \sum_{i=1}^{n} l_i$ 。

2.2.6　各种图像置乱方法的性能对比

评价图像置乱方法的性能是比较困难的，目前主要从以下几个方面来评价图像置乱的效果：

(1)置乱图像的统计特性。数字图像经置乱处理后，统计应服从白噪声特性，好的置乱算法应该有均匀的分布性；视觉上应满足对原始图像的不可见性，这是图像置乱的基本要求。

(2)图像置乱算法的计算代价。由于数字图像的数据十分庞大，所以计算代价也是加密算法的一个重要评价标准，因此图像置乱算法的计算代价越低越好。

(3)图像置乱算法的适用性。好的图像置乱算法应能适用于不同尺寸、不同格式的图像。高泛化性是评价置乱算法的一个不可或缺的标准。

(4)图像置乱算法的鲁棒性。好的图像置乱算法，应能抵抗一些常规的攻击，具有一定的鲁棒性，能够有较强抗干扰的能力。

(5)算法的去乱性。即算法应该有置乱的逆过程,即去乱算法,且应容易求得。目前去乱算法一般是通过计算周期性求得。

以下是所给出的图像置乱算法在处理非等长图像、改变像素位置相关性和改变像素统计相关性等方面进行比较,如表 2-1 所示。

表 2-1　图像乱算法之间的比较

序号	图像置乱变换的方法	处理非等长图像的能力	改变像素位置相关性	改变像素统计相关性	备注
1	2 维等长 Arnold 图像置乱变换	—	√	—	基于 2 维仿射变换的置乱方法
2	2 维等长 Fibonacci-Q 图像置乱变换	—	√	—	
3	2 维等长图像置乱变换	—	√	—	
4	基于幻方变换的置乱方法	—	√	—	基于像素位置迁移的置乱方法
5	基于生命游戏的置乱方法	√	√	—	
6	基于骑士巡游的置乱方法	—	√	—	
7	基于 Hilbert 曲线的置乱方法	—	√	—	
8	基于 3 维等长 Arnold 置乱变换	√	—	√	基于单一像素灰度坐标变换的置乱方法
9	基于 3 维等长 Fibonacci-Q 置乱变换	√	—	√	
10	基于简单异或操作的置乱变换	√	—	√	
11	基于 n 维等长 Arnold 置乱变换	√	可改变像素的局部位置相关性,但不能分块位置相关性	√	基于多个像素灰度坐标变换的置乱方法
12	基于 n 维等长 Fibonacci-Q 置乱变换	√	可改变像素的局部位置相关性,但不能分块位置相关性	√	
13	基于 2 维非等长置乱变换	√	√	—	非等长置乱变换的图像置乱方法
14	基于 n 维非等长置乱变换	√	—	√	

2.3　图像几何变换的置乱程度

秘密图像置的效果越好，将其隐藏在公开图像中后，其安全性越高。本节提出了用置乱程度来量化置乱效果的思想，给出了图像置乱程度的四个定义，计算了几种常见置乱变换的置乱程度。实验表明所给出的定义能较好地刻画图像的置乱程度，与人的直观视觉观察结果也较一致。对置乱程度的研究，可以指导我们在信息隐藏时能寻求到更好的置乱变换，对于了解他人置乱的方法有一定的帮助。

2.3.1　置乱程度的定义

置乱程度主要是指相对于图像信息的直观杂乱效果而言的，而与解密的难易程度无关。从直观上讲，作置乱变换时，原图像的像素位置移动得越远，则其置乱程度越大。因此自然想到用各像素点移动的平均距离来定义置乱程度。

定义 2－27　假定图像 n 中像素 (i,j) 的灰度值被置乱变换 $\boldsymbol{T}$ 变到了图像 $\mathbf{B}$ 中的 $[t_{\text{row}}(i,j),t_{\text{col}}(i,j)]$ 像素，则定义该变换 $\boldsymbol{T}$ 对图像 $\mathbf{A}$ 的置乱程度为

$$S_T(\mathbf{A})=\frac{1}{n\times m}\sum_{i=1}^{n}\sum_{j=1}^{m}\sqrt{[i-t_{\text{row}}(i,j)]^2+[j-t_{\text{col}}(i,j)]^2} \tag{2-20}$$

2.3.2　置乱程度与置乱效果比较

下面重点来研究文献[70]提到的几何变换的置乱程度，设原图像 $\mathbf{A}$ 为 $N\times N$ 大小，根据定义 2－2 定义的图像置乱变换方法，假定像素位置为 (x,y)，按几何变换置乱后的像素位置为 (x',y')，几何变换的置乱方法如下：

$$\begin{bmatrix} x' \\ y' \end{bmatrix}=\begin{bmatrix} a & b \\ c & d \end{bmatrix}\begin{bmatrix} x \\ y \end{bmatrix}\bmod N=\mathbf{G}\begin{bmatrix} x \\ y \end{bmatrix}\bmod N \tag{2-21}$$

其中，a,b,c,d,x,y,x',y',N 均为整数，且 $ad-bc=\pm 1$。当 $a=b=c=1,d=2$ 时，就是著名的 Arnold 变换，它是数学家 Arnold 在研究遍历理论时提出的一种变换。当 $a=b=c=1,d=0$ 时，就是文献[53]提到的 Fibonacci 变换。

按照定义 2－27，几何变换的置乱程度为

$$S_G(\mathbf{A})=\frac{1}{N^2}\sum_{i=1}^{N}\sum_{j=1}^{N}\sqrt{[x-(ax+by)\bmod N]^2+[y-(cx+dy)\bmod N]^2} \tag{2-22}$$

对不同的图像，按照公式(2-22)求得 Arnold 变换的置乱程度如表 2-2。从表 2-2 和大量的实验结果可以发现此定义有如下性质。

性质 1－1　对于 Arnold 变换，当 $N>13$ 时按定义 2－27 定义的置乱程度，随着图像像素的增大而增加。

表 2-2　不同大小图像 Arnold 置乱变换的置乱程度

图像大小	80×80	180×180	256×256	299×299	300×300
置乱程度	43.298 7	97.399 2	138.519 2	161.784 9	162.325 9

为了进一步考察定义 2—27 的合理性，看是否与直观的视觉效果一致。对于同一图像(Lena 图像，256×256 像素)，用不同的几何变换作置乱，其置乱效果如图 2-2 所示。

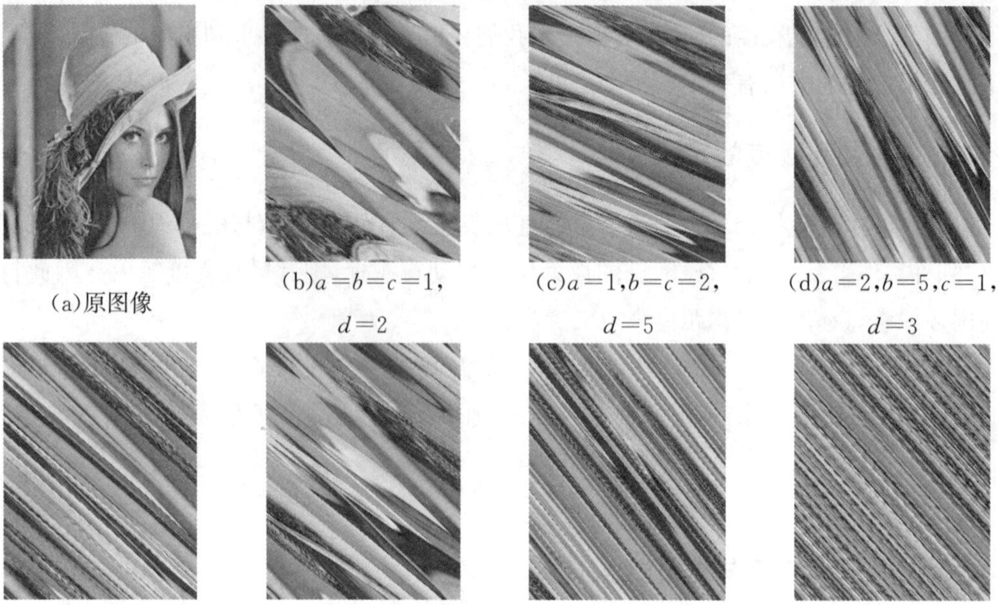

(a)原图像　(b)$a=b=c=1$, $d=2$　(c)$a=1,b=c=2$, $d=5$　(d)$a=2,b=5,c=1$, $d=3$

(e)$a=c=1$, $b=7,d=8$　(f)$a=c=1$, $b=3,d=4$　(g)$a=d=5$, $b=6,c=4$　(h)$a=11$, $b=d=1,c=10$

图 2-2　Lena 图像(256×256 像素)不同的几何变换的置乱效果

按定义 2—27 计算其相应几何变换的置乱程度，计算结果如表 2-3 所示。

表 2-3　同一图像的不同几何变换置乱程度

几何变换	a	1	1	2	1	1	5	11
	b	1	2	5	7	3	6	1
	c	1	2	1	1	1	4	10
	d	2	5	3	8	4	5	1
置乱程度		138.519 2	135.378 4	135.602 7	135.934 0	136.486 9	135.733 3	135.816 2

从表 2-3 中的数据和图 2-2 的比较，可以得出如下结论：

(1)各种几何变换的置乱程度是基本一致的。用其他的图像做实验，也能得到相同的结论，只是置乱程度在另一数字附近摆动。如 80×80 图像，各种几何变换的置乱程度在 42～43 附近摆动；180×180 图像，各种几何变换的置乱程度在 97～98 附近摆动，等等。

(2)由定义 2—27 给出的置乱程度定义具有一定的合理性，和具体的图像尺度相关。

2.3.3　置乱程度定义的改进

1. 改进方法一

定义 2—27 虽然能较好地刻画图像的置乱程度，但它随着图像的增大而增加，这是它的一个缺点。置乱程度应是所使用的置乱方法好坏的衡量标准，应与图像的大小无关。因此将(2-20)式的计算结果标准化或归一化是重要的。

通过深入分析研究发现，将定义 2—27 改为定义 2—28，则置乱程度与图像的大小无关，它仅是置乱方法好坏的一个定量描述。

定义 2—28　假定图像 n 中像素 (i,j) 的灰度值被置乱变换 $\boldsymbol{T}$ 变到了图像 $\boldsymbol{B}$ 中的 $[t_{\text{row}}(i,j), t_{\text{col}}(i,j)]$ 像素，则定义该变换 $\boldsymbol{T}$ 对图像 $\mathbf{A}$ 的置乱程度为

$$S_T(\mathbf{A}) = \frac{1}{\sqrt{(n \times m)^3}} \sum_{i=1}^{n} \sum_{j=1}^{m} \sqrt{[i - t_{\text{row}}(i,j)]^2 + [j - t_{\text{col}}(i,j)]^2} \tag{2-23}$$

称为归一化置乱程度。按式(2-23)计算，表 2-4 给出了各种图像的归一化置乱程度。

表 2-4　不同大小图像 Arnold 置乱变换的归一化置乱程度

图像大小	80×80	180×180	256×256	299×299	300×300
归一化置乱程度	0.541 23	0.541 106	54.109 1	0.541 086	0.541 086

从表 2-4 看出，定义 2—28 能较好地描述置乱变换的置乱效果，但其与置乱效果的直观感觉还不能完全统一，如图 2-3 所示，其中 s 表示按定义 2—28，即公式(2-23)计算的置乱程度，因此有必要寻求新的定义。各种几何变换的归一化置乱程度与图像尺寸的关系，如图 2-4 所示，其中横坐标表示图像尺寸，纵坐标表示图像的归一化置乱程度。

(a)原图像

(b)Arnold 变换置乱图像
$s=0.541\,06$

(c)几何变换置乱图像
$a=c=1, b=7, c=8; s=0.530\,98$

图 2-3　置乱变换的归一化置乱程度和置乱效果比较

从图 2-4 可以看出，随着图像尺寸的增加，几何变换对图像的置乱程度总是趋于一个确定的值，总是在 0.54 附近摆动。这说明用定义 2—28 来定义图像的置乱程度有一定合理性，确实刻画了一类变换置乱图像的程度。

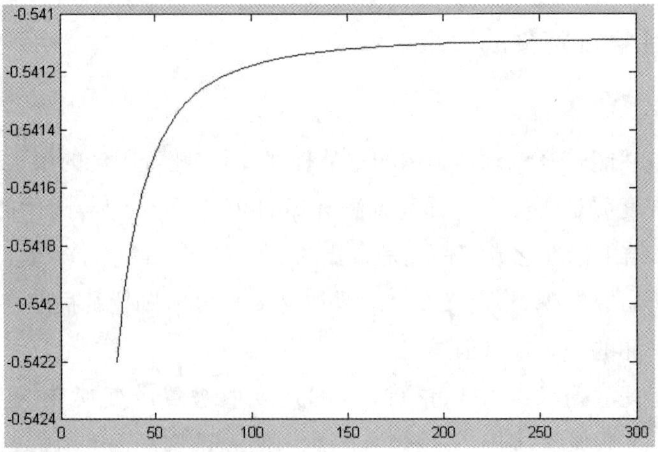

(a)各种尺寸图像 Arnold 变换的归一化置乱程度($a=1$,b=1,$c=1$,$d=2$)

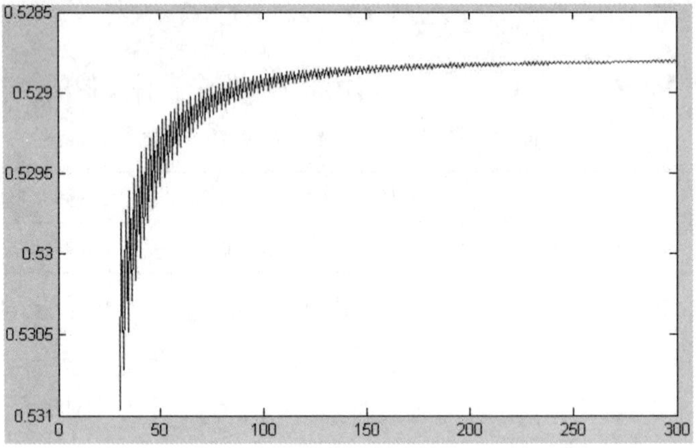

(b)各种尺寸图像几何变换的归一化置乱程度($a=1$,b=$c=2$,$d=5$)

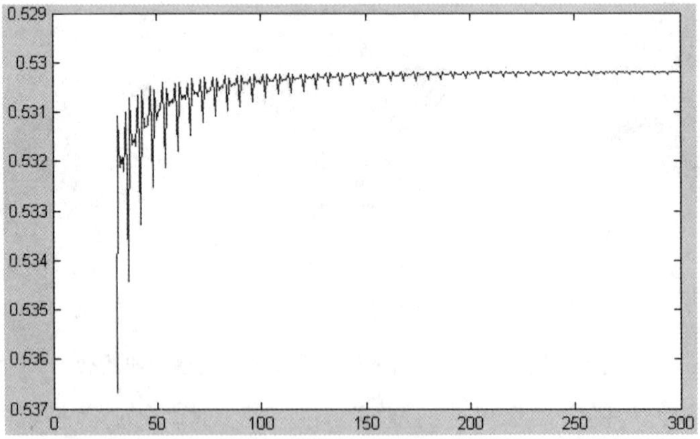

(c)各种尺寸图像几何变换的归一化置乱程度($a=5$,$b=6$,$c=4$,$d=5$)

图 2-4　各种尺寸图像几何变换的归一化置乱程度

2. 改进方法二

定义 2—27 的优点是较好地刻画了置乱程度,并且计算简单。定义 2—28 虽然能使置乱程度归一化,但它们均存在一个明显的缺陷:如果将图像的所有像素向某一方向平移一定距离，则置乱程度是很差的，而定义 2—27 和定义 2—28 是反映不出来的，因此可将置乱程度改为下面的定义。

定义 2—29　假定图像 n 中像素(i,j)的灰度值被置乱变换 $\boldsymbol{T}$ 变到了图像 $\boldsymbol{B}$ 中的 $[t_{row}(i,j),t_{col}(i,j)]$ 像素，则定义该变换 $\boldsymbol{T}$ 对图像 $\boldsymbol{A}$ 的置乱程度为

$$S_T(\boldsymbol{A})=\frac{1}{n\times m}\sum_{i=1}^{n}\sum_{j=1}^{m}\sqrt{[i-t_{row}(i,j)]^2+[j-t_{col}(i,j)]^2}\sin\alpha(i,j) \tag{2-24}$$

其中，$\alpha(i,j)$ 是本次移动与下次移动方向之间的夹角。

大家知道 $\sin\alpha(i,j)$ 可用下面的公式计算：

$$\sin\alpha(i,j)=\sqrt{1-\cos^2\alpha(i,j)} \tag{2-25}$$

下面来求 $\cos\alpha(i,j)$ 的值。假定本次是由(i,j)变到 $[t_{row}(i,j),t_{col}(i,j)]$，则下次变动可分为如下三种情况：

(1)当 $1\leqslant i\leqslant n,1\leqslant j\leqslant m-1$，时，由 $(i,j+1)$ 变到 $[t_{row}(i,j+1),t_{col}(i,j+1)]$，$\cos\alpha(i,j)$ 的计算公式为

$$\frac{[t_{row}(i,j)-i]\,[t_{row}(i,j+1)-i]+[t_{col}(i,j)-j]\,[t_{col}(i,j+1)-j-1]}{\sqrt{[t_{row}(i,j)-i]^2+[t_{col}(i,j)-j]^2}\sqrt{[t_{row}(i,j+1)-i]^2+[t_{col}(i,j+1)-j-1]^2}} \tag{2-26}$$

(2)当 $1\leqslant i\leqslant n,j=m$ 时，由 $(i+1,1)$ 变到 $[t_{row}(i+1,1),t_{col}(i+1,1)]$，$\cos\alpha(i,j)$ 的计算公式为

$$\frac{|\,[t_{row}(i,j)-i]\,[t_{row}(i+1,1)-i-1]+[t_{col}(i,j)-j]\,[t_{col}(i+1,1)-1]\,|}{\sqrt{[t_{row}(i,j)-i]^2+[t_{col}(i,j)-j]^2}\sqrt{[t_{row}(i+1,1)-i-1]^2+[t_{col}(i+1,1)-1]^2}} \tag{2-26}$$

(3)当 $i=n,j=m$ 时，取 $\cos\alpha(i,j)=0$。

改为公式(2-24)后，则图像的置乱程度刻画将更准确，表 2-5 所示的是不同大小图像按定义 2—29 计算出的置乱程度。

表 2-5　不同大小图像 Arnold 置乱变换的置乱程度(按定义 1—29 计算)

图像大小	80×80	180×180	256×256	299×299	300×300
置乱程度	1.663	1.669 1	1.689	1.673 3	1.668 6

从表中不难看出，按定义 2—29 定义的置乱程度，就没有类似定义 2—27 和定义 2—28 的不足。图 2-5 所示的是 Fibonacci 变换、Arnold 变换及几何变换对各种图像的置乱程度与置乱效果的一个比较，图中的数字表示按定义 2—29 计算的置乱程度。

从图 2-5 可以看出，按定义 2—29 定义的置乱程度能较好地刻画图像的置乱情况，并且有如下的结论。

(1)按定义 2—29 定义的置乱程度不随图像的增大而增大。因此它是置乱方法好坏的一个定量描述。

(2)按定义 2－29 定义的置乱程度，Fibonacci 变换的置乱程度小于几何变换(包括 Arnold 变换)的置乱程度，这与直观的置乱效果是一致的。

定义 2－27、定义 2－28、定义 2－29 在一定程度上刻画了图像的置乱程度，基本上也与直观的视觉结果一致。但也有一定的缺点，比如从图 2-5(c)和(d)可以看出，图像 Flower(144×144 像素)、Temple(100×100 像素)的 Arnold 变换与几何变换的置乱程度大小，与我们直观的观察结果不大一致，这说明置乱程度的定义 2－29 也是不够完美的，还需要进一步的研究。

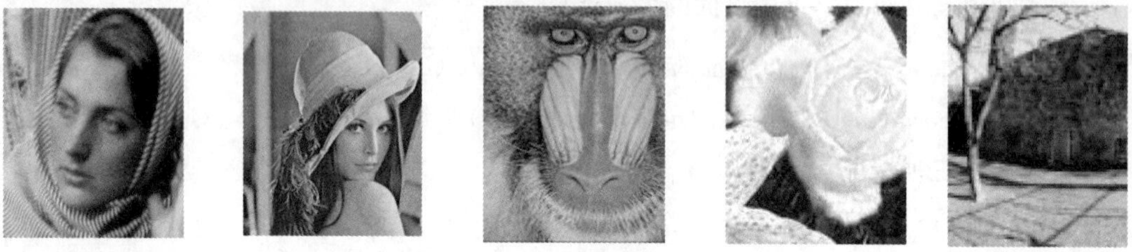

Miss300×300　Lena256×256　baboon180×180　Flower144×144　Temp1e100×100

(a)各种大小的原图像

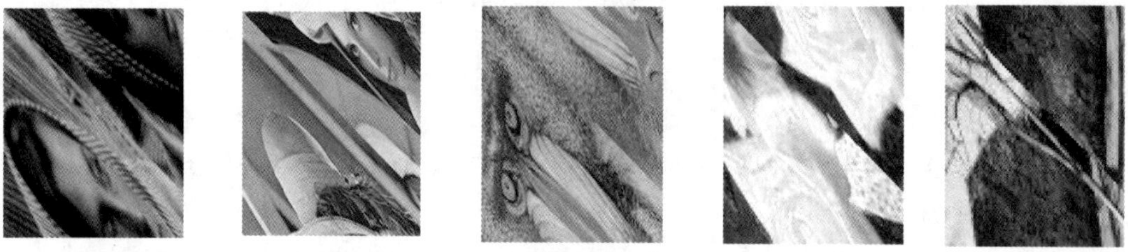

1.287 8　1.287 9　1.287 9　1.287 7　1.286 4

(b)Fibonacci 变换的置乱程度与置乱效果

1.668 6　1.668 9　1.669 0　1.668 6　1.666 2

(c)Arnold 变换的置乱程度与置乱效果

1.682 2　1.669　1.674 8　1.649 2　1.656 6

(d)几何变换($a=c=1,b=7,d=8$)的置乱程度和置乱效果

图 2-5　不同图像的置乱程度与置乱效果比较

2.3.4　置乱程度理想定义

前面给出的关于图像置乱程度的三个定义，在计算上比较方便，但未能与实际置乱效果完美吻合。想用图像是什么的"第三种观点"：图像是高维空间的离散点[70]，来定义置乱程度，即按下两式来定义。

$$\alpha_1=\sqrt{\sum_{i=1}^{n}\sum_{j=1}^{m}[a(i,j)-b(i,j)]^2} \tag{2-28}$$

$$\alpha_2=\frac{1}{n\times m}\sqrt{\sum_{i=1}^{n}\sum_{j=1}^{m}[a(i,j)-b(i,j)]^2} \tag{2-29}$$

实验表明，用上两式来计算置乱程度，不能使得置乱效果和置乱程度 α_1 或 α_2 很好吻合。用互相关函数来定义置乱程度，也不能达到置乱效果与置乱程度完全吻合的要求。通过理论分析，给出了如下的便于理论分析的置乱程度定义。

设 256 级图像灰度图像 $\boldsymbol{A}$ 经置乱变换 $\boldsymbol{T}$ 变为 $\boldsymbol{B}$，$f_a(v)$ 表示图像 $\boldsymbol{A}$ 中灰度值为 $v(v=0,1,2,\cdots,255)$ 的像素个数。

定义 2—30　取图像 $\boldsymbol{B}$ 的任意区域 $\boldsymbol{D}$，用 $f_{\boldsymbol{BD}}(v)$ 表示图像 $\boldsymbol{B}$ 的区域 $\boldsymbol{D}$ 中灰度值为 v 的像素数。若对所有的 v 有

$$\frac{f_{\boldsymbol{BD}}(v)}{\|\boldsymbol{D}\|}=\frac{f_{\boldsymbol{A}}(v)}{n\times m} \tag{2-30}$$

其中，$\|\boldsymbol{D}\|$ 表示区域 $\boldsymbol{D}$ 中的像素数。则称 $\boldsymbol{T}$ 为最佳置乱变换，或理想置乱变换。

定义 2—31　图像 n 被置乱变换 $\boldsymbol{T}$ 变到了图像 $\boldsymbol{B}$，其置乱程度定义为

$$s=\min_{\boldsymbol{D}}\left(1-\sum_{v=0}^{255}\left|\frac{f_{\boldsymbol{BD}}(v)}{\|\boldsymbol{D}\|}-\frac{f_{\boldsymbol{A}}(v)}{n\times m}\right|\right) \tag{2-31}$$

由上述定义 2—30 和定义 2—31，不难得到如下的定理。

定理 1—1　当达到理想置乱时，$s=1$。

定义 2—31 给出的置乱程度，在理论分析上比较方便，与实际的置乱情况也较吻合。因为，它实质上表示，图像的各灰度值在图像 $\boldsymbol{B}$ 的各区域内分布得越均匀，其置乱程度越好。但定义 2—31 不便于计算。进一步研究图像置乱的机理，给出图像置乱程度的更精确的，且便于计算的定义，用置乱程度的思想指导我们寻求更高置乱程度的置乱变换，是下一步的工作。

2.4　小结

本章介绍了图像置乱的基本概念和分类，给出了图像几何变换的置乱程度的定义，并计算了现有典型的置乱变换的置乱程度，实验表明，所给的理论定义与实际结果能较好地吻合。

第 3 章　二维 Arnold 映射与应用

信息隐藏技术作为信息安全中的一项重要技术，近些年多来引起国内外学术界和相关部门的重视。针对大幅图像的信息隐藏问题，图像置乱技术是基础性的工作。关于数字水印生成的方法非常多，但考虑到保密性通信的安全性要求较高，普通的算法往往不能满足信息安全性的要求。因为 Arnold 变换的混沌特性，将它引入图像的置乱和数字水印处理都有良好的效果。本章将详细研究二维 Arnold 映射及其在数字图像置乱中的应用。

3.1　综述

随着因特技术的迅速发展和网络的广泛应用，大量个人和公众信息在公开的不安全的网络上进行无限制地传播，信息的安全问题已成为人们关注的热点，特别是图像的版权及安全是大众所关心的重要话题。传统的保密学对于图像信息保护的研究是远远不能满足用户的需求[6]，随着计算机技术与数字图像处理技术的发展，各国对图像信息的处理已有一些成果[7]。20 世纪 90 年代中期以来，人们对数字水印的研究急剧升温，不仅发表了大量的高质量的研究论文，还出现了一批商品软件，这与多媒体技术的发展所导致的数字音像业及数字产品网上交易的快速发展是相适应的。近些年来国内外相继召开了关于数据加密的学术会议，数字水印技术作为专题受到了广泛关注，图像中的信息隐藏技术更成为其重要议题之一[8]。针对大幅图像的信息隐藏问题，图像置乱技术是基础性的工作[53]。

关于数字水印生成的方法非常多[124-127]，但考虑到保密性通信的安全性要求较高，普通的算法往往不能满足信息安全性的要求。因为 Arnold 变换（猫映射）的混沌特性[6,58,62]，将它引入图像的置乱和数字水印处理都有良好的效果[60,63,127-129]。

由于 Arnold 变换的周期性[53,59]，近二十年来大批专家学者从不同的数学角度寻找计算周期的算法，对 Arnold 变换及其在图像信息隐蔽和图像置乱技术中的应用作了大量的工作。例如，文献[59]在 1992 年就得到了猫映射的最小模周期的上界为 $N^2/2$；文献[53]中给出了矩阵变换模周期存在的条件，研究了 Fibonacci_Q 矩阵变换的周期和 Arnold 变换周期之间的关系；文献[62]分析了矩阵 (mod$n$) 的阶的结构，然后给出有限域上的矩阵的阶与其 Jordan 标准形的关系；文献[78-83]研究了 Arnold 变换的周期性及 Arnold 变换的最小模周期的算法；文献[83]通过构造一个整数数列并研究 Arnold 变换的模周期与该整数数列的联系，从而获得了 Arnold 变换模周期的一些性质。我们针对文献[53]的 Fibonacci_Q 变换，进一步讨论了 Arnold 变换的模周期的性质，主要是通过研究 Fibonacci 数列的模周期性来研究 Fibonacci_Q 变换的模周期性，证明了 Fibonacci_Q 变换矩阵的模周期等于 Fibonacci（斐波那契）数列的模周期，并通过 Fibonacci_Q 矩阵变换的周期和 Arnold 变换周期之间的关系，获得了猫映射的周期性规律，得到了猫映射的最小模周期的上界为 $3N$，大大推进了文献[59]中的结论（$N^2/2$）。这种研究方法也对变换矩阵的阶的理论分析开辟了另一途径，从而为相关的图像处理提供了不可缺少的理论依据。

另一方面，由于猫映射具有周期性，且参数仅有 4 个，用于数据加密时容易受到攻击。文献[68]将猫映射进行了推广，但在图像加密系统中密钥所要求输入的参数较少，广义猫映射的形式也只有四种，尽管系统也具有置换、替代、扩散等加密系统的基本要素，但抗明文攻击的能力较弱，这就带来了不安全[69]。文献[66]提出了基于拟仿射变换的数字图像置乱加密算法，研究了 QATLIC 的性质及构造方法。我们提出了基于欧几里得（Euclid）算法[130]的两种有效的方法用于构造广义猫映射，一种基于广义 Fibonacci（斐波那契）序列，一种基于狄利克雷（Dirichlet）序列，在程序实现时，可以让用户自行输入而作为加密的密钥，可以做到一次一密，从而大大增加了图像加密系统的安全性。文献[67]首次提出，整数矩阵元素可以充分随机、模数 N 维数 n 可以任意，并构造快速算法。

3.2　Fibonacci 数列的模周期

Fibonacci 数列是数学中很重要的数列，由于它具有许多奇妙的性质和许多重要的应用[53,131-140]，它一直受到人们的青睐。在许多文献资料中，都考虑了具有混沌特性的 Arnold 变换及其图像置乱作用，而 Arnold 变换和 Fibonacci 变换就与 Fibonacci 数列有关[53]。

有关 Fibonacci 数列 $\{F_n\}$ 的模数列的周期性许多文献中都有相当深入的探讨。文献[131]中证明了 Fibonacci 数列 $\{F_n\}$ 的模数列 $\{a_n(m)\}$ 是周期数列，并且指出其最小正周期是与模数 m 有关的；文献[132]中证明了模数列 $\{a_n(m)\}$ 的最小正周期的一个性质；文献[133]又具体给出了模数为小于 20 的素数的一组模数列的最小正周期。我们也证明了关于 Fibonacci 数列 $(\mathrm{mod}\,p^r)$ 的周期的一个定理，并给出了 Fibonacci 模数列的有关周期一些性质。

本节首先介绍了有关 Fibonacci 数列的一些性质定理，并定义了它的模周期；其次研究了 Fibonacci 数列的模周期的几条整除性定理和 Fibonacci 数列的模数列 $\{a_n(p^r)\}$ 的最小正周期定理；最后研究了 Fibonacci 模数列的周期估值定理，得到了 Fibonacci 的模周期的上界定理 $\pi_N(F_n) \leqslant 6N$，比已有的结论更准确，证明方法更简单。

3.2.1　Fibonacci 数列的性质定理

下面先简单介绍有关 Fibonacci 数列的一些基本知识。

定义 3—1[135]　Fibonacci 数列 $\{F_n\}$ 定义如下：

$$F_0=0\ ,F_1=1\ ,F_{n+1}=F_n+F_{n-1},n\in \mathbf{Z}^+\ 。\tag{3-1}$$

其通项公式为

$$F_n=\frac{(1+\sqrt{5})^n-(1-\sqrt{5})^n}{2^n\sqrt{5}}\ ,n\in \mathbf{Z}\ 。\tag{3-2}$$

定理 3—1[135] 如果 $m,n\in \mathbf{Z}^+$,则

(1) $F_{n+m}=F_{m+1}F_n+F_mF_{n-1}$; (3-3)

(2) $F_{2n}=F_{n+1}^2-F_{n-1}^2=(F_{n-1}+F_{n+1})F_n=(2F_{n-1}+F_n)F_n$; (3-4)

(3) $F_{2n+1}=F_{n+1}^2+F_n^2=2F_n^2+F_{n-1}^2+2F_nF_{n-1}$; (3-5)

(4) $F_{2n}=F_n^2+F_{n-1}^2$。 (3-6)

定理 3—2[135] 如果 $m,n\in \mathbf{Z}^+$,则 $\gcd(F_m,F_n)=F_{\gcd(m,n)}$($n$ 表示最大公约数)。当 $m\neq 2$ 时,则 $F_m\mid F_n \Leftrightarrow m\mid n$ 。

定理 3—3[135] 设 $u,v\in \mathbf{Z}^+$,如果 $u\mid v$,则 $\pi_u(F_n)\mid \pi_v(F_n)$ 。

3.2.2 Fibonacci 数列的模周期

定义 3—2 设 $m\geqslant 2$ 的整数,$\{F_n\}$ 是 Fibonacci 数列,若 $F_n\equiv a_n(\mathrm{mod}m)$,其中 $a_n\in Z_m$,$Z_m=\{0,1,2,\cdots,m-1\}$,则称数列 $\{a_n\}$ 是 Fibonacci 数列 $\{F_n\}$ 关于 m 的模数列,记为 $\{F_n(\mathrm{mod}m)\}$ 或 $\{a_n(m)\}$ 。

定理 3—4[131] Fibonacci 数列 $\{F_n\}$ 的模数列 $\{a_n(m)\}$ 是一个纯周期数列,即对于任何非负整数 n 与 $\{a_n(m)\}$ 的周期 T ,都有 $a_{n+T}=a_n$ 成立。

定义 3—3 Fibonacci 数列 $\{F_n\}$ 的模数列 $\{a_n(m)\}$ 的最小正周期 T 定义为

$$\min\{T:a_{n+T}=a_n,n=0,1,2,3,\cdots\}\ ,\tag{3-7}$$

简记为 $\pi_m(F_n)$ 或 $\mathrm{ord}_m(F_n)$,称为 Fibonacci 数列的模周期。

3.2.3 Fibonacci 数列的模周期的整除性定理

定理 3—5(费马小定理)[135] 设 p 为素数,对任意整数 a 有 $a^{p-1}\equiv 1(\mathrm{mod}p)$ 。

引理 3—1[135] 设 p 为素数,$a\in \mathbf{Z}$,$n\in \mathbf{Z}^+$,如果 $p\mid a^n$,则 $p\mid a$ 。

引理 3—2[135] 设素数 $p>2$, $m\in \mathbf{Z}^+$ 。

(1)若 $0<m<p$,则 $p\mid C_p^m$; (3-8)

(2)若 $1<m<p$,则 $p\mid C_{p+1}^m$ 。 (3-9)

根据 Fibonacci 数列的定义立即可以得到如下结论。

引理 3—3 设 $n\in \mathbf{Z}^+$ 。

(1)当 $n\equiv 0(\mathrm{mod}2)$ 时,

$$2^{n-1}F_n=C_n^1+5C_n^3+5^2C_n^5+\cdots+5^{(n-4)/2}C_n^{n-3}+5^{(n-2)/2}C_n^{n-1}\ 。\tag{3-10}$$

(2)当 $n \equiv 1(\bmod 2)$ 时，

$$2^{n-1}F_n = C_n^1 + 5C_n^3 + 5^2C_n^5 + \cdots + 5^{(n-3)/2}C_n^{n-2} + 5^{(n-1)/2} \text{。} \quad (3\text{-}11)$$

引理 3—4　设 p 为奇素数。

(1)当 $p \neq 5$ 时，如果 $F_{p-1} \equiv 0(\bmod p)$，则 $5^{(p-1)/2} \equiv 1(\bmod p)$。　(3-12)

(2)当 $p \neq 5$ 时，如果 $F_{p+1} \equiv 0(\bmod p)$，则 $5^{(p-1)/2} \equiv -1(\bmod p)$。　(3-13)

(3)如果 $F_p \equiv 0(\bmod p)$，则 $5^{(p-1)/2} \equiv 0(\bmod p)$ 且 $p=5$。　(3-14)

证明　由引理 3—2、引理 3—3 得到

$$\begin{aligned}2^pF_{p+1} &= (C_{p+1}^1 + 5C_{p+1}^3 + 5^2C_{p+1}^5 + \cdots + 5^{(p-3)/2}C_{p+1}^{p-2} + 5^{(p-1)/2}C_{p+1}^p) \\ &\equiv 1 + 5^{(p-1)/2}(\bmod p)\end{aligned}$$

$$\begin{aligned}2^{p-1}F_p &= (C_p^1 + 5C_p^3 + 5^2C_p^5 + \cdots + 5^{(p-3)/2}C_p^{p-2} + 5^{(p-1)/2}) \\ &\equiv 5^{(p-1)/2}(\bmod p)\end{aligned}$$

(1)因为

$$\begin{aligned}2^pF_{p-1} &= 2^pF_{p+1} - 2^pF_p \\ &\equiv (1+5^{(p-1)/2}) - 2(5^{(p-1)/2}) \\ &= (1-5^{(p-1)/2}) \equiv 0(\bmod p)\end{aligned}$$

所以 $5^{(p-1)/2} \equiv 1(\bmod p)$。

(2)因为 $2^pF_{p+1} \equiv 1 + 5^{(p-1)/2} \equiv 0(\bmod p)$，所以 $5^{(p-1)/2} \equiv -1(\bmod p)$。

(3)因为 $2^{p-1}F_p \equiv 5^{(p-1)/2} \equiv 0(\bmod p)$，所以 $p \mid 5^{(p-1)/2}$，又 p 为素数，故 $p=5$。证毕。

定理 3—6　设奇素数 $p \neq 5$。

(1)如果 $F_{p-1} \equiv 0(\bmod p)$，则 $\pi_p(F_n) \mid (p-1)$。　(3-15)

(2)如果 $F_{p+1} \equiv 0(\bmod p)$，则 $\pi_p(F_n) \mid 2(p+1)$。　(3-16)

证明　(1)由费马小定理得

$$2^{p-1} \equiv 1(\bmod p),$$

由引理 3—4 得到

$$2^{p-1}(F_p - 1) \equiv 5^{(p-1)/2} - 2^{p-1} \equiv 0(\bmod p),$$

即 $p \mid 2^{p-1}(F_p - 1)$。

又因为 p 为奇素数，所以 p 不能整除 2^{p-1}，即 $p \mid 2^{p-1}$，从而推出 $p \mid (F_p - 1)$，因此 $F_p \equiv 1(\bmod p)$。

故

$$F_{n+(p-1)} = F_pF_n + F_{p-1}F_{n-1} \equiv F_n(\bmod p)\text{。}$$

这样就证明了 $p-1$ 是 $\{F_n\}$ 的模数列一个正周期，所以 $\pi_p(F_n) \mid (p-1)$。

(2)由引理 3—4 得到

$$2^{p-1}(F_p + 1) \equiv 5^{(p-1)/2} + 2^{p-1} \equiv 0(\bmod p)\text{。}$$

因为 $p \mid 2^{p-1}$，所以 $p \mid (F_p + 1)$，因此 $F_p \equiv -1(\bmod p)$。

得到

$$F_{2p+1}=F_{p+1}^2+F_p^2\equiv 1(\bmod p)。$$

由定理 3—1 得到

$$F_{2(p+1)}=F_{p+1}^2+2F_{p+1}F_p\equiv 0(\bmod p)。$$

故

$$\begin{aligned}F_{n+2(p+1)}&=F_{2(p+1)+1}F_n+F_{2(p+1)}F_{n-1}\\&\equiv(F_{2(p+1)}+F_{2p+1})F_n\equiv F_n(\bmod p)\end{aligned}$$

这样就证明了 $2(p+1)$ 是 $\{F_n\}$ 的模数列一个正周期,所以 $\pi_p(F_n)\mid 2(p+1)$。证毕。

引理 3—5[136] 设 p 为素数,则 $\left(\frac{p}{5}\right)$ 的勒让德(Legendre)符号为

$$\left(\frac{p}{5}\right)=\begin{cases}0 & p=5\\ 1 & p\equiv\pm 1(\bmod 5)\\ -1 & p\equiv\pm 2(\bmod 5)\end{cases}。\tag{3-17}$$

引理 3—6[136] 设 p 为素数,则

$$F_p\equiv\left(\frac{p}{5}\right)\equiv 0(\bmod p),\ F_{p-\left(\frac{p}{5}\right)}\equiv 0(\bmod p)。\tag{3-18}$$

由引理 5 和引理 6 立即可以得到下面结果:

定理 3—7 设素数 p,

(1)当 $p\equiv\pm 1(\bmod 10)$ 时,则 $F_{p-1}\equiv 0(\bmod p)$。 (3-19)

(2)当 $p\equiv\pm 3(\bmod 10)$ 时,则 $F_{p+1}\equiv 0(\bmod p)$。 (3-20)

(3)当 $p=2$ 时,则 $F_{p+1}\equiv 0(\bmod p)$,$\pi_p(F_n)=3$。 (3-21)

(4)当 $p=5$ 时,则 $F_p\equiv 0(\bmod p)$,$\pi_p(F_n)=20$。 (3-22)

推论 3—1 对任意素数 p,一定存在一个整数 $n\leqslant p+1$,使得 $F_n\equiv 0(\bmod p)$。

根据素数的特点知道,除素数 2 和 5 外,所有素数的末位一定为 1、3、7 或 9 中的一个,由定理 3—6 和定理 3—7 立即可以得到下面两个推论:

推论 3—2 设奇素数 p,

(1)当 $p\equiv\pm 1(\bmod 10)$ 时,则 $\pi_p(F_n)\mid(p-1)$。 (3-23)

(2)当 $p\equiv\pm 3(\bmod 10)$ 时,则 $\pi_p(F_n)\mid 2(p+1)$。 (3-24)

推论 3—3 设奇素数 p,

(1)当 $p\equiv\pm 1(\bmod 10)$ 时,则 $5^{(p-1)/2}\equiv 1(\bmod p)$。 (3-25)

(2)当 $p\equiv\pm 3(\bmod 10)$ 时,则 $5^{(p-1)/2}\equiv -1(\bmod p)$。 (3-26)

3.2.4 Fibonacci 数列(mod p^r)的最小正周期定理

定理 3—8[132] 设 m_1 与 m_2 为不同的正整数,若 Fibonacci 数列 $\{F_n\}$ 的模数列 $\{a_n(m_1)\}$ 与 $\{a_n(m_2)\}$ 的最小正周期分别为 $\{a_n(m_1)\}$ 与 T_1 与 T_2,则模数列

$\{a_n(\mathrm{lcm}(m_1,m_2))\}$ 的最小正周期为 $\mathrm{lcm}(T_1,T_2)$。

推论 3—4　设 m_1 与 m_2 为互素的正整数,若 Fibonacci 数列 $\{F_n\}$ 的模数列 $\{a_n(m_1)\}$ 与 $\{a_n(m_2)\}$ 的最小正周期分别为 T_1 与 T_2,则模数列 $\{a_n(m_1m_2)\}$ 的最小正周期为 $\mathrm{lcm}(T_1,T_2)$。

推论 3—5　设 k 是不小于 3 的正整数，$m_1,m_2,\cdots,m_k$ 为互不相同的正整数,若 Fibonacci 数列 $\{F_n\}$ 的模数列 $\{a_n(m_1)\}$，$\{a_n(m_2)\}$，…，$\{a_n(m_k)\}$ 的周期分别为 T_1，$T_2,\cdots,T_k$，则模数列 $\{a_n(\mathrm{lcm}(m_1,m_2,\cdots m_k))\}$ 的周期为 $\mathrm{lcm}(T_1,T_2,\cdots,T_k)$。

由上面两个引理,下面来证明另两个重要引理。

引理 3—7　设 p 为素数,若 Fibonacci 数列 $\{F_n\}$ 的模数列 $\{a_n(p)\}$ 的最小正周期为 T，则

$$F_{pT}\equiv 0(\bmod p^2)\,, \tag{3-27}$$

$$F_{pT+1}\equiv F_{T-1}^{p}(\bmod p^2)\,。 \tag{3-28}$$

证明　根据定义 3—1 和定理 3—4 可以得出

$$F_{T-1}\equiv F_{T+1}\equiv F_1=1(\bmod p)\,,$$

$$F_T\equiv F_0\equiv 0(\bmod p)\,,$$

从而

$$F_T^2\equiv pF_T\equiv F_0\equiv 0(\bmod p^2)\,。$$

下面首先用数学归纳法来证明下两式成立。

$$F_{kT}\equiv kF_TF_{T-1}^{k-1}(\bmod p^2)\,, \tag{3-29}$$

$$F_{kT+1}\equiv F_{T-1}^{k}+kF_TF_{T-1}^{k-1}(\bmod p^2)\,, \tag{3-30}$$

其中,k 为大于 1 的正整数。

当 $k=2$ 时,结论成立。因为

$$F_{2T}=F_T^2+2F_TF_{T-1}\equiv 2F_TF_{T-1}(\bmod p^2)\,,$$

$$F_{2T+1}=2F_T^2+F_{T-1}^2+2F_TF_{T-1}\equiv F_{T-1}^2+2F_TF_{T-1}(\bmod p^2)$$

当 $k=3$ 时,因为

$$\begin{aligned}F_{3T}&=F_{T+2T}\\&=F_{2T+1}F_T+F_{2T}F_{T-1}\\&\equiv(F_{T-1}^2+2F_TF_{T-1})F_T+(2F_TF_{T-1})F_{T-1}\\&\equiv 3F_TF_{T-1}^2(\bmod p^2)\end{aligned}$$

$$\begin{aligned}F_{3T+1}&=F_{(2T+1)+T}\\&=F_{T+1}F_{2T+1}+F_TF_{2T}\\&\equiv F_{T+1}F_{2T+1}\\&\equiv F_TF_{2T+1}+F_{T-1}F_{2T+1}\\&\equiv(F_{T-1}^2+2F_TF_{T-1})F_T+(F_{T-1}^2+2F_TF_{T-1})F_{T-1}\\&\equiv F_{T-1}^3+3F_TF_{T-1}^2(\bmod p^2)\end{aligned}$$

所以，结论成立。

假设当 $k=z-1$ 时，($z\in\mathbf{N},z\geqslant 2$)结论是成立的。现在来证明当 $k=z$ 时结论也成立。

$$
\begin{aligned}
F_{zT} &= F_{T+(z-1)T} \\
&= F_{(z-1)T+1}F_T + F_{(z-1)T}F_{T-1} \\
&\equiv (F_{T-1}^{z-1}+(z-1)F_TF_{T-1}^{z-1})F_T+(z-1)F_TF_{T-1}^{z-1} \\
&\equiv zF_TF_{T-1}^{z-1}(\bmod p^2)
\end{aligned}
$$

$$
\begin{aligned}
F_{zT+1} &= F_{((z-1)T+1)+T} \\
&= F_{T+1}F_{(z-1)T+1}+F_TF_{(z-1)T} \\
&\equiv F_{T+1}F_{(z-1)T+1}+((z-1)F_TF_{T-1}^{z-2})F_T \\
&\equiv F_{T+1}F_{(z-1)T+1} \\
&\equiv (F_{T-1}^{z-1}+(z-1)F_TF_{T-1}^{z-2})(F_T+F_{T-1}) \\
&\equiv F_{T-1}^{z}+zF_TF_{T-1}^{z-1}(\bmod p^2)
\end{aligned}
$$

综合(1)和(2)，推出上面所要证明的两式成立。

特别当 $k=p$ 时，则

$$F_{pT}\equiv pF_TF_{T-1}^{p-1}\equiv 0(\bmod p^2),$$

$$F_{pT+1}\equiv F_{T-1}^{p}+pF_TF_{T-1}^{p-1}\equiv F_{T-1}^{p}(\bmod p^2),$$

结论成立。证毕。

引理 3—8 设 p 为素数，若 Fibonacci 数列 $\{F_n\}$ 的模数列 $\{a_n(p)\}$ 的最小正周期为 T，则

$$F_{pT+1}\equiv 1(\bmod p^2)\text{。} \tag{3-31}$$

证明 显然 $F_{T-1}\equiv F_{T+1}\equiv F_1=1(\bmod p)$，令 $F_{T-1}=pk+1$，其中 k 为正整数。由引理 3—7 可以得到

$$
\begin{aligned}
F_{pT+1} &\equiv F_{T-1}^{p}=(pk+1)p \\
&= \sum_{i=0}^{p}\frac{p!}{(p-i)!\ i!}(pk)i \\
&\equiv 1(\bmod p^2)
\end{aligned}
$$

证毕。

由引理 3—7 和由引理 3—8 可以证明如下一个关键定理。

引理 3—9 设 p 为素数，$r>1$ 的正整数，若 Fibonacci 数列 $\{F_n\}$ 的模数列 $\{a_n(p)\}$ 的最小正周期为 T，则模数列 $\{a_n(p^2)\}$ 的最小正周期为 pT。

证明 因为 $\{F_n\}$ 的模数列 $\{a_n(p)\}$ 的最小正周期为 T，所以有

$$F_{n+T}\equiv F_n(\bmod p) \tag{3-32}$$

成立，由引理 3—7 和由引理 3—8 可以得到

$$F_{n+pT}=F_{PT+1}F_n+F_{PT}F_{n-1}$$

$$\equiv F_{pT+1}F_n(\bmod p^2)$$

$$\equiv F_n(\bmod p^2) \tag{3-33}$$

这样就证明了 pT 是模数列 $\{a_n(p^2)\}$ 的一个正周期。

下面证明 pT 是模数列 $\{a_n(p^2)\}$ 的最小正周期。如若不然，不妨设 T' 是模数列 $\{a_n(p^2)\}$ 的最小正周期。令 $k=\left[\dfrac{pT}{T'}\right]$（这里是取整），则 $0<pT-kT'<T'$ 。又因为

$$F_{(pT-kT')+n}\equiv F_{(pT-kT')+n+kT'}\equiv F_{pT+n}\equiv F_n(\bmod p^2)\ , \tag{3-34}$$

说明 $0<pT-kT'<T'$ 是模数列 $\{a_n(p^2)\}$ 的一个更小正周期，这与 T' 是模数列 $\{a_n(p^2)\}$ 的最小正周期产生矛盾。证毕。

定理 3—9　设 p 为素数，$r\in \mathbf{Z}^+$ 的正整数，若 Fibonacci 数列 $\{F_n\}$ 的模数列 $\{a_n(p)\}$ 的最小正周期为 T ，则模数列 $\{a_n(p^r)\}$ 的最小正周期为 $p^{r-1}T$ 。

证明　因为 $\{F_n\}$ 的模数列 $\{a_n(p)\}$ 的最小正周期为 T ，所以有 $F_{n+T}\equiv F_n(\bmod p)$ 成立。可以用数学归纳法来证明。

(1)当 $r=2$ 时，由引理 9 知道结论成立。

(2)假设当 $r=k-1$ 时，结论是成立的。即 $F_{p^{k-2}T}\equiv 0(\bmod p^{k-1})$ 仍有

$$F^2_{p^{k-2}T}\equiv pF_{p^{k-2}T}\equiv 0(\bmod p^{k-1}) \tag{3-35}$$

成立。现在来证明当 $r=k$ 时结论也成立。

使用引理 3—7 的证明方法同样可以证明下面两式是成立的：

$$F_{n(p^{k-2}T)}\equiv nF_{p^{k-2}T}F^{n-1}_{p^{k-2}T-1}(\bmod p^k)\ , \tag{3-36}$$

$$F_{n(p^{k-2}T)+1}\equiv F^n_{p^{k-2}T-1}+nF_{p^{k-2}T}F^{n-1}_{p^{k-2}T-1}(\bmod p^k)\ 。 \tag{3-37}$$

其中，n 是正整数。

由引理 3—7、引理 3—8 可以得出：当 $n=p$ 时，立即得到

$$F_{p(p^{k-2}T)}\equiv F_{p^{k-1}T}\equiv 0(\bmod p^k)\ , \tag{3-38}$$

$$F_{p(p^{k-2}T)+1}\equiv F_{p^{k-1}T+1}\equiv 1(\bmod p^k)\ 。 \tag{3-39}$$

进而使用引理 3—9 的方法可以得到

$$F_{n+p^{k-1}T}\equiv F_n(\bmod p^k)\ 。 \tag{3-40}$$

这样就证明了 $p^{k-1}T$ 是模数列 $\{a_n(p^k)\}$ 的最小周期。

综合(1)和(2)，证明结论是成立的。

由定理 3—8 和定理 3—9 立即可以得到以下结论：

定理 3—10　设 $N\geqslant 2$ 的整数，且 N 的因式分解为 $N=p_1^{r_1}\ldots p_m^{r_m}$ ，其中 p_i 和 $p_j(i\neq j)$ 是互不相同的素数，$r_i\geqslant 1(1\leqslant i\leqslant m)$ ，若 Fibonacci 数列 $\{F_n\}$ 的模数列 $\{a_n(p_i)\}$ 的最小正周期为 T_i ，那么模数列 $\{a_n(p_1^{r_1}\ldots p_m^{r_m})\}$ 的最小正周期为 $\mathrm{lcm}(p_i^{r_i-1}T_i, i=1,\cdots,m)$ 。

所以只要确定了模为素数幂的模数列的最小正周期，即可求出模为合数的模数列的最小正周期。

表 3-1 给出 100 以内自然数的 Fibonacci 数列的模周期。

从表 3-1 中可以看出，$\pi_3(F_n)=8$，$\pi_4(F_n)=6$，$\pi_{12}(F_n)=\mathrm{lcm}(\pi_3(F_n),\pi_4(F_n))=24$。从而定理 3－8 得到验证。$\pi_2(F_n)=3$，$\pi_4(F_n)=6$，$\pi_{16}(F_n)=24$，$\pi_{64}(F_n)=2^{6-1}\times 3=96$，从而定理 3－9 得到验证。$\pi_4(F_n)=6$，$\pi_{25}(F_n)=100$，$\pi_{100}(F_n)=\mathrm{lcm}(\pi_4(F_n),\pi_{25}(F_n))=\mathrm{lcm}(2\times 3,5\times 20)=300$，从而定理 3－10 得到验证。当然可以计算：$\pi_4(F_n)=6$，$\pi_{31}(F_n)=30$，$\pi_{124}(F_n)=\mathrm{lcm}(\pi_4(F_n),\pi_{31}(F_n))=30$，$\pi_{144}(F_n)=24$。读者可以进行更多的验证。

表 3-1　100 以内自然数的 Fibonacci 模周期

N	1	2	3	4	5	6	7	8	9	10
T	—	3	8	6	20	24	16	12	24	60
N	11	12	13	14	15	16	17	18	19	20
T	10	24	28	48	40	24	36	24	18	60
N	21	22	23	24	25	26	27	28	29	30
T	16	30	48	24	100	84	72	48	14	120
N	31	32	33	34	35	36	37	38	39	40
T	30	48	40	36	80	24	76	18	56	60
N	41	42	43	44	45	46	47	48	49	50
T	40	48	88	30	120	48	32	24	112	300
N	51	52	53	54	55	56	57	58	59	60
T	72	84	108	72	20	48	72	42	58	120
N	61	62	63	64	65	66	67	68	69	70
T	60	30	48	96	140	120	136	36	48	240
N	71	72	73	74	75	76	77	78	79	80
T	70	24	148	228	200	18	80	168	78	120
N	81	82	83	84	85	86	87	88	89	90
T	216	120	168	48	180	264	56	60	44	120
N	91	92	93	94	95	96	97	98	99	100
T	112	48	120	96	180	48	196	336	120	300

3.2.5　Fibonacci 数列的模数列的最小正周期性质定理

我们通过详细研究模数列 $\{a_n(N)\}$（$2\leqslant N\leqslant 512$）的最小正周期，得到了一些有关 Fibonacci 数列的模数列的四条基本性质。

定理 3－11　设 p 为素数，Fibonacci 数列 $\{F_n\}$ 的模数列 $\{a_n(p)\}$ 的最小正周期为 T。如果在一个最小正周期内出现 $a_{k-1}=a_{k+1}$ 且 $a_k=0$ 的次数为 s：

(1)性质 1：当 $p>2$ 且 $s=1$ 时，有 $2|T$，$4\mid T$。　　(3-41)

(2)性质 2：当 $p>2$ 且 $s=2$ 时，有 $8 \mid T$ 。 (3-42)

(3)性质 3：当 $p>2$ 且 $s=4$ 时，有 $4 \mid T$ ，$8 \mid T$ 。 (3-43)

(4)性质 4：当 $p=2$ 且 $s=1$ 时，有 $T=3$。 (3-44)

大家可以通过表 3-1 来验证上述四条基本性质。

推论 3－6　设 m_1 与 m_2 属于上述同一性质的两个素数，若 Fibonacci 数列 $\{F_n\}$ 的模数列 $\{a_n(m_1)\}$ 与 $\{a_n(m_2)\}$ 的最小正周期分别为 T_1 与 T_2，则模数列 $\{a_n(m_1m_2)\}$ 的最小正周期为 $\mathrm{lcm}(T_1,T_2)$ ，并且

(1)当 $2 \mid T_1, 2 \mid T_2$，$4 \mid T_1, 4 \mid T_2$ 时，有 $s=1$，且 $2 \mid \mathrm{lcm}(T_1,T_2)$ ，$4 \mid \mathrm{lcm}(T_1,T_2)$ 。

(2)当 $8 \mid T_1, 8 \mid T_2$ 时，有 $s=2$，且 $8 \mid \mathrm{lcm}(T_1,T_2)$ 。

(3)当 $4 \mid T_1, 4 \mid T_2$，$8 \mid T_1, 8 \mid T_2$ 时，有 $s=4$，且 $4 \mid \mathrm{lcm}(T_1,T_2)$ ，$8 \mid \mathrm{lcm}(T_1,T_2)$ 。

推论 3－7　设 m_1 与 m_2 属于上述不同一性质的两个素数，若 Fibonacci 数列 $\{F_n\}$ 的模数列 $\{a_n(m_1)\}$ 与 $\{a_n(m_2)\}$ 的最小正周期分别为 T_1 与 T_2，则模数列 $\{a_n(m_1m_2)\}$ 的最小正周期为 $\mathrm{lcm}(T_1,T_2)$ ，并且

(1)当 $2 \mid T_1, 4 \mid T_1$，$8 \mid T_2$ 时，有 $s=2$，且 $8 \mid \mathrm{lcm}(T_1,T_2)$ 。

(2)当 $2 \mid T_1, 4 \mid T_1$，$4 \mid T_2, 8 \mid T_2$ 时，有 $s=2$，且 $4 \mid \mathrm{lcm}(T_1,T_2)$ ，$8 \mid \mathrm{lcm}(T_1,T_2)$ 。

(3)当 $8 \mid T_1$，$4 \mid T_2, 8 \mid T_2$ 时，有 $s=2$，且 $8 \mid \mathrm{lcm}(T_1,T_2)$ 。

(4)当 $2 \mid T_1, 4 \mid T_1$，$T_2=3$ 时，有 $s=1$，且 $6 \mid \mathrm{lcm}(T_1,T_2)$ ，$4 \mid \mathrm{lcm}(T_1,T_2)$ 。

(5)当 $8 \mid T_1$，$T_2=3$ 时，有 $s=2$，且 $24 \mid \mathrm{lcm}(T_1,T_2)$ 。

(6)当 $4 \mid T_1, 8 \mid T_1$，$T_2=3$ 时，有 $s=4$，且 $12 \mid \mathrm{lcm}(T_1,T_2)$ ，$8 \mid \mathrm{lcm}(T_1,T_2)$ 。

对于上述结果，可以简单地用下面两条结果来概括：

(1)当 $m_1 \neq 2, m_2=2$ 时，则 $\{a_n(m_1m_2)\}$ 的最小正周期为 $3T_1$，且 s 的值不变。

(2)当 $m_1 \neq 2, m_2 \neq 2$ 时，则 $\{a_n(m_1m_2)\}$ 的最小正周期 $\mathrm{lcm}(T_1,T_2)$ 为 4 的倍数，且 $s=2$。

3.2.6　Fibonacci 数列的模数列的周期估值定理

由定理 3－9 和定理 3－10 知道，只要确定了模为素数的模数列 $\{a_n(p)\}$ 的最小正周期，即可计算出模数列 $\{a_n(p^r)\}$ 的最小正周期以及模为合数的模数列的最小正周期，所以，研究模为素数的模数列的最小正周期是关键所在。下面先给出 $\{F_n\}$ 的模素数数列的最小正周期的一些性质，再给出模为合数的模数列的最小正周期的性质，最后给出了 Fibonacci 模数列的周期估值定理。

定理 3－12　设 p 为素数，$r,k \in \mathbf{Z}^+$ ，$N=p^r$ ，Fibonacci 模数列 $\{a_n(p)\}$ 的最小正周期为 $\pi_p(F_n)$ ，则有如下结论：

(1)当 $p \equiv 1(\mathrm{mod}10)$ 时，则

$$\pi_N(F_n) \left| N\left(1-\frac{1}{p}\right)\right., 10 \left| N\left(1-\frac{1}{p}\right)\right., \pi_N(F_n)<N 。 \tag{3-45}$$

(2)当 $p\equiv -1(\mathrm{mod}10)$ 时,则

$$\pi_N(F_n)\left|N(1-\frac{1}{p})\right.,2\left|N(1-\frac{1}{p})\right.,\pi_N(F_n)<N\ 。\tag{3-46}$$

(3)当 $p\equiv\pm 3(\mathrm{mod}10)$ 时,则

$$\pi_N(F_n)\left|2N(1+\frac{1}{p})\right.,4\left|2N(1+\frac{1}{p})\right.,\pi_N(F_n)\leqslant\frac{8N}{3},\tag{3-47}$$

当且仅当 $p_2=3$ 时,$\pi_N(F_n)=\frac{8N}{3}$ 等式成立。

(4)当 $p=2$ 时,则 $\pi_N(F_n)=3N/2$。 (3-48)

(5)当 $p=5$ 时,则 $\pi_N(F_n)=4N$ 。 (3-49)

证明 (1)由定理 3—6、定理 3—7 得 $\pi_p(F_n)|(p-1)$。由定理 3—9 得 $p^{r-1}\pi_p(F_n)\,|\,p^{r-1}(p-1)$,

因此,$p^{r-1}\pi_p(F_n)\left|p^r(1-\frac{1}{p})\right.$,即 $\pi_p(F_n)\left|N(1-\frac{1}{p})\right.$,所以,$\pi_p(F_n)\leqslant N(1-\frac{1}{p})<N$ 。

又因为 $p\equiv 1(\mathrm{mod}10)$,所以,$10|(p-1)$,因此,$10|p^{r-1}(p-1)$,即 $10\left|N(1-\frac{1}{p})\right.$ 。

同理可证明(2)、(3)、(4)、(5)。

定理 3—13 设 $m\geqslant 2,N\geqslant 2$ 的整数,且 N 的素因子分解为 $N=p_1^{r_1}\ldots p_m^{r_m}$,其中 p_i 和 $p_j(i\neq j)$ 是互不相同的素数,$r_i(1\leqslant i\leqslant m),k\in\mathbf{Z}^+$ 。

(1)当 $p_i\equiv 1(\mathrm{mod}10)(1\leqslant i\leqslant m)$ 时,则

$$\pi_N(F_n)\left|\frac{N}{10^{m-1}}\prod_{i=1}^{m}(1-\frac{1}{p_i})\right.,\pi_N(F_n)<\frac{N}{10^{m-1}}\ 。\tag{3-50}$$

(2)当 $p_i\equiv -1(\mathrm{mod}10)(1\leqslant i\leqslant m)$ 时,则

$$\pi_N(F_n)\left|\frac{N}{2^{m-1}}\prod_{i=1}^{m}(1-\frac{1}{p_i})\right.,\pi_N(F_n)<\frac{N}{2^{m-1}}\ 。\tag{3-51}$$

(3)当 $N=p^r$ 时,则

$$\pi_N(F_n)\left|\frac{N}{2^{m-2}}\prod_{i=1}^{m}(1+\frac{1}{p_i})\right.,\pi_N(F_n)<\frac{8N}{3}\ 。\tag{3-52}$$

证明 (1)由定理 3—12 得

$$10\,|\,(p_i^{r_i}-p_i^{r_i-1})(1\leqslant i\leqslant m),$$

所以

$$\operatorname*{lcm}_{i=1}^{m}(p_i^{r_i}-p_i^{r_i-1})\left|10\prod_{i=1}^{m}\frac{p_i^{r_i}-p_i^{r_i-1}}{10}\right.\ 。$$

另一方面

$$\pi_{p_i^{r_i}}(F_n)\,|\,(p_i^{r_i}-p_i^{r_i-1})(1\leqslant i\leqslant m),$$

所以

$$\operatorname*{lcm}_{i=1}^{m}(\pi_{p_i^{r_i}}(F_n)) \mid \operatorname*{lcm}_{i=1}^{m}(p_i^{r_i}-p_i^{r_i-1})。$$

因此，

$$\operatorname*{lcm}_{i=1}^{m}(\pi_{p_i^{r_i}}(F_n)) \Bigg| 10\prod_{i=1}^{m}\frac{p_i^{r_i}-p_i^{r_i-1}}{10},$$

即

$$\operatorname*{lcm}_{i=1}^{m}(\pi_{p_i^{r_i}}(F_n)) \Bigg| \frac{N}{10^{m-1}}\prod_{i=1}^{m}(1-\frac{1}{p_i})。$$

而 $\frac{N}{10^{m-1}}\prod_{i=1}^{m}(1-\frac{1}{p_i})<\frac{N}{10^{m-1}}$，因此

$$\pi_N(F_n)=\operatorname*{lcm}_{i=1}^{m}(\pi_{p_i^{r_i}}(F_n))<\frac{N}{10^{m-1}}。$$

(2)证明过程同(1)。

(3)由定理 3－10、定理 3－12 得

$$2\mid(p_i^{r_i}+p_i^{r_i-1})(1\leqslant i\leqslant m),$$

所以

$$\operatorname*{lcm}_{i=1}^{m}(p_i^{r_i}+p_i^{r_i-1}) \Bigg| 2\prod_{i=1}^{m}\frac{p_i^{r_i}+p_i^{r_i-1}}{2}。$$

另一方面

$$\pi_{p_i^{r_i}}(F_n)\mid 2(p_i^{r_i}+p_i^{r_i-1})(1\leqslant i\leqslant m),$$

所以

$$\operatorname*{lcm}_{i=1}^{m}(\pi_{p_i^{r_i}}(F_n)) \mid 2\operatorname*{lcm}_{i=1}^{m}(p_i^{r_i}+p_i^{r_i-1})。$$

因此，$\operatorname*{lcm}_{i=1}^{m}(\pi_{p_i^{r_i}}(F_n)) \Bigg| 4\prod_{i=1}^{m}\frac{p_i^{r_i}+p_i^{r_i-1}}{2}$，

即 $\operatorname*{lcm}_{i=1}^{m}(\pi_{p_i^{r_i}}(F_n)) \Bigg| \frac{N}{2^{m-2}}\prod_{i=1}^{m}(1+\frac{1}{p_i})$。

而

$$\frac{1}{2^{m-2}}\prod_{i=1}^{m}(1+\frac{1}{p_i})\leqslant\frac{1}{2^{m-2}}(1+\frac{1}{3})(1+\frac{1}{7})^{m-1}\leqslant\frac{8}{3}(\frac{4}{7})^{m-1}<\frac{8}{3},$$

因此

$$\pi_N(F_n)=\operatorname*{lcm}_{i=1}^{m}(\pi_{p_i^{r_i}}(F_n))<\frac{8N}{3}。$$

由上述定理与推论立即可以得到如下 Fibonacci 数列的模数列的周期估值定理。

定理 3－14　设 $N\geqslant 2$ 的整数，则 $\pi_N(F_n)\leqslant 6N$，当且仅当 $N=2\times 5^r$，$r\in\mathbf{Z}^+$ 时等式成立。当 $2\mid N$ 时，$\pi_N(F_n)\leqslant 8N/3$，当且仅当 $N=3^{r_1}\times 5^{r_2}$，$r_1,r_2\in\mathbf{Z}$ 且 $r_1>0,r_2\geqslant 0$ 等式成立。

证明 对于任意 $N \geqslant 2$ 的整数都可以进行质因数分解，而任意素数模 10 的结果只能为 ± 3 或 ± 5，所以可设 $N = 2^{r_2} \cdot 5^{r_5} \cdot p_{11}^{r_{11}} \cdots p_{1j}^{r_{1j}} \cdot p_{31}^{r_{31}} \cdots p_{3k}^{r_{3k}}$，其中 $p_{1i} \equiv \pm 1 \pmod{10}$ $(1 \leqslant i \leqslant j)$，$p_{3i} \equiv \pm 3 \pmod{10}$ $(1 \leqslant i \leqslant k)$，$j, k \in \mathbf{Z}^{+}$，$r_2, r_5, r_{1i}(1 \leqslant i \leqslant j), r_{3i}(1 \leqslant i \leqslant k)$ 都是非负整数。

(1)显然对于单个的素数及其幂的周期，由定理 6 和定理 12 知结论是成立的。

(2)当 N 分解为属于同一类素数的合数（如 $2^{r2}, 5^{r5}, p_{11}^{r_{11}} \ldots p_{1j}^{r_{1j}}, p_{31}^{r_{31}} \ldots p_{3k}^{r_{3k}}$）的周期，由定理 13 知结论是成立的。

(3)当 $N = 2^{r_2} \cdot 5^{r_5} \cdot p_{11}^{r_{11}} \cdots p_{1j}^{r_{1j}} \cdot p_{31}^{r_{31}} \cdots p_{3k}^{r_{3k}}$ 且 $r_2, r_5, r_{1i}(1 \leqslant i \leqslant j), r_{3i}(1 \leqslant i \leqslant k)$ 都是正整数时，即 $N = p^r$ 分解为四类不同素数的合数的周期，结论也是成立的。

由定理 3－10 得到

$$\pi_N(F_n) = \mathrm{lcm}(\pi_{2^{r_2}}(F_n), \pi_{5^{r_5}}(F_n), \pi_{p_{11}^{r_{11}} \cdots p_{1j}^{r_{1j}}}(F_n), \pi_{p_{31}^{r_{31}} \cdots p_{3k}^{r_{3k}}}(F_n)), \tag{3-53}$$

由定理 3－12 和定理 3－13 得到

$$\pi_N(F_n) \Big| \mathrm{lcm}(3 \times 2^{r_2-1}, 4 \times 5^{r_5}, 2\prod_{i=1}^{j} \frac{p_{1i}^{r_{1i}} - p_{1i}^{r_{1i}-1}}{2}, 4\prod_{i=1}^{k} \frac{p_{3i}^{r_{3i}} + p_{3i}^{r_{3i}-1}}{2}), \tag{3-54}$$

则①当 $r_2 = 1$ 时，

$$\pi_N(F_n) \Big| \frac{6N}{2^{j+k}} \prod_{i=1}^{j}(1 - \frac{1}{p_{1i}^{r_{1i}}}) \prod_{i=1}^{k}(1 + \frac{1}{p_{3i}^{r_{3i}}}), \tag{3-55}$$

故

$$\begin{aligned} \pi_N(F_n) &\leqslant \frac{6N}{2^{j+k}} \prod_{i=1}^{j}(1 - \frac{1}{p_{1i}^{r_{1i}}}) \prod_{i=1}^{k}(1 + \frac{1}{p_{3i}^{r_{3i}}}) \\ &\leqslant \frac{6N}{2^{j+k}} \prod_{i=1}^{k}(1 + \frac{1}{p_{3i}^{r_{3i}}}) \\ &\leqslant \frac{6N}{2^{j+k}}(\frac{4}{3})^k \\ &= \frac{N}{2^{j-2}}(\frac{2}{3})^{k-1} \\ &\leqslant 2N \end{aligned} \tag{3-56}$$

②当 $r_2 > 1$ 时，

$$\pi_N(F_n) \Big| \frac{3N}{2^{j+k}} \prod_{i=1}^{j}(1 - \frac{1}{p_{1i}^{r_{1i}}}) \prod_{i=1}^{k}(1 + \frac{1}{p_{3i}^{r_{3i}}}), \tag{3-57}$$

故 $\pi_N(F_n) < N$。

(3)当 N 分解为三类不同素数的合数时，结论是成立的。

可分下面 4 种情况证明。

①当 $N = 5^{r_5} \cdot p_{11}^{r_{11}} \cdots p_{1j}^{r_{1j}} \cdot p_{31}^{r_{31}} \cdots p_{3k}^{r_{3k}}$ 时，定理 3－12 和定理 3－13 得到

$$\pi_N(F_n)\left|\operatorname{lcm}(4\times5^{r_5},2\prod_{i=1}^{j}\frac{p_{1i}^{r_{1i}}-p_{1i}^{r_{1i}-1}}{2},4\prod_{i=1}^{k}\frac{p_{3i}^{r_{3i}}+p_{3i}^{r_{3i}-1}}{2})\right.,\tag{3-58}$$

则

$$\pi_N(F_n)\left|\frac{4N}{2^{j+k}}\prod_{i=1}^{j}(1-\frac{1}{p_{1i}^{r_{1i}}})\prod_{i=1}^{k}(1+\frac{1}{p_{3i}^{r_{3i}}})\right.,\tag{3-59}$$

故

$$\begin{aligned}\pi_N(F_n)&\leqslant\frac{4N}{2^{j+k}}\prod_{i=1}^{j}(1-\frac{1}{p_{1i}^{r_{1i}}})\prod_{i=1}^{k}(1+\frac{1}{p_{3i}^{r_{3i}}})\\&\leqslant\frac{4N}{2^{j+k}}\prod_{i=1}^{k}(1+\frac{1}{p_{3i}^{r_{3i}}})\\&\leqslant\frac{4N}{2^{j+k}}(\frac{4}{3})k\\&=\frac{8N}{3}(\frac{1}{2^j})(\frac{2}{3})k-1\\&\leqslant\frac{4N}{3}\end{aligned}\tag{3-60}$$

即 $\pi_N(F_n)<\frac{4N}{3}$。

②当 $N=2^{r_2}\cdot p_{11}^{r_{11}}\cdots p_{1j}^{r_{1j}}\cdot p_{31}^{r_{31}}\cdots p_{3k}^{r_{3k}}$ 时，由定理 3－12 和定理 3－13 得到

$$\pi_N(F_n)\left|\operatorname{lcm}(3\times2^{r2-1},2\prod_{i=1}^{j}\frac{p_{1i}^{r_{1i}}-p_{1i}^{r_{1i}-1}}{2},4\prod_{i=1}^{k}\frac{p_{3i}^{r_{3i}}+p_{3i}^{r_{3i}-1}}{2})\right.,\tag{3-61}$$

则

$$\begin{cases}\pi_N(F_n)<2N,r_2=1\\\pi_N(F_n)<N,r_2>1\end{cases}。\tag{3-62}$$

③当 $N=2^{r_2}\cdot5^{r_5}\cdot p_{11}^{r_{11}}\cdots p_{1j}^{r_{1j}}$ 时，由定理 3－12 和定理 3－13 得到

$$\pi_N(F_n)\left|\operatorname{lcm}(3\times2^{r_2-1},4\times5^{r_5},2\prod_{i=1}^{j}\frac{p_{1i}^{r_{1i}}-p_{1i}^{r_{1i}-1}}{2})\right.,\tag{3-63}$$

则

$$\begin{cases}\pi_N(F_n)<3N,r_2=1\\\pi_N(F_n)<3N/2,r_2>1\end{cases}。\tag{3-64}$$

④当 $N=2^{r_2}\cdot5^{r_5}\cdot p_{31}^{r_{31}}\cdots p_{3k}^{r_{3k}}$ 时，由定理 3－12 和定理 3－13 得到

$$\pi_N(F_n)\left|\operatorname{lcm}(3\times2^{r_2-1},4\times5^{r_5},4\prod_{i=1}^{k}\frac{p_{3i}^{r_{3i}}+p_{3i}^{r_{3i}-1}}{2})\right.,\tag{3-65}$$

则

$$\begin{cases}\pi_N(F_n)\leqslant4Nr,2=1\\\pi_N(F_n)\leqslant2Nr,2>1\end{cases}。\tag{3-66}$$

(4)当 N 分解为仅有两类不同素数的合数时,结论是成立的。可分下面 6 种情况证明。

①当 $N=2^{r_2}\times 5^{r_5}$ 时,由定理 3－10 知道

$$\pi_N(F_n)=\mathrm{lcm}(\pi_{2^{r2}}(F_n),\pi_{5^{r5}}(F_n))=\mathrm{lcm}(3\times 2^{r_2-1},4\times 5^{r_2}),\tag{3-67}$$

则

$$\pi_N(F_n)=\begin{cases}6N,r_1=1\\3N,r_1>1\end{cases}。\tag{3-68}$$

②当 $N=p_{11}^{r_{11}}\ldots p_{1j}^{r_{1j}}\times p_{31}^{r_{31}}\ldots p_{3k}^{r_{3k}}$ 时,由定理 3－12 和定理 3－13 得到

$$\pi_N(F_n)\left|\mathrm{lcm}(2\prod_{i=1}^{j}\frac{p_{1i}^{r_{1i}}-p_{1i}^{r_{1i}-1}}{2},4\prod_{i=1}^{k}\frac{p_{3i}^{r_{3i}}+p_{3i}^{r_{3i}-1}}{2})\right.,\tag{3-69}$$

则

$$\pi_N(F_n)\left|\frac{4N}{2^{j+k}}\prod_{i=1}^{j}(1-\frac{1}{p_{1i}^{r_{1i}}})\prod_{i=1}^{k}(1+\frac{1}{p_{3i}^{r_{3i}}})\right.,\tag{3-70}$$

故

$$\begin{aligned}\pi_N(F_n)&\leqslant\frac{4N}{2^{j+k}}\prod_{i=1}^{j}(1-\frac{1}{p_{1i}^{r_{1i}}})\prod_{i=1}^{k}(1+\frac{1}{p_{3i}^{r_{3i}}})\\&<\frac{4N}{2^{j+k}}\prod_{i=1}^{k}(1+\frac{1}{p_{3i}^{r_{3i}}})\\&\leqslant\frac{4N}{2^{j+k}}(\frac{4}{3})^k\\&=\frac{8N}{3}(\frac{1}{2^j})(\frac{2}{3})^{k-1}\\&\leqslant\frac{4N}{3}\end{aligned}\tag{3-71}$$

即 $\pi_N(F_n)<\dfrac{4N}{3}$。

③当 $N=2^{r_2}\times p_{11}^{r_{11}}\ldots p_{1j}^{r_{1j}}$ 时,由定理 3－12 和定理 3－13 得到

$$\pi_N(F_n)\left|\mathrm{lcm}(3\times 2^{r_2-1},2\prod_{i=1}^{j}\frac{p_{1i}^{r_{1i}}-p_{1i}^{r_{1i}-1}}{2})\right.,\tag{3-72}$$

则

$$\begin{cases}\pi_N(F_n)\left|\dfrac{3N}{2^j}\prod_{i=1}^{j}(1-\dfrac{1}{p_{1i}^{r_{1i}}}),\pi_N(F_n)<\dfrac{3N}{2^j}<\dfrac{3N}{2}r2=1\right.\\\pi_N(F_n)\left|\dfrac{3N}{2^{j+1}}\prod_{i=1}^{j}(1-\dfrac{1}{p_{1i}^{r_{1i}}}),\pi_N(F_n)<\dfrac{3N}{4}r2>1\right.\end{cases}。\tag{3-73}$$

④当 $N=2^{r2}\times p_{31}^{r_{31}}\ldots p_{3k}^{r_{3k}}$ 时,由定理 12 和定理 13 得到

$$\pi_N(F_n)\left|lcm(3\times 2^{r2-1},4\prod_{i=1}^{k}\frac{p_{3i}^{r_{3i}}+p_{3i}^{r_{3i}-1}}{2})\right.,\tag{3-74}$$

则

$$\begin{cases} \pi_N(F_n) \left| \dfrac{3N}{2^{k-1}} \prod_{i=1}^{k} (1+\dfrac{1}{p_{3i}^{r_{3i}}}), \pi_N(F_n) \leqslant \dfrac{3N}{2^{k-1}} (\dfrac{4}{3})^k \leqslant 4N, r_2 = 1 \right. \\ \pi_N(F_n) \left| \dfrac{3N}{2^k} \prod_{i=1}^{k} (1+\dfrac{1}{p_{3i}^{r_{3i}}}), \pi_N(F_n) \leqslant \dfrac{3N}{2^k} (\dfrac{4}{3})^k \leqslant 2N, r_2 > 1 \right. \end{cases} 。\tag{3-75}$$

当且仅当 $N = 2^{r^2} \times 3$ 时，等式成立。

⑤当 $N = 5^{r_5} \times p_{11}^{r_{11}} \ldots p_{1j}^{r_{1j}}$ 时，由定理 3－12 和定理 3－13 得到

$$\pi_N(F_n) \left| \operatorname{lcm}(4 \times 5^{r5}, 2\prod_{i=1}^{j} \frac{p_{1i}^{r_{1i}} - p_{1i}^{r_{1i}-1}}{2}) \right. ,\tag{3-76}$$

则

$$\pi_N(F_n) \left| \frac{4N}{2^j} \prod_{i=1}^{j} (1-\frac{1}{p_{1i}^{r_{1i}}}) \right. ,\tag{3-77}$$

故

$$\pi_N(F_n) \leqslant \frac{4N}{2^j} \prod_{i=1}^{j} (1-\frac{1}{p_{1i}^{r_{1i}}}) < \frac{4N}{2^j} \leqslant 2N ,\tag{3-78}$$

即 $\pi_N(F_n) < 2N$ 。

⑥当 $N = 5^{r_5} \times p_{31}^{r_{31}} \ldots p_{3k}^{r_{3k}}$ 时，定理 3－12 和定理 3－13 得到

$$\pi_N(F_n) \left| \operatorname{lcm}(4 \times 5^{r_5}, 4\prod_{i=1}^{k} \frac{p_{3i}^{r_{3i}} + p_{3i}^{r_{3i}-1}}{2}) \right. ,\tag{3-79}$$

则

$$\pi_N(F_n) \left| \frac{4N}{2^k} \prod_{i=1}^{k} (1+\frac{1}{p_{3i}}) \right. ,\tag{3-80}$$

故

$$\pi_N(F_n) \leqslant \frac{4N}{2^k} \prod_{i=1}^{k} (1+\frac{1}{p_{3i}}) \leqslant \frac{4N}{2^k} (\frac{4}{3})^k = \frac{8N}{3} (\frac{2}{3})^{k-1} \leqslant \frac{8N}{3} ,\tag{3-81}$$

即 $\pi_N(F_n) \leqslant \dfrac{8N}{3}$ 。当且仅当 $N = 5^{r_5} \times 3^{r_3}$ 时，等式成立。

综合(1)～(4)，证明了结论成立。证毕。

3.3　二维 Arnold 矩阵的模周期

本书第 2 章已经简单介绍了 Arnold 映射，本节我们将更详细地给出二维 Arnold 映射(猫映射)的定义及其推广，并定义了 Fibonacci 变换矩阵 **Fibonacci_Q**；其次通过构造 $\{F_n\} \to \{Q^n\}$ 的一个同构映射 f ，证明了 **Fibonacci_Q** 变换矩阵的模周期等于 Fibonacci 数列的模周期，同时将 Fibonacci 模数列的模周期性理论推广至变换 **Fibonacci_Q** 矩阵的模周

期上，并通过 **Fibonacci_Q** 矩阵变换的周期和 Arnold 变换周期之间的关系，获得了猫映射的周期性规律，得到了猫映射的最小模周期的上界为 $3N$，大大推进了文献[59]中的结论（$N^2/2$）。

3.3.1 二维猫映射及其推广

Arnold 在研究环面上的自同态时提出了一种线性变换[58]。设 M 是光滑流形环面 $\{(x,y)(\mathrm{mod}1)\}$，M 上的一个自同态 φ 定义如下：

$$\varphi(x,y)=(x+y,x+2y)(\mathrm{mod}1)\text{。} \tag{3-82}$$

显然映射 φ 导出覆盖面 (x,y) 上的一个线性映射

$$\tilde{\varphi}=\begin{bmatrix}1 & 1\\ 1 & 2\end{bmatrix}\begin{bmatrix}x\\ y\end{bmatrix}\text{。} \tag{3-83}$$

定义 3—4 设单位正方形上的点 (x,y)，将点 (x,y) 变到另一点 (x',y') 的变换为

$$\begin{bmatrix}x'\\ y'\end{bmatrix}=\begin{bmatrix}1 & 1\\ 1 & 2\end{bmatrix}\begin{bmatrix}x\\ y\end{bmatrix}=\mathbf{A}\begin{bmatrix}x\\ y\end{bmatrix}(\mathrm{mod}1)\text{，} \tag{3-84}$$

其中，(mod1) 表示只取小数部分 $x\,\mathrm{mod}1=x-[x]$（$[x]$ 表示 x 的整数部分），此变换称作二维 Arnold 变换，简称 Arnold 变换。

为方便计算机计算，可以将上述 Arnold 变换表示为如下方程方式：

$$\begin{cases}x_{n+1}=x_n+y_n(\mathrm{mod}1)\\ y_{n+1}=x_n+2y_n(\mathrm{mod}1)\end{cases}\text{。} \tag{3-85}$$

通过上式可以看出，(x_n,y_n) 的相空间被限制在单位正方形 $[0,1]\times[0,1]$ 内，将上式变成矩阵形式如下：

$$\begin{bmatrix}x_{n+1}\\ y_{n+1}\end{bmatrix}=\begin{bmatrix}1 & 1\\ 1 & 2\end{bmatrix}\begin{bmatrix}x_n\\ y_n\end{bmatrix}(\mathrm{mod}1)=\mathbf{A}\begin{bmatrix}x_n\\ y_n\end{bmatrix}(\mathrm{mod}1)\text{。} \tag{3-86}$$

图 3-1 所示的是猫映射的示意图。显然猫映射具有如下特点：

①保面积性。上式所定义的矩阵 $\mathbf{A}$，其行列式 $|\mathbf{A}|=1$，因此猫映射是一个保面积映射（没有吸引子）。

②实数上的一一映射。单位矩阵内的每一点唯一地变换到单位矩阵内的另一点，是实数 $\boldsymbol{R}\to\boldsymbol{R}$ 的一一映射。

③混沌性。具有非常典型的产生混沌运动的两个因素：拉伸（乘以矩阵 $\mathbf{A}$ 使 x,y 都变大）和折叠（取模使 x,y 又折回单位矩形内）。事实上猫映射确实是混沌映射，两个 Lyapunov 指数分别为 $\lambda_1=\ln\frac{3+\sqrt{5}}{2}>0$，$\lambda_2=\ln\frac{3-\sqrt{5}}{2}<0$。

因此，可以说猫映射是具有混沌特性的一一映射。

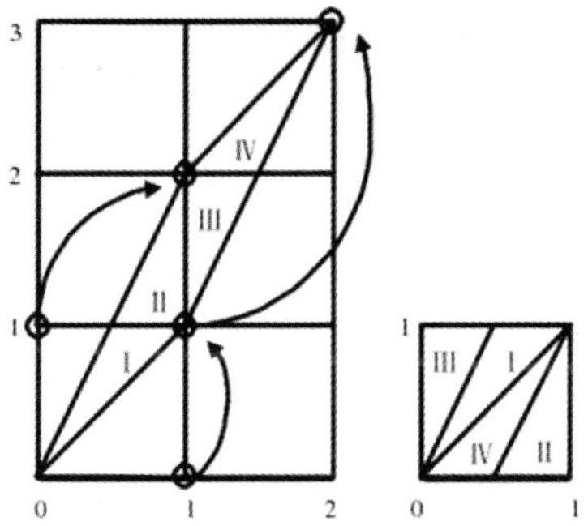

图 3-1　猫映射的示意图

定义 3－5　对于给定的整数 $N \geqslant 2$,下列变换称为猫映射：

$$\begin{bmatrix} x' \\ y' \end{bmatrix} = \begin{bmatrix} 1 & 1 \\ 1 & 2 \end{bmatrix} \begin{bmatrix} x \\ y \end{bmatrix} = \boldsymbol{A} \begin{bmatrix} x \\ y \end{bmatrix} (\bmod N), \tag{3-87}$$

其中，$x, y \in Z_N (= \{0,1,2,N-1\})$，而 N 是数字图像矩阵的阶数。

以后我们说 Arnold 变换即指上式,称 Arnold 变换为猫映射是因为经常用一张猫脸演示 Arnold 变换而得名[6]。称矩阵 **A** 为 Arnold 变换矩阵或 Arnold 矩阵。

文献[68]中将猫映射推广为广义猫映射,将方程推广为最一般的二维可逆保面积方程。

定义 3－6[68]　对于给定的整数 $N \geqslant 2$,下列变换称为广义猫映射：

$$\begin{bmatrix} x_{n+1} \\ y_{n+1} \end{bmatrix} = \begin{bmatrix} a & b \\ c & d \end{bmatrix} \begin{bmatrix} x_n \\ y_n \end{bmatrix} (\bmod N) = \boldsymbol{C} \begin{bmatrix} x_n \\ y_n \end{bmatrix} (\bmod N), \tag{3-88}$$

其中，$a, b, c, d, x_n, y_n, x_{n+1}, y_{n+1}, N$ 均为整数,且

$$0 \leqslant x_n, x_{n+1} < N, 0 \leqslant y_n, y_{n+1} < N, \begin{vmatrix} a & b \\ c & d \end{vmatrix} = \pm 1。 \tag{3-89}$$

广义猫映射具有如下特点：

①保面积性。上式中的矩阵 $\boldsymbol{C}$,其行列式 $|\boldsymbol{C}| = 1$,因此猫映射是一个保面积映射。

②整数上一一映射。二维空间内的每一点唯一地变换到二维空间内的另一点,是整数→整数的一一映射。

③不再具有严格意义上的混沌性。广义猫映射是对一般的二维可逆保面积映射加了取正整数的限制,其很可能不再是混沌的,因为状态空间变成有限的了。但从几何上看仍然具有猫映射的拉伸和折叠的性质,这个性质导致原来相邻的两点 (i, j) 和 $(i, j+1)$ 经迭代几次后不再相邻了,即仍然具有一定程度的初值敏感性。利用这一点,一副图像经迭代若干次之后就可达到保密效果。

④周期性。一副图像经迭代若干次之后又恢复到原来图像。所以广义猫映射在选择迭代次数时要注意其周期性,不然保密效果会很差。

3.3.2　二维 Fibonacci_Q 矩阵的模周期性定理

定义 7[53]　给定 $N \geqslant 2$ 的整数,下列变换称为 Fibonacci 变换：

$$\begin{bmatrix} x' \\ y' \end{bmatrix} = \begin{bmatrix} 1 & 1 \\ 1 & 0 \end{bmatrix} \begin{bmatrix} x \\ y \end{bmatrix} = \begin{bmatrix} x \\ y \end{bmatrix} (\mathrm{mod} N), \tag{3-90}$$

其中，$x, y \in Z_N$ 。矩阵 $\boldsymbol{Q}$ 称为 Fibonacci_Q 矩阵。

定义 3—8[60] 实数环 R 上的可逆矩阵 $\boldsymbol{A}$ 的阶定义为：

$\min\{n : \boldsymbol{A}^n = \boldsymbol{E}, n \in \mathbf{Z}^+\}$ ，

其中，$\boldsymbol{E}$ 为单位矩阵，记为 $\pi_R(\boldsymbol{A})$ 或 $\mathrm{ord}_R(\boldsymbol{A})$ ，当 $R = Z_N$ 时简记为 $\pi_N(\boldsymbol{A})$ 或 $\mathrm{ord}_N(\boldsymbol{A})$ 。

1. 矩阵变换有周期性的充要条件定理

数字图像可以看作是一个矩阵，矩阵的元素所在的行与列，就是图像显示在计算机屏幕上诸像素点的坐标。元素的数值就是像素的灰度。对于一幅图像，如果把它数字化就得到一个矩阵，改变矩阵元素的位置或 RGB 数值，图像就会变成另外一幅图像。下面讨论的是什么样的矩阵变换可以把图像复原，即周期性的问题。

定义 3—9[53] 对给定的 n 阶数字图像 $\boldsymbol{P}$，称变换

$$\boldsymbol{X}' \equiv \begin{bmatrix} x'_1 \\ x'_2 \\ \vdots \\ x'_n \end{bmatrix} \equiv \begin{bmatrix} a_{11} & a_{12} & \cdots & a_{1n} \\ a_{21} & a_{22} & \cdots & a_{2n} \\ \cdots & \cdots & \cdots & \cdots \\ a_{n1} & a_{n2} & \cdots & a_{nn} \end{bmatrix} \begin{bmatrix} x_1 \\ x_2 \\ \vdots \\ x_n \end{bmatrix} \equiv \boldsymbol{AX} (\mathrm{mod} N), \tag{3-91}$$

其中，$a_{ij} \in \mathbf{Z}$, $x_1, \cdots, x_n \in Z_N$ ，关于 $\boldsymbol{P}$ 的周期为 M_N ，指 M_N 是使得图像 $\boldsymbol{P}$ 经一系列变换后回复到 $\boldsymbol{P}$ 的最少次数。

为了使矩阵与数列的模周期相对应，本书以后的叙述中记为 $\pi_N(\boldsymbol{A})$ 。

定理 3—15[53] 矩阵变换 $\boldsymbol{A}$ 对所有向量都具有周期的充分必要条件是 $|\boldsymbol{A}|$ 与 N 互素。此处 $\boldsymbol{A}$ 是变换的矩阵，$|\boldsymbol{A}|$ 是矩阵 $\boldsymbol{A}$ 的行列式。

证明 (1)充分性：要证明以上变换有周期性，即要证明对任意两个不同的 n 维向量 $\boldsymbol{\alpha}$ 和 $\boldsymbol{\beta}$，都有：

$$\boldsymbol{A\alpha} (\mathrm{mod} N) \neq \boldsymbol{A\beta} (\mathrm{mod} N),$$

即 $\boldsymbol{A}(\boldsymbol{\alpha} - \boldsymbol{\beta})(\mathrm{mod} N) \neq 0$。换句话说，如果对任何 n 维向量

$$\boldsymbol{X} = (x_1, x_2, \cdots, x_n)^{\mathrm{T}}, \ \boldsymbol{AX} (\mathrm{mod} N) = 0,$$

则必有 $\boldsymbol{X} = 0$。

现设 $\boldsymbol{AX} (\mathrm{mod} N) = 0$，即

$$\begin{cases} a_{11} x_1 + \cdots + a_{1n} x_n = k_1 N \\ \qquad \cdots \\ a_{n1} x_1 + \cdots + a_{nn} x_n = k_n N \end{cases}, \tag{3-92}$$

由行列式的 Laplace 展开式定理有

$$\begin{cases} |\boldsymbol{A}| \cdot x_1 = (A_{11} \cdot k_1 + \cdots + A_{n1} \cdot k_n) N \\ \qquad \cdots \\ |\boldsymbol{A}| \cdot x_n = (A_{1n} \cdot k_1 + \cdots + A_{nn} \cdot k_n) N \end{cases}, \tag{3-93}$$

其中，$A_{ij}(i,j=1,2,\cdots,n)$ 是矩阵 $\boldsymbol{A}$ 的元素 a_{ij} 的代数余子式。因为 $|\boldsymbol{A}|$ 与 N 互素，所以 N 整除 $x_i(i=1,2,\cdots,n)$。而 $x_i \in Z_N(i=1,2,\cdots,n)$，所以 $\boldsymbol{X}=0$。充分性得证。

(2)必要性：对于给定的正整数 N，如果变换有周期性，要证明 $|\boldsymbol{A}|$ 与 N 互素。下面用反证法来给出证明：即如果 $|\boldsymbol{A}|$ 与 N 不互素，我们证明存在 $\boldsymbol{X}\neq 0$，使 $\boldsymbol{AX}(\mathrm{mod}N)=0$，从而变换不具有周期性。

设 $\boldsymbol{AX}(\mathrm{mod}N)=0$，即(3-93)式成立，从而有

$$\begin{cases} x_1=\dfrac{(A_{11}\cdot k_1+\cdots+A_{n1}\cdot k_n)N}{|\boldsymbol{A}|} \\ \cdots \\ x_n=\dfrac{(A_{1n}\cdot k_1+\cdots+A_{nn}\cdot k_n)N}{|\boldsymbol{A}|} \end{cases}, \tag{3-94}$$

设 $|\boldsymbol{A}|=s\times t,N=N_1\times t$，其中 $t=\gcd(|\boldsymbol{A}|,N)\neq 1$ 是 $|\boldsymbol{A}|$ 与 N 的最大公因子。于是(3-94)式为

$$\begin{cases} x_1=\dfrac{(A_{11}\cdot k_1+\cdots+A_{n1}\cdot k_n)N_1}{s} \\ \cdots \\ x_n=\dfrac{(A_{1n}\cdot k_1+\cdots+A_{nn}\cdot k_n)N_1}{s} \end{cases}, \tag{3-95}$$

我们的目的是选取 $k_1,k_2,\cdots,k_n$，使得

$$\frac{A_{11}\cdot k_1+\cdots+A_{n1}\cdot k_n}{s},\cdots,\frac{A_{1n}\cdot k_1+\cdots+A_{nn}\cdot k_n}{s} \tag{3-96}$$

都为整数，但其中至少有一个不能被 t 整除，这样 $x_1,x_2,\cdots,x_n$ 中至少有一个不能被 N 整除，于是结论成立。

由数论知识，我们可以做如下假定：

$$|\boldsymbol{A}|=\pm p_1^{a_1}p_2^{a_2}\cdots p_k^{a_k}\ ;\ s=\pm p_1^{b_1}p_2^{b_2}\cdots p_k^{b_k}\ ;\ t=\pm p_1^{c_1}p_2^{c_2}\cdots p_k^{c_k} \tag{3-97}$$

则

$$\begin{cases} (A_{11},\cdots,A_{n1})=\pm p_1^{d_{11}}p_2^{d_{21}}\cdots p_k^{d_{k1}}=k_{11}A_{11}+\cdots+k_{n1}A_{n1} \\ \cdots \\ (A_{1n},\cdots,A_{nn})=\pm p_1^{d_{1n}}p_2^{d_{2n}}\cdots p_k^{d_{kn}}=k_{1n}A_{1n}+\cdots+k_{nn}A_{nn} \end{cases}, \tag{3-98}$$

其中，$p_1,p_2,\cdots,p_k$ 是素数，a_i,b_i,c_i 是正整数，d_{ij} 为非负整数。k_{ij} 为整数，$(k_{1j},\cdots,k_{nj})=1\ (i,j=1,2,\cdots,n)$。

显然有：

$$b_1+c_1=a_1,\cdots,b_k+c_k=a_k\ 。$$

由行列式的性质还有

$$d_{11}+\cdots+d_{1n}\leqslant a_1,\cdots,d_{k1}+\cdots+d_{kn}\leqslant a_k$$

取 $c_1=0,\cdots,c_{i-1}=0,c_i>0$(这是因为 $t=\gcd(|\boldsymbol{A}|,N)\neq 1$)。下面分两种情形讨论:

①设 $c_i \geqslant \min\{d_{i1},\cdots,d_{in}\}$,不妨设 $d_{ij}=\min\{d_{i1},\cdots,d_{in}\}$ 。

令 $q=p_1^{r_1}p_2^{r_2}\cdots p_k^{r_k}$,其中 $r_i=b_i-d_{ij}$;当 $j\neq i$ 时,如果 $\min\{d_{j1},\cdots,d_{jn}\}\leqslant b_j$,则令 $r_j=b_j-\min\{d_{j1},\cdots,d_{jn}\}$,否则令 $r_j=0$。所以

$$q\cdot(A_{1j},\cdots,A_{nj})=p_1^{r_1+d_{1j}}\cdots p_i^{b_i}\cdots p_k^{r_k+d_{kj}}=(qk_{1j})\cdot A_{1j}+\cdots+(qk_{nj})\cdot A_{nj}\text{。}\tag{3-99}$$

令 $k_1=qk_{1j},\cdots,k_n=qk_{nj}$,则容易验证:

$$\frac{A_{11}\cdot k_1+\cdots+A_{n1}\cdot k_n}{s},\cdots,\frac{A_{1n}\cdot k_1+\cdots+A_{nn}\cdot k_n}{s}\tag{3-100}$$

都为整数,且 $\frac{A_{1i}\cdot k_1+\cdots+A_{ni}\cdot k_n}{s}$ 不能被 t 整除,于是 x_i 不能被 N 整除。

②设 $c_i<\min\{d_{i1},\cdots,d_{in}\}$ 。

因为 $d_{i1}+\cdots+d_{in}\leqslant a_i=b_i+c_i$,所以 $c_i\geqslant\max\{d_{i1},\cdots,d_{in}\}$ 。于是令 $q=p_1^{r_1}p_2^{r_2}\cdots p_k^{r_k}$,其中 $r_i=b_i-d_{ij}$;当 $j\neq i$ 时,令 $r_j=b_j-\min\{d_{j1},\cdots,d_{jn}\}$ 。所以

$$q\cdot(A_{1j},\cdots,A_{nj})=p_1^{r_1+d_{1j}}\cdots p_i^{b_i}\cdots p_k^{r_k+d_{kj}}=(qk_{1j})\cdot A_{1j}+\cdots+(qk_{nj})\cdot A_{nj}\text{。}\tag{3-101}$$

令 $k_1=qk_{1j},\cdots,k_n=qk_{nj}$,则容易验证:

$$\frac{A_{11}\cdot k_1+\cdots+A_{n1}\cdot k_n}{s},\cdots,\frac{A_{1n}\cdot k_1+\cdots+A_{nn}\cdot k_n}{s}\tag{3-102}$$

都为整数,且 $\frac{A_{1j}\cdot k_1+\cdots+A_{nj}\cdot k_n}{s}$ 不能被 t 整除,于是 x_j 不能被 N 整除。

对以上两种情况,我们都可以选取 $k_1,k_2,\cdots,k_n$,使得 $x_1,x_2,\cdots,x_n$ 中至少有一个不能被 N 整除。于是变换不具有周期性,必要性得证。证毕。

推论 3-8 Fibonacci_Q 变换具有周期性。

推论 3-9 若 $|\boldsymbol{A}|=1$,则 $\boldsymbol{A}^{-1}$ 的所有元素都是整数。

2. Fibonacci_Q 的模周期与 Fibonacci 的模周期的关系定理

定理 3-16 设 $N>1$ 的整数,Fibonacci 数列 $\{F_n\}$ 的模数列 $\{a_n(N)\}$ 的最小正周期为 T ,则 **Fibonacci_Q** 变换具有周期且最小正周期等于 T 。

证明 由 Fibonacci 数列 $\{\boldsymbol{F}_n\}$ 的任一项 $\boldsymbol{F}_i$ 都可以构造一个 2×2 的矩阵

$$\begin{bmatrix}\boldsymbol{F}_{i+1} & \boldsymbol{F}_i\\ \boldsymbol{F}_i & \boldsymbol{F}_{i-1}\end{bmatrix}=\boldsymbol{Q}^i,i\in Z^+\text{。}\tag{3-103}$$

定义 $f:\{\boldsymbol{F}_n\}\to\{\boldsymbol{Q}^n\}$,则有

$$f(\boldsymbol{F}_i)*f(\boldsymbol{F}_j)=(\boldsymbol{Q}^i)*(\boldsymbol{Q}^i)=\boldsymbol{Q}^{i+j}=f(\boldsymbol{F}_{i+j}),\tag{3-104}$$

其中, $*$ 为矩阵乘运算,这样 f 就是 $\{\boldsymbol{F}_n\}$ 到 $\{\boldsymbol{Q}^n\}$ 的一个同态映射。不难证明 f 也是一个同构映射。

由于 Fibonacci 数列 $\{\boldsymbol{F}_n\}$ 具有周期性，所以 $\{\boldsymbol{Q}^n\}$ 也具有周期性，即 **Fibonacci_Q** 变换具有周期性。

因为 $a_{T-1}(N)=a_{T+1}(N)=1, a_T(N)=0$，所以，$\boldsymbol{Q}^T(\mathrm{mod}N)=\boldsymbol{E}$ 。又因为 T 是 $\{a_n(N)\}$ 最小正周期，因此 **Fibonacci_Q** 变换的周期等于 T 。证毕。

由定理 3－9、定理 3－10 和定理 3－16 立即可以得到如下结论：

定理 3－17　设 p 为素数，$r>1$ 的整数，且 $N=p^r$，则

$$\pi_N(\boldsymbol{Q})=\pi_{p^r}(\boldsymbol{Q})=p^{r-1}\pi_p(\boldsymbol{Q})\text{。} \tag{3-105}$$

定理 3－18　N 为正整数，且 N 的因式分解为 $N=p_1^{r_1}\ldots p_m^{r_m}$，其中 p_i 和 $p_j(i\neq j)$ 是互不相同的素数，$r_i\geqslant 1(1\leqslant i\leqslant m)$，则

$$\pi_N(\boldsymbol{Q})=\pi_{p_1^{r_1}\ldots p_m^{r_m}}(\boldsymbol{Q})=\operatorname*{lcm}_{i=1}^{m}(\pi_{p_i^{r_i}}(\boldsymbol{Q}))\text{。} \tag{3-106}$$

所以只要确定了模为素数幂的矩阵的阶，即可求出模为合数的阶。

3.3.3　二维猫映射的模周期与 Fibonacci 数列的模周期的关系

在文献[53]中有如下一个定理：

对于给定的自然数 $N\geqslant 2$，如果二维 Arnold 变换的周期为 M_N，则 Fibonacci 变换的周期为 $2M_N$ 。

下面给出一个修正后的结论并用简单的方法证明。

引理 3－10[53]　如果变换

$$\begin{bmatrix}x'\\y'\end{bmatrix}=\begin{bmatrix}a & b\\c & d\end{bmatrix}\begin{bmatrix}x\\y\end{bmatrix}(\mathrm{mod}N)\ (x,y\in Z_N) \tag{3-107}$$

的周期为 M_N，则下面变换有周期且周期也为 M_N：

$$\begin{bmatrix}x'\\y'\end{bmatrix}=\begin{bmatrix}d & c\\b & a\end{bmatrix}\begin{bmatrix}x\\y\end{bmatrix}(\mathrm{mod}N)\ (x,y\in Z_N)\text{。} \tag{3-108}$$

定理 3－19　设 $N>1$ 的整数，则

(1)当 $N=2$ 时，$\pi_N(\boldsymbol{Q})=\pi_N(\boldsymbol{A})$ 。　(3-109)

(2)当 $N>2$ 时，$\pi_N(\boldsymbol{Q})=2\pi_N(\boldsymbol{A})$ 。　(3-110)

证明　(1)显然因为 $\boldsymbol{A}\equiv\boldsymbol{Q}(\mathrm{mod}N)$ 。

(2)令 $\boldsymbol{A}'=\begin{bmatrix}2 & 1\\1 & 1\end{bmatrix}$，则

$$(\boldsymbol{A}')^n=(\boldsymbol{Q}^2)^n=\boldsymbol{Q}^{2n}=\begin{pmatrix}\boldsymbol{F}_{2n+1} & \boldsymbol{F}_{2n}\\ \boldsymbol{F}_{2n} & \boldsymbol{F}_{2n-1}\end{pmatrix}\text{。}$$

设 $T=\pi_N(\boldsymbol{A}')$，则

$$\boldsymbol{Q}^{2T}=(\boldsymbol{Q}^2)^T=(\boldsymbol{A}')^T\equiv\boldsymbol{E}(\mathrm{mod}N)\text{，}$$

这就证明 $2T$ 是 $\boldsymbol{Q}(\mathrm{mod}N)$ 的一个周期。

下面用反证法证明 $2T$ 是 $\boldsymbol{Q}(\bmod N)$ 的最小正周期。如若不然，不妨设 $0<T'<2T$ 是 $\boldsymbol{Q}(\bmod N)$ 的最小正周期。令 $k=[2T/T']$，则 $0<r=2T-kT'<2T$，故有

$$\boldsymbol{E}\equiv\boldsymbol{Q}^{2T}=\boldsymbol{Q}^{2T+kT'-kT'}=\boldsymbol{Q}^{2T-kT'}\boldsymbol{Q}^{kT'}=\boldsymbol{Q}^{r}(\bmod N)$$

成立，说明 $0<r<T'$ 是 $Q(\bmod N)$ 的一个更小正周期，这与假设产生矛盾，故假设不成立。因此

$$\pi_N(\boldsymbol{Q})=2\pi_N(\boldsymbol{A}')。$$

根据引理知道 $\pi_N(\boldsymbol{A})=\pi_N(\boldsymbol{A}')$，所以 $\pi_N(\boldsymbol{Q})=2\pi_N(\boldsymbol{A})$。证毕。

对于定理 3－17 猫映射的模周期仍然成立，即

(1)当 $p=2$ 时，$\pi_{p^r}(\boldsymbol{A})=p^{r-2}\pi_p(\boldsymbol{A})$。

(2)当 $p>2$ 时，$\pi_{p^r}(\boldsymbol{A})=p^{r-1}\pi_p(\boldsymbol{A})$。

对于定理 3－18，猫映射的模周期仍然成立，即

$$\pi_{p_1^{r_1}\cdots p_m^{r_m}}(\boldsymbol{A})=\mathrm{lcm}(\pi_{p_i^{r_i}}(\boldsymbol{A}),i=1,\cdots,m)。$$

关于 Arnold 变换的模周期的计算方法可以分两种：

(1)直接法。对于较小的 N，$\pi_N(\boldsymbol{A})$ 为 Fibonacci 数列中第 1 次出现 $\boldsymbol{F}_{2n-1}\equiv 1$，$\boldsymbol{F}_{2n}\equiv 0(\bmod N)$ 时 n 的值。

(2)因式分解法。先使用直接法求出模素数的周期，再根据 $\pi_{p_1^{r_1}\cdots p_m^{r_m}}(\boldsymbol{A})=\underset{i=1}{\overset{m}{\mathrm{lcm}}}(\pi_{p_i^{r_i}}(\boldsymbol{A}))$ 计算 $\pi_N(\boldsymbol{A})$ 的周期。

综上所述，只要知道了模数列 $\{\boldsymbol{F}_n(\bmod m)\}$ 的周期，便可以确定 Arnold 变换的周期，因式分解法比现有已知算法都简单。

3.3.4　二维猫映射的模周期上界定理

根据定理 3－14 和和定理 3－19 立即可以得到关于二维 Arnold 变换周期的上界定理。

定理 3－20　设 $N\geqslant 2$ 的整数，则 $m_N\leqslant 3N$，当且仅当 $N=2\times 5^r$，$r\in\mathbf{Z}^+$ 时等式成立。当 $2\mid N$ 时，$\pi_N(F_n)\leqslant 4N/3$，当且仅当 $N=3^{r_1}\times 5^{r_2}$，$r_1,r_2\in\mathbf{Z}$ 且 $r_1>0,r_2\geqslant 0$ 等式成立。

3.4　二维猫映射的最佳周期与应用

本节首先提出了变换最佳周期的定义，同时给出了 **Fibonacci_Q** 变换和 Arnold 变换的最佳周期性定理，最后结合图像置乱的仿真效果，给出了 Arnold 变换时的变换最佳次数。

3.4.1　猫映射在图像置乱中的仿真实验

下面给出一个基于猫映射的图像仿真变换实例。

当图像尺寸为 89×89 时，由定理 18 得到 Fibonacci 变换的周期为 44，由定理 3－19 得

到猫映射的变换周期为 22。使用猫映射变换对原始图像(Mao0)作 22 次变换得到的图像变换状态(简称 ITS,image transform state)如图 3-2 所示(使用 Matlab 2008a 进行仿真),可以看出从 Mao0 变换 22 次后恢复到了原始图像,从而验证了上述相关定理的正确性。

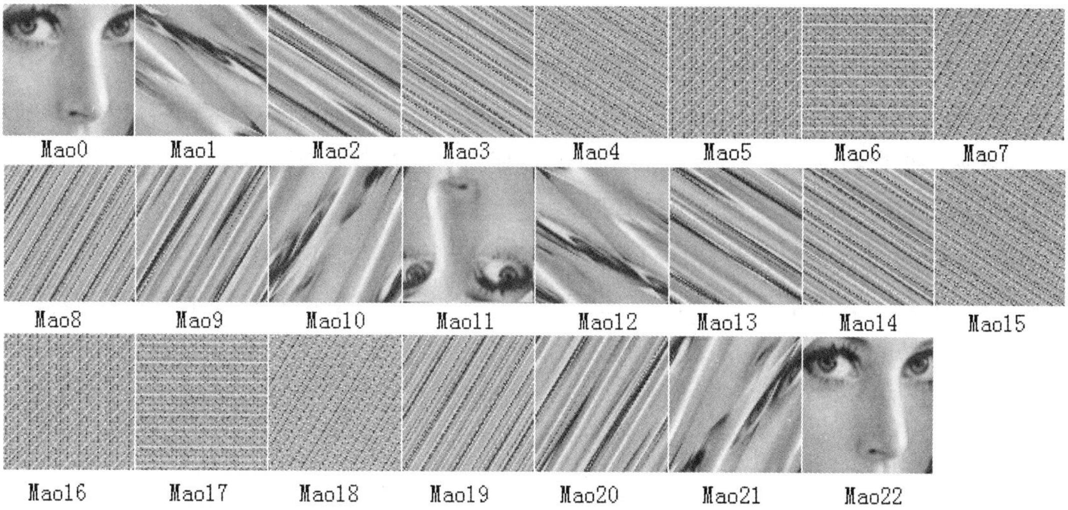

图 3-2　原图像进行猫映射变换的结果

从图 3-2 中可以直观地看出,图像尺寸为 89×89 时,当变换次数为 5、6、7、16、17 和 18 时混乱的仿真效果较好,次数为 4 和 15 时混乱的效果一般,次数为 1～3、8～14、19～22 时混乱的效果较差。

如何选择变换次数成为了图像变换的一个关键技术。现在还是从分析变换的周期入手,一般都会认为变换的次数多其置乱效果较好,其实这是不正确,因为图像变换在有限域中是有周期性的。从图 3-2 中可以看出从 Mao0、Mao11、Mao22 开始变换的效果基本上是一样的,所以研究变换的周期性时应当考虑从 Mao0 到 Mao11 的周期,而不应当考虑从 Mao0 到 Mao22 的周期。因此,应当定义图像变换周期的另一个概念,以更好地反映图像变换的规律。

3.4.2　Fibonacci_Q 变换的最佳周期的定义与应用

1. 最佳周期的定义

定义 3－10　实数环 R 上的可逆矩阵 $\boldsymbol{A}$ 的最佳阶定义为 $\min\{n:\boldsymbol{A}^n=k\boldsymbol{E},n,k\in\mathbf{Z}^+\}$,记为 $O\pi_R(\boldsymbol{A})$ 或 $O\mathrm{ord}_R(\boldsymbol{A})$,当 $R=Z_N$ 时简记为 $O\pi_N(\boldsymbol{A})$ 或 $O\mathrm{ord}_N(\boldsymbol{A})$ 。

定义 3－11　对给定的 N 阶数字图像 $\boldsymbol{P}$,我们说变换 $\boldsymbol{X}'\equiv\boldsymbol{AX}(\mathrm{mod}N)$ 关于 $\boldsymbol{P}$ 的最佳周期为 OM_N ,是指可逆矩阵 $\boldsymbol{A}$ 的最佳阶。

为方便叙述,将 **Fibonacci_Q** 变换的周期、最佳周期分别记为 $\boldsymbol{FM}_N$ 、$\boldsymbol{OFM}_N$,将 Arnold 变换的周期、最佳周期分别记为 $\boldsymbol{AM}_N$ 、$\boldsymbol{OAM}_N$ 。

根据定理 10 和定理 16 马上可以得到下面定理 21。

定理 3－21　设 $N>2$ 的素数，Fibonacci 数列 $\{F_n\}$ 的模数列 $\{a_n(N)\}$ 的最小正周期为 T。如果模数列在一个最小正周期内出现 $a_{k-1}=a_{k+1}$ 且 $a_k=0$ 的次数为 s，则

(1)当 $s=1$ 时，有 $2|\boldsymbol{FM}_N$，$4\nmid\boldsymbol{FM}_N$，$\boldsymbol{FM}_N=\boldsymbol{OFM}_N$。　(3-111)

(2)当 $s=2$ 时，有 $8\nmid\boldsymbol{FM}_N$，$\boldsymbol{FM}_N=2\boldsymbol{OFM}_N$。　(3-112)

(3)当 $s=4$ 时，有 $4|\boldsymbol{FM}_N$，$8\nmid\boldsymbol{FM}_N$，$\boldsymbol{FM}_N=4\boldsymbol{OFM}_N$。　(3-113)

例如，当 $N=89$ 时，$\boldsymbol{FM}_N=44$，$\boldsymbol{OFM}_N=11$，这时对于 **Fibonacci_Q** 矩阵有：$\boldsymbol{Q}^{11}=55\boldsymbol{E}$，$\boldsymbol{Q}^{22}=88\boldsymbol{E}$，$\boldsymbol{Q}^{33}=34\boldsymbol{E}$，$\boldsymbol{Q}^{44}=\boldsymbol{E}$，**Fibonacci_Q** 变换的仿真结果如图 3-3 所示。从图中也可以看出，状态 Fib0 与 Fib22 是互为倒置图(相当于原图的垂直翻转)，从这两个状态开始进行 **Fibonacci_Q** 变换效果是一样的；同样，Fib11 位于 Fib1 与 Fib22 中间，通过观察仿真实验，发现这时图一般为方格状如图 3-3 的 Fib11，并且状态图的置乱效果以此状态两边对称，不妨称这个状态图为对称图。因此，从图像混淆的仿真效果来看，变换次数的选择只研究 Fib0 到 Fib11 就可以了，如选择 9 或 10 次变换都可以。如在一个变换周期中，选择 Fib11 或 Fib33 附近的状态时图像混淆的效果都比较好。

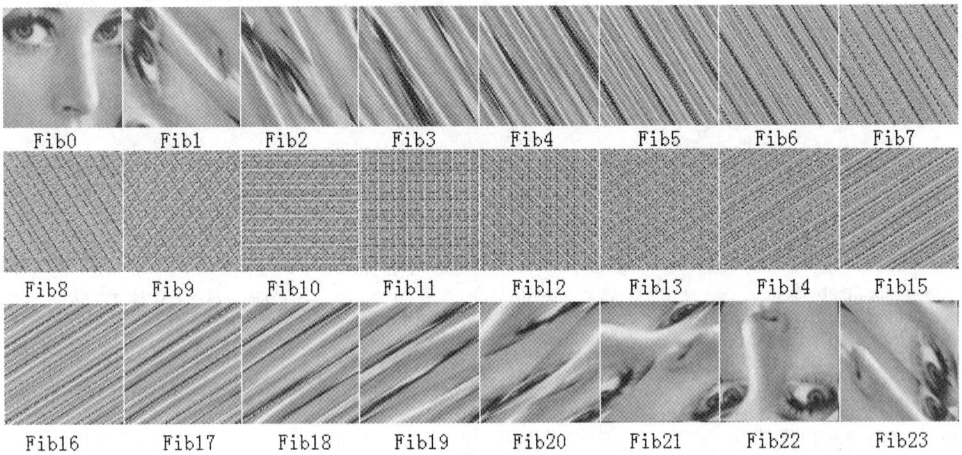

图 3-3　Fibonacci_Q 变换：原图→对称图→倒置图

经过分析和研究表明，在一个 **Fibonacci_Q** 变换周期中，如果 $\boldsymbol{FM}_N=4\boldsymbol{OFM}_N$，选择对称图附近的状态时图像混淆的效果都比较好，否则，选择中间附近的状态时图像混淆的效果都比较好。这个结论对于其他图像变换也是适用的。

事实上，上述定理 3－21 表明了：在 **Fibonacci_Q** 变换的一个周期内，如果 $s=1$ 时，图像变换从原图经变换恢复到原图，中间没有原图倒置和对称图状态，简记为原图→原图；如果 $s=2$ 时，图像变换从原图经变换恢复到原图，中间没有原图倒置的状态，但有对称图状态，简记为原图→对称图→原图；如果 $s=4$ 时，图像变换从原图经变换恢复到原图，中间有原图倒置的状态，也有对称图状态，简记为原图→对称图→倒置图→对称图→原图。

由定理 3－8 和定理 3－21 及上面对 **Fibonacci_Q** 变换的分析可以得出如下结论。

定理 3－22　设 $N>2$ 的素数，Fibonacci 数列 $\{F_n\}$ 的模数列 $\{a_n(N)\}$ 的最小正周期为 T。如果模数列在一个最小正周期内出现 $a_{k-1}=a_{k+1}$ 且 $a_k=0$ 的次数为 s，则

(1)当 $s=1$ 时,有 $2\mid \boldsymbol{AM}_N$,$\boldsymbol{AM}_N=\boldsymbol{OAM}_N$,Arnold 变换的 ITS:原图→原图。

(2)当 $s=2$ 时,有 $4\mid \boldsymbol{AM}_N$,$\boldsymbol{AM}_N=2\boldsymbol{OAM}_N$,Arnold 变换的 ITS:原图→对称图→原图。

(3)当 $s=4$ 时,有 $2\mid \boldsymbol{AM}_N$,$4\nmid \boldsymbol{AM}_N$,$\boldsymbol{AM}_N=2\boldsymbol{OAM}_N$,Arnold 变换的 ITS:原图→倒置图→原图。

2. 二维 Arnold 变换的最佳周期及仿真实验

显然,由定理 3—10、定理 38、定理 322 可以得出下面关于 Arnold 变换一个重要结论。

定理 3—23　设 $N\geqslant 2$ 的整数,Arnold 变换的周期、最佳周期分别记为 $\boldsymbol{AM}_N$ 、$\boldsymbol{OAM}_N$,则

(1)当 $2\mid \boldsymbol{AM}_N$ 时,有 $\boldsymbol{AM}_N=\boldsymbol{OAM}_N$,Arnold 变换的 ITS:原图→原图。

(2)当 $4\mid \boldsymbol{AM}_N$ 时,有 $\boldsymbol{AM}_N=2\boldsymbol{OAM}_N$,Arnold 变换的 ITS:原图→对称图→原图。

(3)当 $2\mid \boldsymbol{AM}_N$,$4\nmid \boldsymbol{AM}_N$ 时,有 $\boldsymbol{AM}_N=2\boldsymbol{OAM}_N$,Arnold 变换的 ITS:原图→倒置图→原图。

例如,当 N 分别为 124、144、89 时,$\boldsymbol{AM}_N$ 的值分别 15、12、22,由定理 3—23 知,它们的 Arnold 变换的图像状态也分别属于定理 3—23 的三种情况,如图 3-4 所示。

根据定理 3—23,关于 Arnold 变换的变换最佳次数的选择可以分为下面三种情况:

(1)当 $2\mid \boldsymbol{AM}_N$ 时,最佳次数为:$(\boldsymbol{AM}_N+1)/2\pm 2$。

(2)当 $4\mid \boldsymbol{AM}_N$ 时,最佳次数为:$\boldsymbol{AM}_N/2\pm 1$。

(3)当 $2\mid \boldsymbol{AM}_N$,$4\nmid \boldsymbol{AM}_N$ 时,最佳次数为:$(\boldsymbol{AM}_N+2)/4\pm 1$ 或 $(3\boldsymbol{AM}_N+2)/4\pm 1$。

也就是说,只要知道了 Arnold 变换的周期,便可以确定其最佳变换次数,从而解决了置乱变换最佳次数选择难以确定的问题。

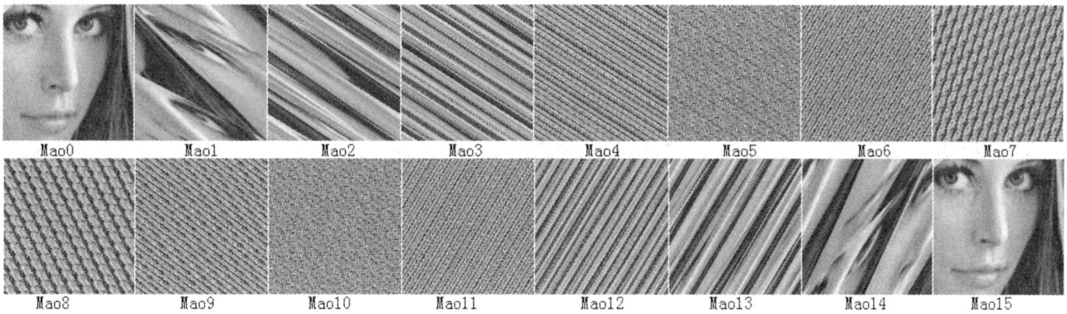

(a) $N=124$

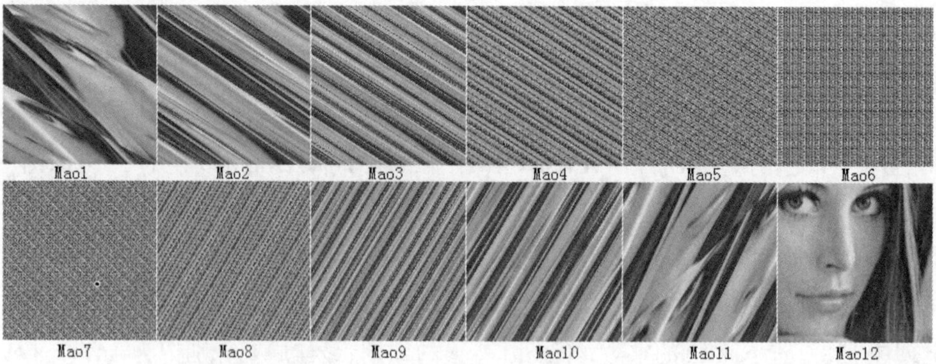

(b) $N=144$

(c) $N=89$ 见图 3-2

图 3-4　Arnold 变换的 ITS

3.5　二维广义猫映射的构造方法与应用

由于猫映射有周期性且参数少，用于数据加密时容易受到攻击。文献[68]将猫映射进行了推广，但在图像加密系统中密钥所要求输入的参数较少，广义猫映射的形式也只有四种，尽管系统也具有置换、替代、扩散等加密系统的基本要素，但抗明文攻击的能力较弱，这就带来了不安全。文献[66]提出了基于拟仿射变换的数字图像置乱加密算法，研究了 QATLIC 的性质及构造方法。受此启发，本节提出了基于欧几里得(Euclid)算法[130]的两种有效的方法用于构造广义猫映射，一种基于广义 Fibonacci 序列，一种基于狄利克雷(Dirichlet)序列。此外还给出结合这两个序列构造广义猫映射的方法，这些方法为图像置乱提供了更坚实的理论基础。广义 Fibonacci 序列和狄利克雷序列的一个突出性质是它的任意两个相邻的元素互素，故广义猫映射中的参数 a，c 可任取序列中的两个相邻元素。在程序实现时，可以让用户自行输入而作为加密的密钥，可以做到一次一密，从而大大增加了图像加密系统的安全性。本节最后分析了猫映射和广义猫映射在图像置乱处理中的效果，结果表明后者的周期可变，置乱效果更好。

3.5.1　两种广义猫映射的构造方法

在 3.3 节，定义了广义猫映射：

$$\begin{bmatrix} x' \\ y' \end{bmatrix} = \begin{bmatrix} a & b \\ c & d \end{bmatrix} \begin{bmatrix} x \\ y \end{bmatrix} (\mathrm{mod}N) = \boldsymbol{C} \begin{bmatrix} x \\ y \end{bmatrix} (\mathrm{mod}N)。 \tag{3-114}$$

由上式给出的变换存在一个问题：变换的构造没有给出，即 a，b，c，d 如何取值没有依据，只能依靠经验去试验，如果取值不好，图像的置乱效果差，抗击攻击的能力差。针对这个问题，下面研究构造广义猫映射的方法。

1. 使用广义 Fibonacci 序列构造广义猫映射

定义 3—12　对于整数序列 a_k，如果 $a_1=0$，$a_2=1$，当 $k>2$ 有 $a_k=ma_{k-1}+a_{k-2}$，其中 m 为非零的整数，则称 a_k 为广义 Fibonacci 序列。当 $m=1$ 时 a_k 即为经典的 Fibonacci 序列。

定理 3—24　任意给出广义 Fibonacci 序列中连续的两个整数 a_k，a_{k+1}，其中 $k>1$，都可以构造出一个整数矩阵 $\begin{bmatrix} a & b \\ c & d \end{bmatrix}$，使得 $ad-bc=\pm 1$。

证明　a_k 和 a_{k+1} 不同时为 1 时，使用欧几里得算法求乘法逆元的计算方法，对 $N=p^r$ 和 $N=p^r$ 组成的列向量进行以下初等行变换：

$$\begin{bmatrix} 0 & 1 \\ 1 & -m \end{bmatrix} \begin{bmatrix} a_{k+1} \\ a_k \end{bmatrix} = \begin{bmatrix} a_k \\ a_{k+1}-ma_k \end{bmatrix} = \begin{bmatrix} a_k \\ a_{k-1} \end{bmatrix}, \tag{3-115}$$

不断重复(3-115)式的过程，最后这两个数将成为 1 和 0，即有

$$\begin{bmatrix} 0 & 1 \\ 1 & -m \end{bmatrix}^{k-1} \begin{bmatrix} a_{k+1} \\ a_k \end{bmatrix} = \begin{bmatrix} a_2 \\ a_1 \end{bmatrix} = \begin{bmatrix} 1 \\ 0 \end{bmatrix}。 \tag{3-116}$$

显然矩阵 $\begin{bmatrix} 0 & 1 \\ 1 & -m \end{bmatrix}$ 的逆矩阵为

$$\boldsymbol{Q}_m = \begin{bmatrix} m & 1 \\ 1 & 0 \end{bmatrix} = \begin{bmatrix} a_3 & a_2 \\ a_2 & a_1 \end{bmatrix},$$

$\boldsymbol{Q}_m$ 的行列式为 $|\boldsymbol{Q}_m|=-1$。由于

$$\begin{bmatrix} m & 1 \\ 1 & 0 \end{bmatrix} \begin{bmatrix} m & 1 \\ 1 & 0 \end{bmatrix} = \begin{bmatrix} m & 1 \\ 1 & 0 \end{bmatrix} \begin{bmatrix} a_3 & a_2 \\ a_2 & a_1 \end{bmatrix} = \begin{bmatrix} a_4 & a_3 \\ a_3 & a_2 \end{bmatrix},$$

用递推法，很容易得出 $\boldsymbol{Q}_m$ 有以下重要性质：

$$\boldsymbol{Q}_m^k = \begin{bmatrix} a_{k+2} & a_{k+1} \\ a_{k+1} & a_k \end{bmatrix}。 \tag{3-117}$$

上式两边取行列式得

$$|\boldsymbol{Q}_m^k| = |\boldsymbol{Q}_m|^k = (-1)^k = a_{k+2}a_k - a_{k+1}^2, \tag{3-118}$$

从而 $a_{k+2}a_k - a_{k+1}^2 = \pm 1$，

令

$$\begin{bmatrix} a & b \\ c & d \end{bmatrix} = \begin{bmatrix} a_{k+2} & a_{k+1} \\ a_{k+1} & a_k \end{bmatrix},$$

即完成了广义猫映射的构造。

广义 Fibonacci 序列的一个突出性质是它的任意两个相邻的元素互素，故 a，c 可任取广义 Fibonacci 序列中的两个相邻元素。在程序实现时，可以让用户输入数据作为密钥。

2. 使用 Dirichlet 序列构造广义猫映射

定义 3—13 若 a,b 互素,序列 $\{a_k\}$ 满足 $a_k=(k-1)a+b$,其中 k 为非零整数,称这个序列为 Dirichlet 序列[130]。实际上它是一个特殊的等差序列。

定理 3—25 任意给出两个互素的整数 a,c 都可以构造出一个整数矩阵 $\begin{bmatrix} a & b \\ c & d \end{bmatrix}$,使得 $ad-bc=\pm1$。

证明 分三种情况证明。

(1)当 $a=c=1$ 时,b,d 取两个连续的整数即可。

(2)当 a,c 仅有一个为 1 时,不妨设 $a=1$。任取一个整数作为 b,取 d 为 $bc\pm1$。

(3)当 a,c 均不为 1 时,为简化讨论,不妨设 $a>c>1$。下面使用欧几里得算法求乘法逆元的计算方法,对 a,c 组成的列向量进行初等行变换:

$$\begin{bmatrix} 0 & 1 \\ 1 & -\left[\dfrac{a}{c}\right] \end{bmatrix}\begin{bmatrix} a \\ c \end{bmatrix}=\begin{bmatrix} c \\ a\,(\mathrm{mod}\,c) \end{bmatrix}=\begin{bmatrix} c \\ a' \end{bmatrix}。\tag{3-119}$$

显然 $c>a'>1$ 成为类似 $a>c>1$ 的情形,继续重复(3-119)式的过程,最后这两个数将成为 1 和 0。根据欧几里得算法可以知道,所需的矩阵个数不多于 $2\log_2 C$ [130],记这一序列的矩阵为 $\boldsymbol{A}_i$,很显然 $|\boldsymbol{A}_i|=-1$。定义 $\boldsymbol{A}=\prod_i \boldsymbol{A}_i$,显然 $|\boldsymbol{A}|=-1$,上述变换过程可表示为

$$\boldsymbol{A}\begin{bmatrix} a \\ c \end{bmatrix}=\begin{bmatrix} 1 \\ 0 \end{bmatrix}。\tag{3-120}$$

现在任取一个整数 z 和 z',其中 $z'=\pm1$,构造向量 $\begin{bmatrix} z \\ z' \end{bmatrix}$。现在对矩阵 $\begin{bmatrix} 1 & z \\ 0 & z' \end{bmatrix}$ 按式(3-120)所示的变换进行逆变换,最终得到的矩阵为

$$\boldsymbol{A}^{-1}\begin{bmatrix} 1 & z \\ 0 & z' \end{bmatrix}=\begin{bmatrix} a \\ c \end{bmatrix}\boldsymbol{A}^{-1}\begin{bmatrix} z \\ z' \end{bmatrix}=\begin{bmatrix} a & b \\ c & d \end{bmatrix}。\tag{3-121}$$

显然

$$\begin{vmatrix} a & b \\ c & d \end{vmatrix}=\left|\boldsymbol{A}^{-1}\begin{bmatrix} 1 & z \\ 0 & z' \end{bmatrix}\right|=|\boldsymbol{A}^{-1}|\left|\begin{bmatrix} 1 & z \\ 0 & z' \end{bmatrix}\right|=\pm1。\tag{3-122}$$

至此完成了中 a,b,c,d 的构造。证毕。

定理 3—26 任意给出 Dirichlet 序列中连续的两个整数 a_k,a_{k+1},其中 $k>1$,都可以构造出一个整数矩阵 $\begin{bmatrix} a & b \\ c & d \end{bmatrix}$ 使得 $ad-bc=\pm1$。

证明 当 a,b 同时为 1 时,Dirichlet 序列退化为自然数序列,很容易构造出一个满足条件的矩阵 $\begin{bmatrix} k+2 & k+1 \\ k+1 & k \end{bmatrix}$,其中 k 为任意正整数。

当 a,b 不同时为 1 时，对 Dirichlet 序列中的两个整数 a_k,a_{k+1}，使用欧几里得乘法求乘法逆元的计算方法，对 a_k,a_{k+1} 组成的列向量进行以下变换：

$$\begin{bmatrix}0 & 1\\ 1 & -(k-1)\end{bmatrix}\begin{bmatrix}0 & 1\\ 1 & -1\end{bmatrix}\begin{bmatrix}a_{k+1}\\ a_k\end{bmatrix}=\begin{bmatrix}0 & -1\\ -(k-1) & k\end{bmatrix}\begin{bmatrix}ka+b\\ (k-1)a+b\end{bmatrix}=\begin{bmatrix}a\\ b\end{bmatrix},\tag{3-123}$$

由定理 3－25 知对 $\begin{bmatrix}a\\ b\end{bmatrix}$ 可完成广义猫映射的构造。

事实上，从(3-123)中可以得

$$\begin{bmatrix}a_{k+1}\\ a_k\end{bmatrix}=\boldsymbol{Q}_1\boldsymbol{D}_{k-1}\begin{bmatrix}a\\ b\end{bmatrix},\tag{3-124}$$

其中，$\boldsymbol{Q}_1=\begin{bmatrix}1 & 1\\ 1 & 0\end{bmatrix}$（即 $m=1$ 时的 $\boldsymbol{Q}_m$），$\boldsymbol{D}_{k-1}=\begin{bmatrix}k-1 & 1\\ 1 & 0\end{bmatrix}$。

在实际构造时，a,b 可以取经典 Fibonacci 序列中的两个整数 a_n,a_{n+1}，由此可以构造出一个矩阵

$$\boldsymbol{Q}_1^n=\begin{bmatrix}a_{n+2} & a_{n+1}\\ a_{n+1} & a_n\end{bmatrix}=\begin{bmatrix}a+b & a\\ a & b\end{bmatrix}。\tag{3-125}$$

那么由 Dirichle 序列中连续的两个整数 a_k,a_{k+1} 构造的满足条件的矩阵可以表示为：

$$\begin{aligned}\boldsymbol{Q}_1\boldsymbol{D}_{k-1}\boldsymbol{Q}_1^n&=\begin{bmatrix}1 & 1\\ 1 & 0\end{bmatrix}\begin{bmatrix}k-1 & 1\\ 1 & 0\end{bmatrix}\begin{bmatrix}a+b & a\\ a & b\end{bmatrix}\\ &=\begin{bmatrix}k(a+b)+a & a_{k+1}\\ (k-1)(a+b)+a & a_k\end{bmatrix}\end{aligned}\tag{3-126}$$

例如，当 $a=5,b=3$ 时，$k=3,5,10$ 所对应的矩阵分别为

$$\begin{bmatrix}29 & 18\\ 21 & 13\end{bmatrix},\begin{bmatrix}45 & 38\\ 37 & 23\end{bmatrix}\text{和}\begin{bmatrix}85 & 53\\ 77 & 48\end{bmatrix}。$$

或者 k,n 分别取大于 2 的正整数，计算 $\boldsymbol{Q}_1\boldsymbol{D}_{k-1}\boldsymbol{Q}_1^n$ 得到对应的矩阵。例如 $k=3,n=6$ 对应的矩阵为 $\begin{bmatrix}47 & 29\\ 34 & 21\end{bmatrix}$，$k=4,n=5$ 对应的矩阵为 $\begin{bmatrix}37 & 23\\ 29 & 18\end{bmatrix}$。

狄利克雷序列同广义 Fibonacci 序列一样，有一个突出性质是它的任意两个相邻的元素互素，故 a,c 可任取狄利克雷序列中的两个相邻元素。

3.5.2　广义猫映射的分解

定理 3－27　任何一个广义猫映射 $\begin{bmatrix}a & b\\ c & d\end{bmatrix}$ 都可以分解为

$$\begin{bmatrix}n_1 & 1\\ 1 & 0\end{bmatrix}\begin{bmatrix}n_2 & 1\\ 1 & 0\end{bmatrix}\cdots\begin{bmatrix}n_k & 1\\ 1 & 0\end{bmatrix}\begin{bmatrix}1 & z\\ 0 & \pm 1\end{bmatrix}\tag{3-127}$$

矩阵相乘，其中 $z, n_1, n_2, \cdots, n_k$ 为整数。

证明 根据定理 3－25 可以构造出类似 $\begin{bmatrix} 0 & 1 \\ 1 & -n \end{bmatrix}$ 的矩阵，使得

$$\begin{bmatrix} 0 & 1 \\ 1 & -n_k \end{bmatrix} \begin{bmatrix} 0 & 1 \\ 1 & -n_{k-1} \end{bmatrix} \cdots \begin{bmatrix} 0 & 1 \\ 1 & -n_1 \end{bmatrix} \begin{bmatrix} a \\ c \end{bmatrix} = \begin{bmatrix} 1 \\ 0 \end{bmatrix}, \tag{3-128}$$

因此有

$$\begin{bmatrix} 0 & 1 \\ 1 & -n_k \end{bmatrix} \begin{bmatrix} 0 & 1 \\ 1 & -n_{k-1} \end{bmatrix} \cdots \begin{bmatrix} 0 & 1 \\ 1 & -n_1 \end{bmatrix} \begin{bmatrix} a & b \\ c & d \end{bmatrix} = \begin{bmatrix} 1 & z \\ 0 & z' \end{bmatrix}, \tag{3-129}$$

(3-129)式左边的矩阵的行列式的乘积为 ± 1，所以 $z' = \pm 1$。从而定理得证。

Massey 在其设计的 SAFER 类型分组密码中使用了一种“伪随机 Hadamard 变换(pseduo-Hadamard transform)”，简称 PHT，其中 3-PHT 变换[62]定义为 $\boldsymbol{H}_2 = \begin{bmatrix} 2 & 1 \\ 1 & 1 \end{bmatrix}$。使用定理 3－25 可以得到

$$\begin{bmatrix} 0 & 1 \\ 1 & -2 \end{bmatrix} \begin{bmatrix} 2 & 1 \\ 1 & 1 \end{bmatrix} = \begin{bmatrix} 1 & 1 \\ 0 & -1 \end{bmatrix},$$

也就是说构造 3-PHT 的方法是

$$\begin{bmatrix} 2 & 1 \\ 1 & 1 \end{bmatrix} = \begin{bmatrix} 2 & 1 \\ 1 & 0 \end{bmatrix} \begin{bmatrix} 1 & 1 \\ 0 & -1 \end{bmatrix} = \boldsymbol{A} \times \boldsymbol{B} 。$$

同样经典的

$$\begin{bmatrix} 1 & 1 \\ 1 & 2 \end{bmatrix} = \begin{bmatrix} 0 & 1 \\ 1 & 2 \end{bmatrix} \begin{bmatrix} -1 & 0 \\ 1 & 1 \end{bmatrix}$$

也可以得到了。

3.5.3 广义猫映射的仿真实验与分析

下面对 512×512 的 Lena 图像进行仿真实验。不失一般性，只对其局部进行了实验。首先给出三个基于猫映射的图像变换实例。当图像大小分别为 124×124、144×144、89×89 时，猫映射的变换周期分别为 15、12、22，对应的猫映射图像状态如图 3-5 所示。

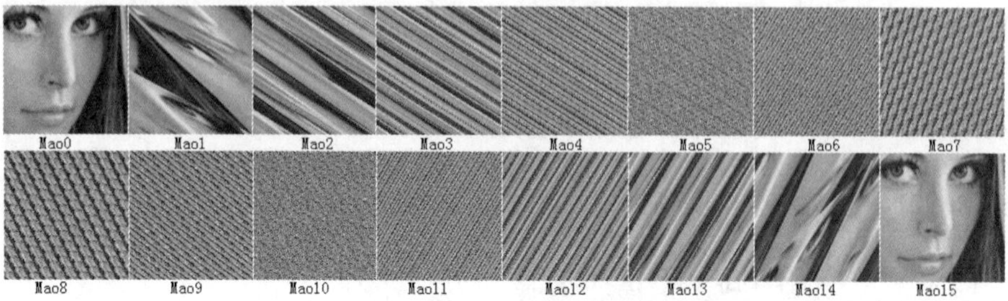

(a)大小为 124×124 的局部图像

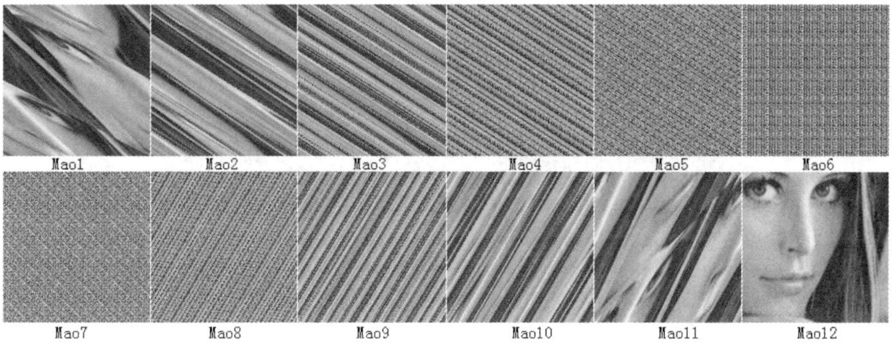

(b)大小为 144×144 的局部图像

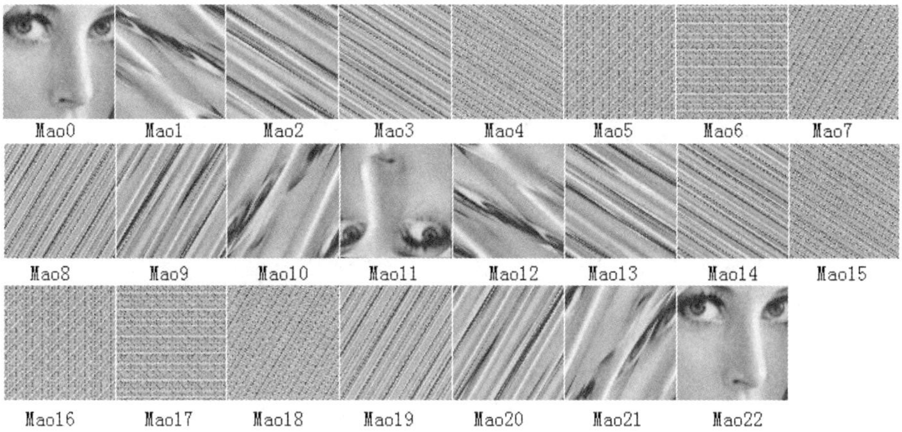

(c)大小为 89×89 的局部图像

图 3-5　猫映射的图像状态变换

下面给出三个基于由 Dirichlet 数列构造的广义猫映射的图像变换实例。当图像尺寸分别为 95×95、144×144、121×121 时，它们的广义猫映射变换的图像状态如图 3-6 所示。

图像置乱的功能是扰乱图像的像素位置，将原始图像变换成一个杂乱无章的新图像，如果不知道所使用的置乱变换，就很难恢复出原始图像。通常图像置乱是图像信息隐藏、图像信息分存和数字水印等任务的基础性的工作，置乱方法的优劣将直接影响其他任务的效果。而基于猫映射的图像置乱效果较差。从图 3-5 中可以直观地看出，当变换次数为 1～3 时置乱的效果较差。因为图像变换在有限域中是有周期性的，所以对不同的图像大小来说，猫映射的周期是不同的，有时它的周期很小，在工程中是没法使用的。相对于以上不足，基于广义猫映射的图像置乱变换的置乱效果很好。从图 3-6 中可以直观地看出，即使只有一次变换，图像的置乱的效果在统计上和视觉上都具有服从均匀分布的白噪声的特性。

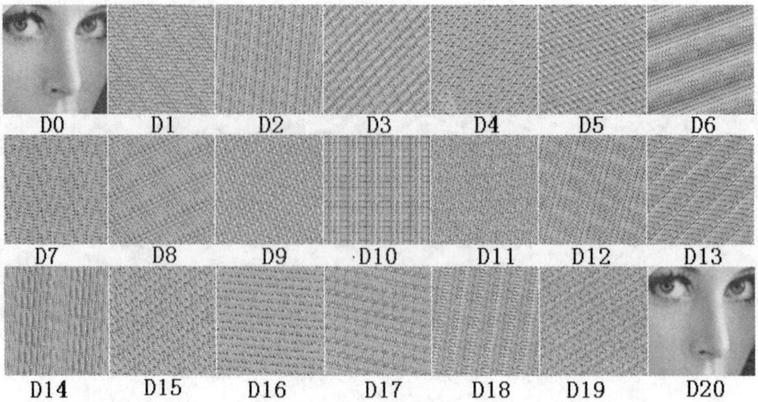

(a)95×95 的局部图像,k,n=3,6,周期为 20

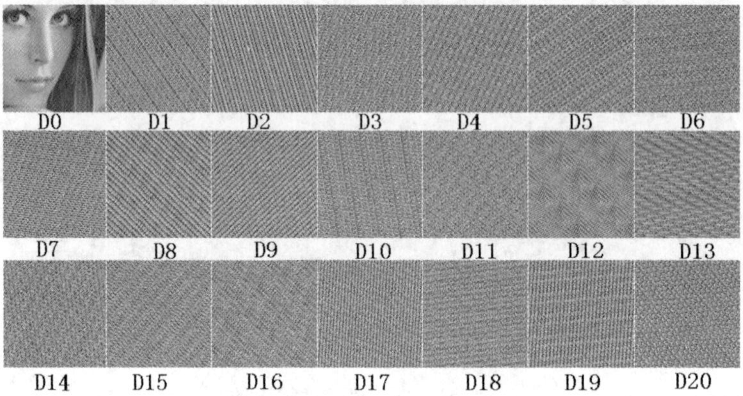

(b)144×144 的局部图像,k,n=3,6,周期为 72

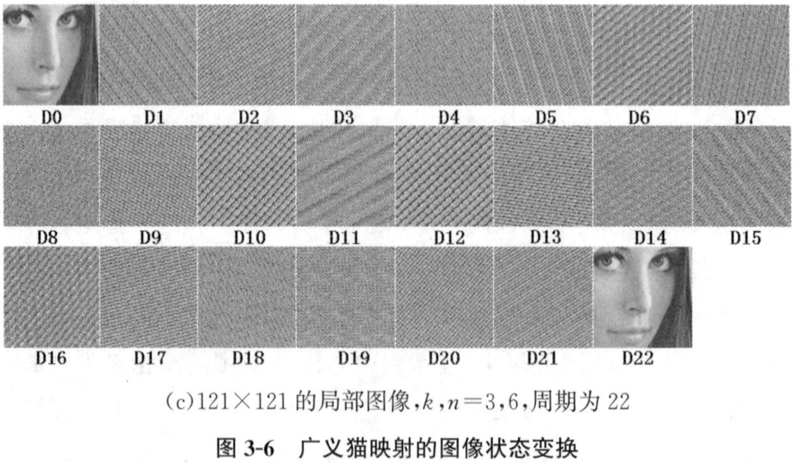

(c)121×121 的局部图像,k,n=3,6,周期为 22

图 3-6　广义猫映射的图像状态变换

(1)广义猫映射的周期可以选择较大的。例如当图像大小为 144×144 时,猫映射的变换周期为 12,而使用 k,n =3,6 的广义猫映射时,它的变换周期为 72,它的周期是猫映射的变换周期的 6 倍。当局部图像的大小为其他值时,结论是一致的,猫映射和广义猫映射对应的周期如表 3-2 所示。广义猫映射可以通过计算 $\boldsymbol{Q}_1\boldsymbol{D}_{k-1}\boldsymbol{Q}_1^n$ 得到,由于 k,n 的取值范围大,所以算法具有很好的适应性,也就是说对任意大小的图像总可以选出一个周期比较大的广义猫映射，从而解决了猫映射图像置乱效果差的问题。而两者的计算复杂性是一样的。

表 3-2 猫映射和广义猫映射的周期比较

图像大小	猫映射	广义猫映射	倍数
55×55	10	110	11
144×144	12	72	6
165×165	20	330	16.5
231×231	40	462	11.55
252×252	24	252	10.5
275×275	50	550	11
329×329	16	322	20.125
385×385	40	770	19.25
396×396	60	396	6.6
422×422	21	210	10
440×440	30	220	7.333 3
451×452	20	154	7.7
461×462	23	231	10.043
495×495	60	990	16.5
504×504	24	252	10.5

(2)在图像加密时，可以让用户输入 k，n 及叠代次数作为密钥，由于输入的参数可选多，密钥空间大，真正可以做到一次一密，彻底解决文献[68]中广义猫映射的形式只有四种选择困境，增加了图像加密系统的安全。

3.6 二维广义猫映射的周期性

3.6.1 有关数学理论基础

1. 矩阵的阶的结构分析

定义 3−14[130] 实数 $\mathbf{R}$ 上的 n 维矩阵构成的集合记为 $M_n(\mathbf{R})$，$M_n(\mathbf{R})$ 上的可逆元的全体记为 $\mathbf{GL}(n,\mathbf{R})$ 或 $\mathbf{GL}_n(\mathbf{R})$。

定义 3−15[62] 域 F 上的元素 a 的阶定义为 $\min\{n:a^n=1,n\in\mathbf{Z}^+\}$，记为 $\mathrm{ord}_F(\mathbf{A})$，$F=\mathbf{GF}(q)$（$q$ 为素数 p 的乘幂)时，简记为 $\mathrm{ord}_q(\mathbf{A})$。

定理 3−28[62,130] 实数环 R 上的 $\mathbf{GL}_n(R)$ 对矩阵乘法构成一般线性群。

定理 3−29[62] 如果 R 是一个交换环，那么矩阵 $\mathbf{A}\in M_n(R)$ 是可逆的当且仅当它的行列式在 R 中是可逆的。

下面给出 $\boldsymbol{A}\mathrm{mod}(N) \in \mathbf{GL}_n(Z_N)$ 上的矩阵的阶的结构分析。

定理 3－30 [62] 设 N 为正整数，且 $N = uv$，u 和 v 互素，对任意 $\mathbf{Z}$ 上的矩阵 $\boldsymbol{A}$ 满足 $\boldsymbol{A}\mathrm{mod}(N) \in \mathbf{GL}_n(Z_N)$，有

$$\mathrm{ord}_N(\boldsymbol{A}\mathrm{mod}(N)) = \mathrm{lcm}(\mathrm{ord}_u(\boldsymbol{A}\mathrm{mod}(u)), \mathrm{ord}_v(\boldsymbol{A}\mathrm{mod}(v)))\text{。} \tag{3-130}$$

证明 因为 $\boldsymbol{A}\mathrm{mod}(N) \in \mathbf{GL}_n(Z_N)$，由定理 3－15 得到 $|\boldsymbol{A}|\mathrm{mod}(N)$ 与 N 互素，所以 $|\boldsymbol{A}|\mathrm{mod}(u) = |\boldsymbol{A}|\mathrm{mod}(N)(\mathrm{mod}u)$ 与 u 互素，由定理 3－15 得到 $\boldsymbol{A}\mathrm{mod}(u)$ 是 $M_n(Z_u)$ 的可逆元。同理 $\boldsymbol{A}\mathrm{mod}(v)$ 是 $M_n(Z_v)$ 的可逆元。因此 $\boldsymbol{A}\mathrm{mod}(u)$ 和 $\boldsymbol{A}\mathrm{mod}(v)$ 分别在 $M_n(Z_u)$ 和 $M_n(Z_v)$ 上存在阶。

记 $u' = \mathrm{ord}_u(\boldsymbol{A}\mathrm{mod}(u))$，$v' = ord_v(\boldsymbol{A}\mathrm{mod}(v))$，因为

$$\boldsymbol{A}^{u'} \equiv \boldsymbol{E}(\mathrm{mod}u), \tag{3-131}$$

其中，u' 是满足等式(3-131)的最小正整数，所以存在 $\boldsymbol{B} \in M_n(Z_u)$，$\boldsymbol{B} \equiv 0(\mathrm{mod}u)$，以及整数 $K > 0$，使得 $\boldsymbol{A}^{u'} = \boldsymbol{E} + u^k\boldsymbol{B}(\mathrm{mod}u)$。设 $m = \mathrm{lcm}(u', v')$，$s = \dfrac{m}{u'}$。考察以下二项展开式：

$$\boldsymbol{A}^m = (\boldsymbol{E} + u^k\boldsymbol{B})^s = \boldsymbol{E} + C_s^1 u^k\boldsymbol{B} + \cdots + C_s^{s-1}u^{k(s-1)}\boldsymbol{B}^{s-1} + u^{ks}\boldsymbol{B}^s, \tag{3-132}$$

由(3-132)式得到 $\boldsymbol{A}^m \equiv \boldsymbol{E}(\mathrm{mod}u)$，同理可证 $\boldsymbol{A}^m \equiv \boldsymbol{E}(\mathrm{mod}v)$。因为 u 和 v 互素，所以

$$\boldsymbol{A}^m \equiv \boldsymbol{E}(\mathrm{mod}m)\text{。}$$

因此，

$$\mathrm{ord}_N(\boldsymbol{A}\mathrm{mod}(N)) \mid \mathrm{lcm}(\mathrm{ord}_u(\boldsymbol{A}\mathrm{mod}(u)), \mathrm{ord}_v(\boldsymbol{A}\mathrm{mod}(v)))\text{。} \tag{3-133}$$

另一方面，设 $N' = \mathrm{ord}_N(\boldsymbol{A}\mathrm{mod}(N))$，必存在 $C \in M_n(Z_N)$，$C \equiv 0(\mathrm{mod}N)$，以及整数 $h > 0$，使得 $\boldsymbol{A}^{N'} = \boldsymbol{E} + N^hC$，所以 $\boldsymbol{A}^{N'} = \boldsymbol{E}(\mathrm{mod}u)$，因此

$$\mathrm{ord}_u(\boldsymbol{A}\mathrm{mod}(u)) \mid N'\text{。}$$

同理 $\mathrm{ord}_v(\boldsymbol{A}\mathrm{mod}(v)) \mid N'$，

所以

$$\mathrm{lcm}(\mathrm{ord}_u(\boldsymbol{A}\mathrm{mod}(u)), \mathrm{ord}_v(\boldsymbol{A}\mathrm{mod}(v))) \mid N'\text{。} \tag{3-134}$$

综上所述，即可得到

$\mathrm{ord}_N(\boldsymbol{A}\mathrm{mod}(N)) = \mathrm{lcm}(\mathrm{ord}_u(\boldsymbol{A}\mathrm{mod}(u)), \mathrm{ord}_v(\boldsymbol{A}\mathrm{mod}(v)))$。证毕。

由上述定理立即得到以下结论：

定理 3－31 [62] 设 $N \geqslant 2$ 的整数，且 N 的因式分解为 $N = p_1^{r_1} \ldots p_m^{r_m}$，其中 p_i 和 $p_j (i \neq j)$ 是互不相同的素数，$r_i \geqslant 1(1 \leqslant i \leqslant m)$，那么对任意 $\mathbf{Z}$ 上的矩阵 $\boldsymbol{A}$ 满足 $\boldsymbol{A}\mathrm{mod}(N) \in \mathbf{GL}_n(Z_N)$ 有

$$\mathrm{ord}_N(\boldsymbol{A}\mathrm{mod}(N)) = \mathrm{lcm}(\mathrm{ord}_{p_i^{r_i}}(\boldsymbol{A}\mathrm{mod}(p_i^{r_i})), i = 1, \cdots, m)\text{。} \tag{3-135}$$

所以只要确定了模为素数幂的矩阵的阶，即可求出模为合数的阶。

下面给出 $\boldsymbol{A}\mathrm{mod}(N) \in \mathbf{GL}_n(Z_N)$ 上的模 p^r 的周期性定理，将在后面章节给出其证明过程。

定理 3－32　设 p 为素数，$r>1$ 的整数，$N=p^r$，对任意 $\mathbf{Z}$ 上的矩阵 $\boldsymbol{A}$ 满足 $\boldsymbol{A}\mathrm{mod}(N)\in\mathbf{GL}_n(Z_N)$，则

$$\mathrm{ord}_N(\boldsymbol{A}(\mathrm{mod}N))=p^{r-1}\mathrm{ord}_p(\boldsymbol{A}(\mathrm{mod}p))\text{。}\tag{3-136}$$

2. 矩阵幂的模周期

定理 3－33（指数定理）[130]　设 $\boldsymbol{g}$ 是群 $\boldsymbol{G}$ 的一个元素，m,n 为整数，则下面两个等式成立：

(1) $\boldsymbol{g}^{m+n}=\boldsymbol{g}^m\cdot\boldsymbol{g}^n$；(2) $\boldsymbol{g}^{mn}=(\boldsymbol{g}^m)^n$。

定理 3－34（拉格朗日）　$\boldsymbol{G}$ 是一个有限群，$\boldsymbol{H}$ 是 $\boldsymbol{G}$ 的一个子群，则 $\boldsymbol{H}$ 的阶整除 $\boldsymbol{G}$ 的阶。

定理 3－35　设 $\boldsymbol{g}(\mathrm{mod}(N))\in\mathbf{GL}_n(Z_N)$，由 $\boldsymbol{g}$ 生成的循环子群 $<\boldsymbol{g}>=\{\boldsymbol{g}^n:n\in\mathbf{Z}\}$ 是 $\mathbf{GL}_n(Z_N)$ 上的一个交换群。

证明　对于 $<\boldsymbol{g}>$ 中的任意两个元素都可以表示为 $\boldsymbol{g}^i$，$\boldsymbol{g}^j(i,j\in\mathbf{Z})$，由指数定理可以得到 $\boldsymbol{g}^i\cdot\boldsymbol{g}^j=\boldsymbol{g}^{i+j}=\boldsymbol{g}^{j+i}=\boldsymbol{g}^j\cdot\boldsymbol{g}^i$。

定理 3－36　设 $\boldsymbol{g}(\mathrm{mod}(N))\in\mathbf{GL}_n(Z_N)$，由 $\boldsymbol{g}^i(i\in\mathbf{Z})$ 生成的子群 $<\boldsymbol{g}^i>$ 的阶整除 $<g>$ 的阶。

定理 3－37　设 $\boldsymbol{g}(\mathrm{mod}(N))\in\mathbf{GL}_n(Z_N)$，$<\boldsymbol{g}^i>$ 的阶为 m，$<\boldsymbol{g}^j>$ 的阶为 n，且 m,n 是互素的正整数，则 $<\boldsymbol{g}^{ij}>$ 的阶为 mn。

证明　设 $<\boldsymbol{g}^{ij}>$ 的阶为 k，因为

$$\begin{aligned}(\boldsymbol{g}^{ij})^{mn}&=(\boldsymbol{g}^i\cdot\boldsymbol{g}^j)(\boldsymbol{g}^i\cdot\boldsymbol{g}^j)\cdots(\boldsymbol{g}^i\cdot\boldsymbol{g}^j)\\&=\boldsymbol{g}^{imn}\cdot\boldsymbol{g}^{jmn}\\&=(\boldsymbol{g}^{im})^n\cdot(\boldsymbol{g}^{jn})^m\\&=\boldsymbol{E},\end{aligned}\tag{3-137}$$

所以 $k\mid mn$。

又因为

$$\boldsymbol{E}=(\boldsymbol{g}^{ij})^{mk}=(\boldsymbol{g}^i)^{mk}\cdot(\boldsymbol{g}^j)^{mk}=(\boldsymbol{g}^j)^{mk},\tag{3-138}$$

所以 $n\mid mk$，因此 $n\mid k$。同理 $m\mid k$。由此可证得 $mn\mid k$。故 $k=mn$。证毕。

定理 3－38　设 $\boldsymbol{g}(\mathrm{mod}(N))\in\mathbf{GL}_n(Z_N)$，$<\boldsymbol{g}^i>$ 的阶为 n，令 $\boldsymbol{b}=\boldsymbol{g}^k$，且 m,k 都是正整数。

(1)元素 b 的阶为 m/d，其中 $d=\mathrm{gcd}(m,k)$。

(2)元素 b 为 $<\boldsymbol{g}>$ 的一个生成元的充要条件是 $\mathrm{gcd}(m,k)=1$。

证明　(1)因为 $d=\mathrm{gcd}(m,k)$，可设 $m=d\cdot m_1$，$k=d\cdot k_1$，从而有

$$\boldsymbol{E}=\boldsymbol{g}^{mk_1}=\boldsymbol{g}^{km_1}=\boldsymbol{b}^{m_1}\mathrm{mod}(N)\text{。}\tag{3-139}$$

若 $\boldsymbol{b}$ 的阶为 m_1，则 $\boldsymbol{b}$ 的阶 n 必定小于 m_1，且有 $m_1=l\cdot n$，$l>1$。就有

$$\boldsymbol{b}^n=\boldsymbol{g}^{kn}=\boldsymbol{E}\text{，}\boldsymbol{E}=\boldsymbol{g}^{kn}=\boldsymbol{g}^{d\cdot k_1\cdot\frac{m_1}{l}}=\boldsymbol{g}^{m\cdot\frac{k_1}{l}}\text{，}\tag{3-140}$$

这样可以导出 k_1 有因子 l。m_1 也有因子 l，从而导致与 $d=\mathrm{gcd}(m,k)$ 矛盾。因此 b 的

阶为 m_1，即 $\mathrm{ord}_N(g^k \mathrm{mod}(N)) = \dfrac{m}{d}$ 。

(2)元素 $\boldsymbol{b}$ 为 $< g >$ 的生成元，则 b 的阶为 m ，由(1)可知，$\boldsymbol{b}$ 的阶为 m/d ，故只有 $d = 1$ ，即 $\gcd(m,k) = 1$。

反之，若 $\gcd(m,k) = 1$，则存在整数 s,t ，使得 $sk + tn = 1$，故对 $< g >$ 中的任一个元素 g^p ，均有

$$\boldsymbol{g}^p = \boldsymbol{g}^{p(sk+tn)} = \boldsymbol{g}^{p(sk+tn)} = \boldsymbol{g}^{psk} \cdot \boldsymbol{g}^{ptn} = \boldsymbol{b}^{ps} , \tag{3-140}$$

因此，$\boldsymbol{b}$ 为 $< \boldsymbol{g} >$ 的一个生成元。

3.6.2 猫映射的周期性

令 **Fibonacci_Q** 的矩阵 $\boldsymbol{Q} = \begin{bmatrix} 1 & 1 \\ 1 & 0 \end{bmatrix}$ ，则

$$\boldsymbol{Q}^2 = \begin{bmatrix} 2 & 1 \\ 1 & 1 \end{bmatrix} , \boldsymbol{Q}^3 = \begin{bmatrix} 3 & 2 \\ 2 & 1 \end{bmatrix} , \boldsymbol{Q}^6 = \begin{bmatrix} 13 & 8 \\ 8 & 5 \end{bmatrix} , \boldsymbol{Q}^{11} = \begin{bmatrix} 144 & 89 \\ 89 & 55 \end{bmatrix} ,$$

它们在不同阶数 N 下的模周期如表 3-3 所示。令广义 **Fibonacci_Q** 的矩阵

$$\boldsymbol{Q}_2 = \begin{bmatrix} 2 & 1 \\ 1 & 0 \end{bmatrix} , \boldsymbol{Q}_3 = \begin{bmatrix} 3 & 1 \\ 1 & 0 \end{bmatrix} ,$$

它们在不同 N 下的模周期如表 3-3 所示。

从表 3-3 中可以看到，对于子群 $< \boldsymbol{Q}^i >$ 的阶都整除 $< \boldsymbol{Q} >$ 的阶，从而定理 36 得到验证。由定理 3－38 知道：当 $11 \mid \pi_N(\boldsymbol{Q})$ 时，

$$\pi_N(\boldsymbol{Q}^{11}) = \frac{\pi_N(\boldsymbol{Q})}{\gcd(\pi_N(\boldsymbol{Q}), 11)} = \pi_N(\boldsymbol{Q}) ,$$

也就是说 $< \boldsymbol{Q}^{11} >$ 为 $< \boldsymbol{Q} >$ 的一个生成元，$< \boldsymbol{Q}^{11} >$ 的阶与 $< \boldsymbol{Q} >$ 相同，从表 3-3 中可以得到验证。这为我们选取好的变换矩阵提供了理论依据。

表 3-3　Q 的不同幂次方变换在不同 N 下的模周期

变换 / N	$\begin{matrix}1&1\\1&0\end{matrix}$	$\begin{matrix}2&1\\1&1\end{matrix}$	$\begin{matrix}3&2\\2&1\end{matrix}$	$\begin{matrix}13&8\\8&5\end{matrix}$	$\begin{matrix}144&89\\89&55\end{matrix}$	$\begin{matrix}2&1\\1&0\end{matrix}$	$\begin{matrix}3&1\\1&0\end{matrix}$	$\begin{matrix}21&13\\13&8\end{matrix}$	$\begin{matrix}85&53\\77&48\end{matrix}$
2	3	3	1	1	3	2	3	3	3
3	8	4	8	4	8	8	2	8	8
4	6	3	2	1	6	4	6	6	6
5	20	10	20	10	20	12	12	20	12
6	24	12	8	4	24	8	6	24	24
7	16	8	16	8	16	6	16	16	2
8	12	6	4	2	12	8	12	12	12
9	24	12	8	4	24	24	6	24	24

续表

变换 / N	$\begin{matrix}1 & 1\\ 1 & 0\end{matrix}$	$\begin{matrix}2 & 1\\ 1 & 1\end{matrix}$	$\begin{matrix}3 & 2\\ 2 & 1\end{matrix}$	$\begin{matrix}13 & 8\\ 8 & 5\end{matrix}$	$\begin{matrix}144 & 89\\ 89 & 55\end{matrix}$	$\begin{matrix}2 & 1\\ 1 & 0\end{matrix}$	$\begin{matrix}3 & 1\\ 1 & 0\end{matrix}$	$\begin{matrix}21 & 13\\ 13 & 8\end{matrix}$	$\begin{matrix}85 & 53\\ 77 & 48\end{matrix}$
10	60	30	20	10	60	12	12	60	12
11	10	5	10	5	10	24	8	10	10
12	24	12	8	4	24	8	6	24	24
25	100	50	100	50	100	60	60	100	60
50	300	150	100	50	300	60	60	300	60
60	120	60	40	20	120	24	12	120	24
100	300	150	100	50	300	60	60	300	60
123	40	20	40	20	40	40	28	40	168
124	30	15	10	5	30	60	192	30	192
125	500	250	500	250	500	300	300	500	300
128	192	96	64	32	192	128	192	192	192
255	360	180	120	60	360	48	48	360	48
256	384	192	128	64	384	256	384	384	384
479	478	239	478	239	478	478	960	478	960
480	240	120	80	40	240	96	48	240	48
481	532	266	532	266	532	532	988	76	468
511	592	296	592	296	592	72	592	592	36
512	768	384	256	128	768	512	768	768	768

关于表 3-3 中相对应的最佳周期 $OEAM_N$ 如表 3-4 所示。从两个表的比较可以看出有的模周期是最佳周期的 2 倍，有的是 4 倍，这与前面的结论是一致的。对于广义猫映射来说，在选择迭代次数时，可以用公式得到最佳次数为 $[\frac{OEAM_N}{2}]-1$。

表 3-4　Q 的不同幂次方变换在不同 N 下的最佳周期

变换 / N	Q	Q^2	Q^3	Q^6	Q^{11}	$Q2$	$Q3$	$\begin{matrix}21 & 13\\ 13 & 8\end{matrix}$	$\begin{matrix}85 & 53\\ 77 & 48\end{matrix}$
	$\begin{matrix}1 & 1\\ 1 & 0\end{matrix}$	$\begin{matrix}2 & 1\\ 1 & 1\end{matrix}$	$\begin{matrix}3 & 2\\ 2 & 1\end{matrix}$	$\begin{matrix}13 & 8\\ 8 & 5\end{matrix}$	$\begin{matrix}144 & 89\\ 89 & 55\end{matrix}$	$\begin{matrix}2 & 1\\ 1 & 0\end{matrix}$	$\begin{matrix}3 & 1\\ 1 & 0\end{matrix}$	$\begin{matrix}21 & 13\\ 13 & 8\end{matrix}$	$\begin{matrix}85 & 53\\ 77 & 48\end{matrix}$
2	3	3	1	1	3	2	3	3	3
3	4	2	4	2	4	4	2	4	4
4	6	3	2	1	6	4	6	6	6
5	5	5	5	5	5	3	3	5	3
6	12	6	4	2	12	4	6	12	12

续表

7	8	4	8	4	8	6	8	8	2
8	6	3	2	1	6	8	6	6	6
9	12	6	4	2	12	12	6	12	12
10	15	15	5	5	15	6	3	15	3
11	10	5	10	5	10	12	4	10	10
12	12	6	4	2	12	4	6	12	12
25	25	25	25	25	25	15	15	25	15
50	75	75	25	25	75	30	15	75	15
60	60	30	20	10	60	12	6	60	12
100	150	75	50	25	150	60	30	150	30
123	20	10	20	10	20	20	14	20	84
124	30	15	10	5	30	60	96	30	96
125	125	125	125	125	125	75	75	125	75
128	96	48	32	16	96	128	96	96	96
255	180	90	60	30	180	24	24	180	24
256	192	96	64	32	192	256	192	192	192
479	478	239	478	239	478	478	480	478	480
480	120	60	40	20	120	96	24	120	24
481	133	133	133	133	133	133	247	19	234
511	296	148	296	148	296	36	296	296	18
512	384	192	128	64	384	512	384	384	384

3.7 小结

本章主要研究了二维 Arnold 映射及其在图像置乱中应用，主要包括二维 Arnold 矩阵的构造方法、周期性和在图像置乱中的应用三个方面。

具有混沌特性的 Arnold 变换与 Fibonacci 数列有关，在 3.2 节中证明了 Fibonacci 数列的模周期的整除性定理、模数列 $\{a_n(p^r)\}$ 的最小正周期定理和周期估值定理。3.3 节证明了二维 Arnold 映射的周期性与 Fibonacci 模数列的周期性的内在联系，得到了猫映射的最小模周期的上界为 $3N$ 。3.4 节提出了变换最佳周期的定义，给出了 Arnold 变换时的变换最佳次数。3.5 节提出了基于 Euclid 算法的两种有效的方法用于构造广义猫映射：一种是基于广义 Fibonacci 序列；另一种是基于 Dirichlet 序列。特点是：可以选择周期较大的二维广义 Arnold 矩阵，用户自行输入加密密钥，做到了一次一密，从而大大增加了图像加密系统的安全性。3.6 节介绍了与矩阵周期相关数学理论基础，为研究矩阵的周期性做理论上的准备。

第 4 章　三维 Arnold 映射与应用

图像置乱技术是信息安全中针对图像信息隐藏问题的工作基础。因为 Arnold 变换(猫映射)的混沌特性,将它引入图像的置乱和数字水印处理都有良好的效果。由于 Arnold 变换的周期性,近二十年来世界范围内大批专家学者从不同的数学角度寻找计算其周期的算法[59-60,134]。文献[59]给出了 2 维 Arnold 变换的最小模周期的上界为 $N^2/2$,文献[134]得到了 Fibonacci 数列 mod$N$ 的最小模周期的上界为 $6N$ 。但是到目前为止,很少有关于 3 维或更高维的 Arnold 的模周期性问题的论述。

2 维 Arnold 变换与 Fibonacci(费波那契)数列有关,而 Fibonacci 数列是数论中很重要的数列,因为它所具有的许多奇妙性质和许多重要的应用[134-148],它一直受到人们的青睐。在 3.3 节中,通过研究 Fibonacci 数列的模数列的周期性,得出了 **Fibonacci_Q** 变换具有周期性,且它的周期等于 Fibonacci 数列的模数列的周期,进而发现了二维 Arnold 变换的周期性与 Fibonacci 模数列的周期性的内在联系,开辟了通过求模数列的周期来确定矩阵变换的周期的新方法。基于这种思路,本章提出了一种全新的类 Fibonacci 数列概念——孪生 Fibonacci 数列对,并通过研究孪生 Fibonacci 数列对的模数列的周期性来研究 3 维 Arnold 变换的周期性。

本章首次提出了孪生 Fibonacci 数列对的定义,对应于 Fibonacci 数列的性质和定理,也证明了关于孪生 Fibonacci 数列对的几条定理和性质,并给出了孪生 Fibonacci 数列对的模数列的周期性定理;其次研究了孪生 Fibonacci 数列对模数列周期的一些整除性质,并给出了类似文献[134]的关于孪生 Fibonacci 数列对模数列的周期估值定理,进而给出了类似文献[59]的 3 维 Arnold 变换的最小模周期的上界,从而为图像处理提供不可缺少的数学理论依据。

4.1　孪生 Fibonacci 数列对

本节将给出孪生 Fibonacci 数列对的定义及其线性表达式。

4.1.1　孪生 Fibonacci 数列对的定义

文献[53]定义 **Fibonacci_Q** 矩阵为 $\boldsymbol{Q}=\begin{bmatrix}1 & 1\\ 1 & 0\end{bmatrix}$,用递推法易得 $\boldsymbol{Q}^n=\begin{bmatrix}F_{n+2} & F_{n+1}\\ F_{n+1} & F_n\end{bmatrix}$ 且

$\det Q^n = |Q^n| = F_{n+2} \cdot F_n - F_{n+1}^2 = (-1)^n$，其中 $\{F_n\}$ 为 Fibonacci 数列。在 3.3 节中我们通过研究 Fibonacci 数列的模数列的周期性，也得出了 **Fibonacci_Q** 变换具有周期性，且它的周期等于 Fibonacci 数列的模数列的周期，这深刻揭示了 **Fibonacci_Q** 变换的周期性与 Fibonacci 模数列的周期性的内在联系。

将二维的 **Fibonacci_Q** 矩阵推广到三维，定义

$$\boldsymbol{Q} = \begin{bmatrix} 1 & 1 & 1 \\ 1 & 1 & 0 \\ 1 & 0 & 0 \end{bmatrix}, \tag{4-1}$$

自然可以得到：

$$\boldsymbol{Q}^{n+1} = \begin{bmatrix} 1 & 1 & 1 \\ 1 & 1 & 0 \\ 1 & 0 & 0 \end{bmatrix} \begin{bmatrix} A_n & B_n & A_{n-1} \\ B_n & C_n & B_{n-1} \\ A_{n-1} & B_{n-1} & A_{n-2} \end{bmatrix}, \tag{4-2}$$

其中，

$$\begin{cases} A_0 = 1, A_1 = 1, A_{n+1} = A_n + A_{n-1} + B_n \\ B_0 = 0, B_1 = 1, B_{n+1} = A_n + B_n \\ C_1 = 1, C_{n+1} = B_n + C_n \end{cases}, n \in \mathbf{Z}^+。 \tag{4-3}$$

显然 $|\boldsymbol{Q}^n| = (-1)^n$，故这样构造的矩阵可以作为三维广义 Arnold 映射的变换矩阵。根据 2.3 节的矩阵变换有周期性的充要条件定理可以推出 $\boldsymbol{Q}$ 变换具有周期性。

下面先定义一个新数列。

Fibonacci 数列 $\{F_n\}$ 有如下递归定义，$F_0 = 0, F_1 = 1$，且对 $n \geqslant 1$ 时，$F_{n+1} = F_n + F_{n-1}$。因为 A_n, B_n 类似 Fibonacci 数列，所以将这两个数列一起定义为孪生 Fibonacci 数列对。

定义 4—1 孪生 Fibonacci 数列对 $\{FF_n\}$ 有如下递归定义：

$$\begin{cases} FA_0 = 1, FA_1 = 1, FA_{n+1} = FA_n + FA_{n-1} + FB_n \\ FB_0 = 0, FB_1 = 1, FB_{n+1} = FA_n + FB_n \end{cases}, \tag{4-4}$$

其中，$n \geqslant 1$ 的整数。

为方便起见，有时也可以分别记这两个数列为 $\{FA_n\}$，$\{FB_n\}$。表 4-1 给出了前 20 个孪生 Fibonacci 数列对的值。

表 4-1 前 20 对孪生 Fibonacci 数列的值

n	1	2	3	4	5
FA_n	1	3	6	14	31
FB_n	1	2	5	11	25
n	6	7	8	9	10
FA_n	70	157	353	793	1 782

续表

FB_n	56	126	283	636	1 429
n	11	12	13	14	15
FA_n	4 004	8 997	20 216	45 425	102 069
FB_n	3 211	7 215	16 212	36 428	81 853
n	16	17	18	19	20
FA_n	229 347	515 338	1 157 954	2 601 899	5 846 414
FB_n	183 922	413 269	928 607	2 086 561	4 688 460

4.1.2 孪生 Fibonacci 数列对的线性表达式

为了直接计算孪生 Fibonacci 数列对第 n 项的值，最好用矩阵的特征根对 $\{FA_n\}$，$\{FB_n\}$ 进行线性表出，需要做如下几个步骤：

1. 求矩阵的特征值

为区别二维的 **Fibonacci_Q**，称三维矩阵 $\boldsymbol{Q}$ 为 FF_Q，其特征多项式为

$$|\lambda E-Q|=\lambda^3-2\lambda^2-\lambda+1=0 \text{，} \tag{4-5}$$

解方程得：

$$\lambda_1=\frac{1}{6}\sqrt[3]{28+\mathrm{i}84\sqrt{3}}+\frac{14}{3\sqrt[3]{28+\mathrm{i}84\sqrt{3}}}+\frac{2}{3}\text{，}$$

$$\lambda_2=-\frac{1}{12}\sqrt[3]{28+\mathrm{i}84\sqrt{3}}-\frac{7}{3\sqrt[3]{28+\mathrm{i}84\sqrt{3}}}+\frac{\mathrm{i}\sqrt{3}}{2}\left(\frac{1}{6}\sqrt[3]{28+\mathrm{i}84\sqrt{3}}-\frac{14}{3\sqrt[3]{28+\mathrm{i}84\sqrt{3}}}\right)+\frac{2}{3}\text{，}$$

$$\lambda_3=-\frac{1}{12}\sqrt[3]{28+\mathrm{i}84\sqrt{3}}-\frac{7}{3\sqrt[3]{28+\mathrm{i}84\sqrt{3}}}-\frac{\mathrm{i}\sqrt{3}}{2}\left(\frac{1}{6}\sqrt[3]{28+\mathrm{i}84\sqrt{3}}-\frac{14}{3\sqrt[3]{28+\mathrm{i}84\sqrt{3}}}\right)+\frac{2}{3}\text{。} \tag{4-6}$$

定理 3—1　设 $\lambda_1,\lambda_2,\lambda_3$ 是 $|\lambda\boldsymbol{E}-\boldsymbol{Q}|=0$ 的三个特征值，则有如下等式成立：

(1) $\lambda_1+\lambda_2+\lambda_3=2$； (4-7)

(2) $\lambda_1\lambda_2\lambda_3=-1$，$(1-\lambda_1)(1-\lambda_2)(1-\lambda_3)=-1$； (4-8)

(3) $\lambda_1\lambda_2+\lambda_2\lambda_3+\lambda_3\lambda_1=-1$，$\dfrac{1}{\lambda_1}+\dfrac{1}{\lambda_2}+\dfrac{1}{\lambda_3}=1$； (4-9)

(4) $\lambda_1^2+\lambda_2^2+\lambda_3^2=6$，$\lambda_1^3+\lambda_2^3+\lambda_3^3=11$； (4-10)

(5) $\lambda_1\lambda_2=\lambda_2-1$，$\lambda_2\lambda_3=\lambda_3-1$，$\lambda_3\lambda_1=\lambda_1-1$； (4-11)

(6) $\lambda_1=\dfrac{1}{1-\lambda_3}$，$\lambda_2=\dfrac{1}{1-\lambda_1}$，$\lambda_3=\dfrac{1}{1-\lambda_2}$； (4-12)

(7) $\lambda_1^n\lambda_2=\lambda_2-\sum\limits_{j=0}^{n-1}\lambda_1^j$，$\lambda_2^n\lambda_3=\lambda_3-\sum\limits_{j=0}^{n-1}\lambda_2^j$，$\lambda_3^n\lambda_1=\lambda_1-\sum\limits_{j=0}^{n-1}\lambda_3^j$； (4-13)

(8) $\sum_{j=0}^{n}\sum_{i=1}^{3}\lambda_i^{\ j}=\sum_{i=1}^{3}(\lambda_i^{\ n+1}-\lambda_i^{\ n-1})+2$。 (4-14)

证明 因为

$$\begin{aligned}\lambda^3-2\lambda^2-\lambda+1&=\prod_{i=1}^{3}(\lambda-\lambda_1)\\&=\lambda^3-\lambda^2\sum_{i=1}^{3}\lambda_i+(\lambda_1\lambda_2+\lambda_2\lambda_3+\lambda_3\lambda_1)\lambda-\lambda_1\lambda_2\lambda_3,\end{aligned} \tag{4-15}$$

所以,(1)、(2)、(3)等式成立。

(4)因为$\lambda_1+\lambda_2+\lambda_3=2$,所以$\sum_{i=1}^{3}\lambda_i^{\ 2}=(\lambda_1+\lambda_2+\lambda_3)^2-2(\lambda_1\lambda_2+\lambda_2\lambda_3+\lambda_3\lambda_1)=6$。

因为$\lambda_i^{\ 3}+2\lambda_i^{\ 2}+\lambda_i+1=0$,所以$\lambda_i^{\ 3}=2\lambda_i^{\ 2}+\lambda_i-1$,

故$\sum_{i=1}^{3}\lambda_i^{\ 3}=\sum_{i=1}^{3}(2\lambda_i^{\ 2}+\lambda_i-1)=11$。

(5)、(6)、(7)显然成立。

(8)因为

$$\sum_{i=1}^{3}\lambda_i^{\ n+1}=\sum_{i=1}^{3}(2\lambda_i^{\ n}+\lambda_i^{\ n-1}-\lambda_i^{\ n-2})=11,$$

$$\sum_{i=1}^{3}\lambda_i^{\ n}=\sum_{i=1}^{3}(2\lambda_i^{\ n-1}+\lambda_i^{\ n-2}-\lambda_i^{\ n-3}),$$

$$\cdots$$

$$\sum_{i=1}^{3}\lambda_i^{\ 4}=\sum_{i=1}^{3}(2\lambda_i^{\ 3}+\lambda_i^{\ 2}-\lambda_i^{\ 1}),$$

$$\sum_{i=1}^{3}\lambda_i^{\ 3}=\sum_{i=1}^{3}(2\lambda_i^{\ 2}+\lambda_i-1),$$

所以,等式两边分别相加得:

$$\sum_{j=3}^{n+1}\sum_{i=1}^{3}\lambda_i^{\ j}=\sum_{j=2}^{n}\sum_{i=1}^{3}(2\lambda_i^{\ j})+\sum_{i=1}^{3}(\lambda_i^{\ n-1}-1),$$

故

$$\sum_{j=0}^{n}\sum_{i=1}^{3}\lambda_i^{\ j}=\sum_{i=1}^{3}(\lambda_i^{\ n+1}-\lambda_i^{\ n-1})+2。$$

2. 求特征向量

将三个特征值$\lambda_1,\lambda_2,\lambda_3$分别代入$(\lambda\boldsymbol{E}-\boldsymbol{Q})\cdot\vec{X}=0$,求出对应特征值的三个特征向量$\vec{X}$分别为:

$$\begin{bmatrix}\lambda_1\\ \dfrac{\lambda_1}{\lambda_1-1}\\ 1\end{bmatrix}=\begin{bmatrix}\lambda_1\\ 1-\dfrac{1}{1-\lambda_1}\\ 1\end{bmatrix}=\begin{bmatrix}\lambda_1\\ 1-\lambda_2\\ 1\end{bmatrix},\quad\begin{bmatrix}\lambda_2\\ 1-\lambda_3\\ 1\end{bmatrix}=\begin{bmatrix}\lambda_3\\ 1-\lambda_1\\ 1\end{bmatrix}, \tag{4-16}$$

即

$$\vec{X}=\begin{bmatrix}\dfrac{\sqrt[3]{(28+\mathrm{i}84\sqrt{3})^2}+28}{6\sqrt[3]{28+\mathrm{i}84\sqrt{3}}}+\dfrac{2}{3}\\ \dfrac{6\sqrt[3]{28+\mathrm{i}84\sqrt{3}}}{\sqrt[3]{(28+\mathrm{i}84\sqrt{3})^2}-2\sqrt[3]{28+\mathrm{i}84\sqrt{3}}+28}-1\\ 1\end{bmatrix},$$

$$\overrightarrow{X_2}=\begin{bmatrix}\dfrac{-(\sqrt[3]{(28+\mathrm{i}84\sqrt{3})^2}+28)+\mathrm{i}\sqrt{3}(\sqrt[3]{(28+\mathrm{i}84\sqrt{3})^2}-28)}{12\sqrt[3]{28+\mathrm{i}84\sqrt{3}}}+\dfrac{2}{3}\\ \dfrac{12\sqrt[3]{28+\mathrm{i}84\sqrt{3}}}{(\sqrt[3]{(28+\mathrm{i}84\sqrt{3})^2}+4\sqrt[3]{28+\mathrm{i}84\sqrt{3}}+28)-\mathrm{i}\sqrt{3}(\sqrt[3]{(28+\mathrm{i}84\sqrt{3})^2}-28)}-1\\ 1\end{bmatrix},$$

$$\overrightarrow{X_3}=\begin{bmatrix}\dfrac{-(\sqrt[3]{(28+\mathrm{i}84\sqrt{3})^2}+28)-\mathrm{i}\sqrt{3}(\sqrt[3]{(28+\mathrm{i}84\sqrt{3})^2}-28)}{12\sqrt[3]{28+\mathrm{i}84\sqrt{3}}}+\dfrac{2}{3}\\ \dfrac{12\sqrt[3]{28+\mathrm{i}84\sqrt{3}}}{(\sqrt[3]{(28+\mathrm{i}84\sqrt{3})^2}+4\sqrt[3]{28+\mathrm{i}84\sqrt{3}}+28)+\mathrm{i}\sqrt{3}(\sqrt[3]{(28+\mathrm{i}84\sqrt{3})^2}-28)}-1\\ 1\end{bmatrix}。$$

定理 4－2　对于矩阵 $\boldsymbol{Q}$，存在一个可逆矩阵 $\boldsymbol{X}$ 使得 $\boldsymbol{X}^{-1}\boldsymbol{Q}\boldsymbol{X}$ 为对角矩阵。

证明　设 $\lambda_1,\lambda_2,\lambda_3$ 是 $|\lambda\boldsymbol{E}-\boldsymbol{Q}|=0$ 的三个特征值，由三个特征向量 $\vec{X}$ 组成过渡矩阵 $\boldsymbol{X}$ 为

$$\boldsymbol{X}=\begin{bmatrix}\lambda_1 & \lambda_2 & \lambda_3\\ 1-\lambda_2 & 1-\lambda_3 & 1-\lambda_1\\ 1 & 1 & 1\end{bmatrix},\tag{4-17}$$

则

$$|\boldsymbol{X}|=\lambda_1^2+\lambda_2^2+\lambda_3^2-(\lambda_1\lambda_2+\lambda_2\lambda_3+\lambda_3\lambda_1)=7。\tag{4-18}$$

其逆矩阵为

$$\boldsymbol{X}^{-1}=\frac{1}{7}\begin{bmatrix}\lambda_1-\lambda_3 & \lambda_3-\lambda_2 & \lambda_3^2-\lambda_3+1\\ \lambda_2-\lambda_1 & \lambda_1-\lambda_3 & \lambda_1^2-\lambda_1+1\\ \lambda_3-\lambda_2 & \lambda_2-\lambda_1 & \lambda_2^2-\lambda_2+1\end{bmatrix}。\tag{4-19}$$

令

$$\lambda=\begin{bmatrix}\lambda_1 & & \\ & \lambda_2 & \\ & & \lambda_3\end{bmatrix},\tag{4-20}$$

显然 $\boldsymbol{X}^{-1}\boldsymbol{Q}\boldsymbol{X}=\lambda$ 。证毕。

事实上，将三个特征值的值代入到过渡矩阵，即得

$$\boldsymbol{X}=\begin{bmatrix}2.247+5.5511e-017i & -0.80194+1.6454e-016i & 0.55496-2.2005e-016i \\ 1.8019-1.6454e-016i & 0.44504+2.2005e-016i & -1.247-5.5511e-017i \\ 1 & 1 & 1\end{bmatrix}。$$

其逆矩阵为

$$\boldsymbol{X}^{-1}=\frac{1}{7}\begin{bmatrix}1.692+3.6935e-016i & 1.3569-3.0938e-016i & 0.75302-1.4311e-016i \\ -3.0489-5.9974e-017i & 1.692+3.6935e-016i & 3.8019-8.3135e-017i \\ 1.3569-3.0938e-016i & -3.0489-5.9974e-017i & 2.445+2.2624e-016i\end{bmatrix}。$$

可以验证 $\boldsymbol{X}^{-1}\boldsymbol{Q}\boldsymbol{X}=\lambda$ 是成立的。

3. 求 $\{FA_n\}$，$\{FB_n\}$ 的线性表达式

由定理 2 可以得到 $\boldsymbol{Q}^n=\boldsymbol{X}\lambda^n\boldsymbol{X}^{-1}$，即

$$\boldsymbol{Q}^n=\begin{bmatrix}\lambda_1 & \lambda_2 & \lambda_3 \\ 1-\lambda_2 & 1-\lambda_3 & 1-\lambda_1 \\ 1 & 1 & 1\end{bmatrix}\begin{bmatrix}\lambda_1^n & & \\ & \lambda_2^n & \\ & & \lambda_3^n\end{bmatrix}\frac{1}{7}\begin{bmatrix}\lambda_1-\lambda_3 & \lambda_3-\lambda_2 & \lambda_3^2-\lambda_3+1 \\ \lambda_2-\lambda_1 & \lambda_1-\lambda_3 & \lambda_1^2-\lambda_1+1 \\ \lambda_3-\lambda_2 & \lambda_2-\lambda_1 & \lambda_2^2-\lambda_2+1\end{bmatrix}$$

$$=\begin{bmatrix}\lambda_1^{n+1} & \lambda_2^{n+1} & \lambda_3^{n+1} \\ \lambda_1^n(1-\lambda_2) & \lambda_2^n(1-\lambda_3) & \lambda_3^n(1-\lambda_1) \\ \lambda_1^n & \lambda_2^n & \lambda_3^n\end{bmatrix}\frac{1}{7}\begin{bmatrix}\lambda_1-\lambda_3 & \lambda_3-\lambda_2 & \lambda_3^2-\lambda_3+1 \\ \lambda_2-\lambda_1 & \lambda_1-\lambda_3 & \lambda_1^2-\lambda_1+1 \\ \lambda_3-\lambda_2 & \lambda_2-\lambda_1 & \lambda_2^2-\lambda_2+1\end{bmatrix}$$

$$=\frac{1}{7}\begin{bmatrix}\sum_{i=1}^{3}(\lambda_i^{n+2}-\lambda_i^{n+1}+\lambda_i^n) & \sum_{i=1}^{3}\lambda_i^{n+1}-(\lambda_1^n\lambda_2+\lambda_2^n\lambda_3+\lambda_3^n\lambda_1) & \sum_{i=1}^{3}(\lambda_i^{n+1}-\lambda_i^n+\lambda_i^{n-1}) \\ \sum_{i=1}^{3}\lambda_i^{n+1}-(\lambda_1^n\lambda_2+\lambda_2^n\lambda_3+\lambda_3^n\lambda_1) & \sum_{i=1}^{3}(\lambda_i^{n+1}+\lambda_i^{n-2}) & \sum_{i=1}^{3}\lambda_i^n-(\lambda_1^{n-1}\lambda_2+\lambda_2^{n-1}\lambda_3+\lambda_3^{n-1}\lambda_1) \\ \sum_{i=1}^{3}(\lambda_i^{n+1}-\lambda_i^n+\lambda_i^{n-1}) & \sum_{i=1}^{3}\lambda_i^n-(\lambda_1^{n-1}\lambda_2+\lambda_2^{n-1}\lambda_3+\lambda_3^{n-1}\lambda_1) & \sum_{i=1}^{3}(\lambda_i^n-\lambda_i^{n-1}+\lambda_i^{n-2})\end{bmatrix}。\tag{4-21}$$

在上式的基础上，立即可以得到 $\{FA_n\}$，$\{FB_n\}$ 的线性表达式：

$$\begin{aligned}FA_n&=\frac{1}{7}\sum_{i=1}^{3}(\lambda_i^{n+2}-\lambda_i^{n+1}+\lambda_i^n)\\&=\frac{1}{7}\sum_{i=1}^{3}(4\lambda_i^n-\lambda_i^{n-2})\end{aligned}$$

$$
\begin{aligned}
FB_n &= \frac{1}{7}\sum_{i=1}^{3}\lambda_i^{\,n+1} - \frac{1}{7}(\lambda_1^{\,n}\lambda_2 + \lambda_2^{\,n}\lambda_3 + \lambda_3^{\,n}\lambda_1) \\
&= \frac{1}{7}\sum_{i=1}^{3}(\lambda_i^{\,n+2} - 2\lambda_i^{\,n}) \\
&= \frac{1}{7}\sum_{i=1}^{3}(3\lambda_i^{\,n} + \lambda_i^{\,n-1} - 2\lambda_i^{\,n-2}) \qquad (4\text{-}22)
\end{aligned}
$$

其中，$n \in \mathbf{Z}^+$ 。

4.2　数列$\{U_n\}$的模数列的性质定理

为了研究孪生 Fibonacci 数列对的性质，本节将构造并研究与其相关的重要且有用的另一个数列 $\{U_n\}$ 的性质。

4.2.1　数列$\{U_n\}$的定义

定义 4—2　设 $\lambda_1, \lambda_2, \lambda_3$ 是 $|\lambda \boldsymbol{E} - \boldsymbol{Q}| = 0$ 的三个特征值，令 $U_0 = 3, U_n = \sum_{i=1}^{3}\lambda_i^{\,n}$ ，其中 $n \in \mathbf{Z}^+$ ，则数列 $\{U_n\}$ 是一个正整数数列。即 $\{U_n\}$ $=\{3,2,6,11,26,57,129,289,650,1\,460,3\,281,7\,372,16\,565,37\,221,83\,635,\cdots\}$。对于给定的正整数 m ，若 $U_n \equiv u_n(\mathrm{mod}m)$ ，其中 $u_n \in \{0,1,2,\cdots,m-1\}$ ，则称数列 $\{u_n\}$ 是 $\{U_n\}$ 关于 m 的模数列，记为 $\{U_n(\mathrm{mod}m)\}$ 或 $\{u_n(m)\}$ 。

例如，$\{U_n(\mathrm{mod}3)\}$ $=\{0,2,0,2,2,0,0,1,2,2,2,1,2,0,1,0,1,1,0,0,2,1,1,1,2,1,0,2,0,2,2,0,0,1,2,2,2,1,2,0,1,0,1,1,0,0,2,1,1,1,2,1,\cdots\}$。

很容易得到下面的定理。

定理 4—3　对于给定的正整数 m ，数列 $\{U_n\}$ 的模数列 $\{U_n(\mathrm{mod}m)\}$ 是一个周期数列，并且是一个纯周期数列，即对于任何非负整数 n 与 $\{u_n\}$ 的周期 T ，都有 $u_{n+T} = u_n$ 成立。

4.2.2　数列$\{U_n\}$与孪生 Fibonacci 数列对的模周期的关系定理

为了更好地研究数列 $\{U_n\}$ 的性质，下面给出一些命题。

定理 4—4　设 $n, m \in \mathbf{Z}^+$ ，孪生 Fibonacci 数列对 $\{FA_n\}$ ，$\{FB_n\}$ 和数列 $\{U_n\}$ ，则

(1) $FA_{n+m} = FA_m FA_n + FA_{m-1}FA_{n-1} + FB_m FB_n$ ；　(4-23)

(2) $FB_{n+m} = FB_m FA_n + FB_{m-1}FA_{n-1} + (FA_{m-1} + FA_{m-2})FB_n$ （$m > 1$）；　(4-24)

(3) $U_{n+m} = FB_{m+1}U_n + FA_{m-1}U_{n-1} - FB_m U_{n-2}$。　(4-25)

证明　用数学归纳法来证明这些命题。

(1)当 $m = 1$ 时，根据定义 1 结论显然成立。

假设当 $m = k$ 时等式成立，当 $m = k + 1$ 时有：

$$\begin{aligned}FA_{n+k+1} &= FA_{(n+1)+k}\\ &= FA_kFA_{n+1} + FA_{k-1}FA_n + FB_kFB_{n+1}\\ &= FA_k(FA_n + FA_{n-1} + FB_n) + FA_{k-1}FA_n + FB_k(FA_n + FB_n)\\ &= (FA_k + FA_{k-1} + FB_k)FA_n + FA_kFA_{n-1} + (FA_k + FB_k)FB_n\\ &= FA_{k+1}FA_n + FA_kFA_{n-1} + FB_{k+1}FB_n\end{aligned}$$

这就证明了当 $m = k+1$ 时等式也成立,从而命题得证。

(2)当 $m = 2$ 时结论显然成立。

假设当 $m = k$ 时,等式

$$FB_{n+k} = FB_kFA_n + FB_{k-1}FA_{n-1} + (FA_{k-1} + FA_{k-2})FB_n$$

成立。

当 $m = k+1$ 时,有:

$$\begin{aligned}FA_{n+m} &= FB_{n+k} + FA_{n+k}\\ &= (FB_kFA_n + FB_{k-1}FA_{n-1} + (FA_{k-1} + FA_{k-2})FB_n) + (FA_kFA_n + FA_{k-1}FA_{n-1} + FB_kFB_n)\\ &= FB_{k+1}FA_n + FB_kFA_{n-1} + (FA_{k-1} + FA_{k-2} + FB_k)FB_n\\ &= FB_{k+1}FA_n + FB_kFA_{n-1} + (FA_{k-1} + FA_{k-2} + FB_{k-1} + FA_{k-1})FB_n\\ &= FB_{k+1}FA_n + FB_kFA_{n-1} + (FA_k + FA_{k-1})FB_n\end{aligned}$$

这就证明了当 $m = k+1$ 时等式也成立,从而命题得证。

(3)当 $m = 1$ 时,易见结论成立。因为

$$\begin{aligned}&FB_{m+1}U_n + FA_{m-1}U_{n-1} - FB_mU_{n-2}\\ &= FB_2U_n + FA_1U_{n-1} - FB_1U_{n-2}\\ &= 2U_n + U_{n-1} - U_{n-2}\\ &= U_{n+1}\end{aligned}$$

假设当 $m = k$ 时等式成立,即

$$U_{n+k} = FB_{k+1}U_n + FA_{k-1}U_{n-1} - FB_kU_{n-2}\ 。$$

当 $m = k+1$ 时等式仍然成立,因为

$$\begin{aligned}U_{n+k+1} &= FB_{k+1}U_{n+1} + FA_{k-1}U_n - FB_kU_{n-1}\\ &= FB_{k+1}(2U_n + U_{n-1} - U_{n-2}) + FA_{k-1}U_n - FB_kU_{n-1}\\ &= FB_{k+2}U_n + FA_kU_{n-1} - FB_{k+1}U_{n-2}\end{aligned}$$

这就证明了当 $m = k+1$ 时等式也成立,从而命题得证。证毕。

定理 4—5 如果数列 $\{U_n\}$ 的模数列周期为 T ,则

(1) $\sum_{i=n+1}^{n+T} U_i \equiv 0(\mathrm{mod}m)$; (4-26)

(2) $U_0 \equiv U_T \equiv 3(\mathrm{mod}m)$, $U_{T+1} \equiv U_1 \equiv 2(\mathrm{mod}m)$,

$U_{T-1} \equiv 1(\mathrm{mod}m)$, $U_{T-2} \equiv 5(\mathrm{mod}m)$; (4-27)

(3) $U_p \equiv 2(\mathrm{mod}p)$, p 为奇素数; (4-28)

$$(4)\ U_{p^2+p+1} \equiv \begin{cases} -3(\mathrm{mod}p), \pi_p(U_n) \mid 2(p^2+p+1); \\ 11(\mathrm{mod}p), \pi_p(U_n) \mid (p-1); \\ -3(\mathrm{mod}7), \pi_7(U_n)=42。\end{cases} \tag{4-29}$$

证明　(1)由定理 1 得到：

$$\sum_{j=0}^{n}\sum_{i=1}^{3}\lambda_i^{\,j} = \sum_{i=1}^{3}(\lambda_i^{\,n+1}-\lambda_i^{\,n-1})+2\ ,$$

即

$$\sum_{j=0}^{n}U_j = U_{n+1}-U_{n-1}+2\ 。$$

故

$$\begin{aligned}\sum_{i=n+1}^{n+T}U_i &= \sum_{i=0}^{n+T}U_i-\sum_{i=0}^{n}U_i \\ &= (U_{n+T+1}-U_{n+T-1}+2)-(U_{n+1}-U_{n-1}+2) \\ &\equiv 0(\mathrm{mod}m)。\end{aligned}$$

(2)略。

(3)使用二项式展开定理，得到：

$$\begin{aligned}&(\lambda_1+\lambda_2+\lambda_3)^p \\ &=\lambda_1^{\,p}+\begin{bmatrix}p\\1\end{bmatrix}\lambda_1^{\,p-1}(\lambda_2+\lambda_3)+\begin{bmatrix}p\\2\end{bmatrix}\lambda_1^{\,p-2}(\lambda_2+\lambda_3)2 \\ &\quad+\cdots+\begin{bmatrix}p\\p-2\end{bmatrix}\lambda_1^{\,2}(\lambda_2+\lambda_3)p-2+\begin{bmatrix}p\\p-1\end{bmatrix}\lambda_1(\lambda_2+\lambda_3)p-1+(\lambda_2+\lambda_3)p\end{aligned} \tag{4-30}$$

考查上式中的各幂次项及其系数：

①系数都是 1 的项之和为

$$\lambda_1^{\,p}+\lambda_2^{\,p}+\lambda_3^{\,p}\ 。$$

②系数都是 $\begin{pmatrix}p\\1\end{pmatrix}$ 的项之和为

$$p((\lambda_1^{\,p-1}\lambda_2+\lambda_2^{\,p-1}\lambda_3+\lambda_3^{\,p-1}\lambda_1)+(\lambda_1^{\,p-1}\lambda_3+\lambda_2^{\,p-1}\lambda_1+\lambda_3^{\,p-1}\lambda_2))\ 。$$

由定理 1 知：

$$(\lambda_1^{\,p-1}\lambda_2+\lambda_2^{\,p-1}\lambda_3+\lambda_3^{\,p-1}\lambda_1) = (\lambda_1+\lambda_2+\lambda_3)-\sum_{j=0}^{p-2}(\lambda_1^{\,j}+\lambda_2^{\,j}+\lambda_3^{\,j}) = U_{p-3}-U_{p-1},$$

$$\begin{aligned}\lambda_1^{\,p-1}\lambda_3+\lambda_1\lambda_2^{\,p-1}+\lambda_3^{\,p-1}\lambda_2 &= (\lambda_1^{\,p-1}+\lambda_2^{\,p-1}+\lambda_3^{\,p-1})-(\lambda_1^{\,p-2}+\lambda_2^{\,p-2}+\lambda_3^{\,p-2}) \\ &= U_{p-1}-U_{p-2},\end{aligned}$$

因此，

$$(\lambda_1^{\,p-1}\lambda_2+\lambda_2^{\,p-1}\lambda_3+\lambda_3^{\,p-1}\lambda_1)+(\lambda_1^{\,p-1}\lambda_3+\lambda_2^{\,p-1}\lambda_1+\lambda_3^{\,p-1}\lambda_2) = U_{p-3}-U_{p-2}$$

为整数，从而

$$p((\lambda_1{}^{p-1}\lambda_2+\lambda_2{}^{p-1}\lambda_3+\lambda_3{}^{p-1}\lambda_1)+(\lambda_1{}^{p-1}\lambda_3+\lambda_2{}^{p-1}\lambda_1+\lambda_3{}^{p-1}\lambda_2))\equiv 0(\mathrm{mod}p)。$$

③系数都是 $\binom{p}{2}$ 的项之和为

$$\binom{p}{2}((\lambda_1{}^{p-2}\lambda_2{}^2+\lambda_2{}^{p-2}\lambda_3{}^2+\lambda_3{}^{p-2}\lambda_1{}^2)+(\lambda_1{}^{p-2}\lambda_3{}^2+\lambda_2{}^{p-2}\lambda_1{}^2+\lambda_3{}^{p-2}\lambda_2{}^2))。$$

类似②的证明可以得到

$$\binom{p}{2}((\lambda_1{}^{p-2}\lambda_2{}^2+\lambda_2{}^{p-2}\lambda_3{}^2+\lambda_3{}^{p-2}\lambda_1{}^2)+(\lambda_1{}^{p-2}\lambda_3{}^2+\lambda_2{}^{p-2}\lambda_1{}^2+\lambda_3{}^{p-2}\lambda_2{}^2))\equiv 0(\mathrm{mod}p)。$$

④类似②的证明过程可以证明其余各项之和模 p 也都为 0。

综上所述，得到

$$U_p=\lambda_1{}^p+\lambda_2{}^p+\lambda_3{}^p\equiv(\lambda_1+\lambda_2+\lambda_3)^p=2^p\equiv 2(\mathrm{mod}p)。$$

将这个结论推广可以得到：$U_{p^2}\equiv 2(\mathrm{mod}p)$，$U_{p^i}\equiv 2(\mathrm{mod}p)$，其中 $i\in\mathbf{Z}^+$。

(4)①当 $\pi_p(U_n)\mid(p-1)$ 时，立即得到

$$U_{p^2+p+1}=U_{(p+2)(p-1)-3}\equiv U_3=11(\mathrm{mod}p)。$$

②当 $\pi_p(U_n)\mid 2(p^2+p+1)$ 时，可以推出

$$\begin{aligned}U_{2(p^2+p+1)}&=FB_{p^2+p+2}U_{p^2+p+1}+FA_{p^2+p}U_{p^2+p}-FB_{p^2+p+1}U_{p^2+p-1}\\&\equiv FB_{p^2+p+2}U_{p^2+p+1}\\&\equiv FB_1FA_{p^2+p+1}+FB_0FA_{p^2+p}+(FA_0+FA_{-1})FB_{p^2+p+1}\\&\equiv FA_{p^2+p+1}U_{p^2+p+1}\\&\equiv -U_{p^2+p+1}\\&\equiv 3(\mathrm{mod}p)\end{aligned}$$

故

$$U_{p^2+p+1}\equiv -3(\mathrm{mod}p)。$$

③当 $\pi_7(U_n)=42$ 时，易得

$$U_{p^2+p+1}=U_{57}\equiv U_{15}\equiv 11\equiv -3(\mathrm{mod}7)。$$

下面给出孪生 Fibonacci 数列对的模周期与数列 $\{U_n\}$ 的模周期的关系定理。

定理 4－6　对于给定的正整数 m 且 $m\neq 7$，如果孪生 Fibonacci 数列对 $\{FA_n\}$，$\{FB_n\}$ 的模数列周期为 T，则数列 $\{U_n\}$ 的模数列周期也为 T。反之也成立。

证明　(1)如果孪生 Fibonacci 数列对的模周期为 T，则

$$U_{n+T}=FB_{T+1}U_n+FA_{T-1}U_{n-1}+FB_{T-1}U_{n-2}\equiv U_n(\mathrm{mod}m)。$$

这就证明了 T 也是数列 $\{U_n\}$ 的模周期，从而命题得证。

(2)如果数列 $\{U_n\}$ 的模周期为 T，则

$$U_{n+T}=\sum_{i=1}^{3}\lambda_i{}^{n+T}\equiv\sum_{i=1}^{3}\lambda_i{}^n=U_n(\mathrm{mod}m),n\in\mathbf{Z}。$$

又因为

$$FA_n=\frac{1}{7}\sum_{i=1}^{3}(\lambda_i^{\,n+2}-\lambda_i^{\,n+1}+\lambda_i^{\,n})=\frac{1}{7}\sum_{i=1}^{3}(4\lambda_i^{\,n}-\lambda_i^{\,n-2})=\frac{1}{7}(4U_n-U_{n-2}),$$

所以

$$FA_{n+T}=\frac{1}{7}(4U_{n+T}-U_{n-2+T})\equiv\frac{1}{7}(4U_n-U_{n-2})=FA_n\text{。}$$

这就证明了 T 也是孪生 Fibonacci 数列对的模周期,从而命题得证。证毕。

4.2.3　数列$\{U_n\}$的模周期整除性定理

为证明周期整除性定理,先介绍文献[135]中常用的几个定理。

引理 4—1(Euler 判别法)　设奇素数 p ,$a\in\mathbf{Z}^+$ 且 $p\mid a$,则勒让德(Legendre)符号

$$\left(\frac{a}{p}\right)\equiv a^{(p-1)/2}(\mathrm{mod}p)\text{。}$$

引理 4—2　设素数 p ,$n\geqslant 0,a_n=1$,那么,$f(x)=\sum\limits_{i=0}^{n}a_ix^i\equiv 0(\mathrm{mod}p)$ 的解的个数等于 n 的充要条件是 $x^p-x=f(x)q(x)+p\cdot r(x)$,其中,$q(x)$,$r(x)$ 是整系数多项式,且 $r(x)$ 的次数小于 n 。

引理 4—3(二次互反律)　设 p 和 q 是不同的奇素数,则 $\left(\frac{p}{q}\right)\left(\frac{q}{p}\right)=(-1)^{\frac{p-1}{2}\cdot\frac{q-1}{2}}$ 。

引理 4—4[149]　设 $f(x)$ 是 $F_q[x]$ 中次数为 m 的不可约多项式,则 $f(x)$ 的所有根正好为 F_{q^m} 中 m 个元素:$a,a^q,a^{q^2},\cdots,a^{q^{m-1}}$ 。

定理 4—7　设素数 p ,数列 $\{U_n\}$,则

(1)当 $p=7$ 时,则 $\pi_p(U_n)=6$。

(2)当 $p\equiv\pm 1(\mathrm{mod}7)$ 时,则 $\pi_p(U_n)\mid(p-1)$ 。

(3)当 $p\equiv\pm 2,p\equiv\pm 3(\mathrm{mod}7)$ 时,则 $\pi_p(U_n)\mid 2(p^2+p+1)$ 。

证明　矩阵的特征值多项式为

$$q(\lambda)=\lambda^3-2\lambda^2-\lambda+1=0\text{。}$$

如果在 F_p 中可以分解为因式$\lambda-a$,$\lambda-b$ 和$\lambda-c$,其中 $a,b,c\in Z_p^{\ +}$,则 $q(\lambda)$ 在有限域 F_p 中可以分解,这时称 p 为可约素数,否则称 p 为不可约素数。

如果 $q(\lambda)$ 在 F_p 中可以分解,由于

$$(\lambda+1)(\lambda-1)^2=\lambda^2,\ \lambda^3=(2\lambda-1)(\lambda+1),\ \lambda^2(\lambda-2)=(\lambda-1),$$

根据勒让德符号的性质得,

$$\left(\frac{\lambda+1}{p}\right)\equiv 1(\mathrm{mod}p),\ \left(\frac{\lambda}{p}\right)\equiv\left(\frac{2\lambda-1}{p}\right)(\mathrm{mod}p),\ \left(\frac{\lambda-2}{p}\right)\equiv\left(\frac{\lambda-1}{p}\right)(\mathrm{mod}p)\text{。}$$

(1)如果 $a=b=c$,则说明 $q(\lambda)$ 在 F_p 中可以因式分解为三个相等的因式。不妨设 a 是 $q(\lambda)$ 的一个整数解,那么由定理 1 可以得到一个方程:

$$q'(x)=ax^2+(a^2-2a)x-1=0\ ,$$

它的两个根就是 $q(\lambda)$ 的另两个根。$q'(x)$ 的根判别式为

$$d=(a^2-2a)^2+4a=a^2+a+2\ 。$$

大家知道，$q'(x)$ 有两个相等的根，当且仅当 $\left(\frac{d}{p}\right)\equiv 0(\bmod p)$，即 $d\equiv 0(\bmod p)$。

容易得到 $d=a^2+a+2=0$ 的根判别式 $d'=-7$。

又因为 a 是唯一的，所以，$d'=-7\equiv 0(\bmod p)$。因此 $p=7$。也就是说当且仅当 $N=p^r$ 时，$q(\lambda)$ 在 F_p 中可以因式分解为三个相等的因式。

由定理 1 得到 $a^3\equiv -1(\bmod p)$，所以，$a\equiv 3(\bmod p)$，即

$$q(\lambda)\equiv(\lambda-3)(\lambda-10)(\lambda-17)(\bmod 49)\equiv(\lambda-3)^3(\bmod 7)\ 。$$

因此 $\{U_n\}$ 序列中的第 n 项为 $U_n=3a^n,n\in\mathbf{Z}^+$。

根据费马小定理有下列等式成立：

$$U_{n+(p-1)}=3a^{n+(p-1)}\equiv 3a^n=U_n(\bmod p)\ ,$$

所以，$\pi_p(U_n)=6$。

(2)如果 a,b,c 不同时相等，则 $\{U_n\}$ 序列中的第 n 项为

$$U_n=a^n+b^n+c^n,n\in\mathbf{Z}^+\ 。$$

根据费马小定理有下列等式成立：

$$U_{n+(p-1)}=a^{n+(p-1)}+b^{n+(p-1)}+c^{n+(p-1)}\equiv a^n+b^n+c^n=U_n(\bmod p)\ ,$$

所以，$\pi_p(U_n)\mid(p-1)$。

当 $p=\pm 1(\bmod 7)$ 时，存在整系数多项式 $g(\lambda),r(\lambda)$ 且 $r(\lambda)$ 的次数小于 3 使得

$$\lambda^p-\lambda=q(\lambda)g(\lambda)+p\cdot r(\lambda)$$

成立。根据引理 2 可推出 $q(\lambda)$ 有且只有 3 个整数解，也就是说 $q(\lambda)$ 在 F_p 中是可以分解的。

例如，当 $p=13$ 时，有

$$\lambda^{13}-\lambda=(\lambda^3-2\lambda^2-\lambda+1)g(\lambda)+p\cdot r(\lambda)\ ,$$

其中，

$$g(\lambda)=\lambda^{10}+2\lambda^9+5\lambda^8+11\lambda^7+25\lambda^6+56\lambda^5+126\lambda^4+283\lambda^3+636\lambda^2+1429\lambda+3211,$$

$$r(\lambda)=555\lambda^2+137\lambda-247\ ,$$

所以，$q(\lambda)$ 在 F_p 中是可以分解的。

事实上，$q(\lambda)=(\lambda-8)(\lambda-9)(\lambda-11)(\bmod p)$。

(3)如果 $q(\lambda)$ 在 F_p 中不可分解，由引理 4—4 可以设的三个根在 F_{p^3} 上分别为：a,a^p,a^{p^2}，又因为 $a\cdot a^p\cdot a^{p^2}=a^{p^2+p+1}=-1$，这意味着 $a^{2(p^2+p+1)}=1$。因此对于不可约素数有 $\pi_p(U_n)"2(p^2+p+1)$。

根据引理 4—2 和引理 4—3 知，当 $p\equiv\pm 2,p\equiv\pm 3(\bmod 7)$ 时，$q(\lambda)$ 在 F_p 中是不可以分解的。

证毕。

通过研究 200 以内的素数，可约素数有 7，13，29，41，43，71，83，97，113，127，139，167，197，181，不可约素数有 2，3，5，11，17，19，23，31，37，47，53，59，61，67，73，79，89，101，103，107，109，131，137，149，151，157，163，173，179，191，193，199。

下面列出几个 $q(\lambda)$ 在可约素数 p 的 F_p 上的因式分解。

$q(\lambda)=(\lambda-8)(\lambda-9)(\lambda-11)(\mathrm{mod}13)$，

$q(\lambda)=(\lambda-4)(\lambda-8)(\lambda-19)(\mathrm{mod}29)$，

$q(\lambda)=(\lambda-15)(\lambda-31)(\lambda-38)(\mathrm{mod}41)$，

$q(\lambda)=(\lambda-9)(\lambda-16)(\lambda-20)(\mathrm{mod}43)$，

$q(\lambda)=(\lambda-5)(\lambda-15)(\lambda-53)(\mathrm{mod}71)$，

$q(\lambda)=(\lambda-11)(\lambda-16)(\lambda-58)(\mathrm{mod}83)$。

从定理 4—5 至 4—7 可以得到求孪生 Fibonacci 数列对 $\{FA_n\}$，$\{FB_n\}$ 的模数列和 $\{U_n\}$ 模数列的周期的三种方法。满足下列条件之一的最小正整数 n 为模数列的最小正周期：

$$
\begin{aligned}
&① FA_n\equiv FA_{n-2}\equiv 1(\mathrm{mod}m),FA_{n-1}\equiv 0(\mathrm{mod}m);\\
&② FB_n\equiv FB_{n-1}\equiv 0(\mathrm{mod}m),FB_{n+1}\equiv 1(\mathrm{mod}m);\\
&③ U_n\equiv 3(\mathrm{mod}m),U_{n+1}\equiv 2(\mathrm{mod}m),U_{n-1}\equiv 1(\mathrm{mod}m)。
\end{aligned}
\tag{4-31}
$$

4.2.4　数列$\{u_n\}(\mathrm{mod}\ p_r)$的最小正周期定理

定理4—8　设 p 为素数，$r>1$ 的正整数，若数列 $\{U_n\}$ 的模数列 $\{u_n(p)\}$ 的最小正周期为 T，则模数列 $\{u_n(p^r)\}$ 的最小正周期为 $p^{r-1}T$。

证明　用数学归纳法证明。

(1)当 $r=2$ 时结论是成立的。

下面先来证明 pT 是 $\{u_n(p^2)\}$ 的最小正周期。

①首先证明 pT 是 $\{u_n(p^2)\}$ 的一个正周期。

因为数列 $\{U_n\}$ 的模数列的最小正周期为 T，由定理 4—5 可以得到 $\sum\limits_{i=n+1}^{n+T}U_i\equiv 0(\mathrm{mod}p)$ 成立。因此

$$\sum_{i=n+1}^{n+pT}U_i=\sum_{i=n+1}^{n+T}U_i+\sum_{i=n+T+1}^{n+2T}U_i+\cdots+\sum_{i=n+(p-2)T+1}^{n+(p-1)T}U_i+\sum_{i=n+(p-1)T+1}^{n+pT}U_i\equiv p\sum_{i=n+1}^{n+T}U_i(\mathrm{mod}p^2)。$$

很显然 $p\sum\limits_{i=n+1}^{n+T}U_i\equiv 0(\mathrm{mod}p^2)$，

所以 $\sum\limits_{i=n+1}^{n+pT}U_i\equiv 0(\mathrm{mod}p^2)$。

故 $\sum\limits_{i=n}^{n+pT-1}U_i-\sum\limits_{i=n+1}^{n+pT}U_i=U_n-U_{n+pT}\equiv 0(\mathrm{mod}p^2)$，

即 $U_n \equiv U_{n+pT} (\bmod p^2)$ 。

这样就证明了 pT 是 $\{u_n(p^2)\}$ 的一个正周期。

②其次用反证法证明 pT 是 $\{u_n(p^2)\}$ 的一个最小正周期。如若不然，不妨设 T' 是 $\{u_n(p^2)\}$ 的最小正周期。

令 $k=[pT/T']$，则 $0<pT-kT'<T'$，

又因为 $U_{n+(pT-kT')} \equiv U_{n+(pT-kT')+kT'} \equiv U_{n+pT} \equiv U_n (\bmod p^2)$，这说明 $0<pT-kT'<T'$ 是模数列 $\{u_n(p^2)\}$ 的一个更小正周期，这与 T' 是模数列 $\{u_n(p^2)\}$ 的最小正周期产生矛盾。

这就证明了 $\{u_n(p^2)\}$ 的最小正周期为 pT 。

(2)假设当 $r=k$ 时结论是成立的，即 $U_{n+p^{k-1}T} \equiv U_n (\bmod p^k)$ 且 $\sum_{i=n+1}^{n+p^{k-1}T} U_i \equiv 0 (\bmod p^k)$ 成立。

与(1)的证明类似，下面来证明当 $r=k+1$ 时结论也成立。

考虑到

$$\sum_{i=n+1}^{n+p^k T} U_i = \sum_{i=n+1}^{n+p^{k-1}T} U_i + \sum_{i=n+p^{k-1}T+1}^{n+2p^{k-1}T} U_i + \cdots + \sum_{i=n+(p-2)p^{k-1}T+1}^{n+(p-1)p^{k-1}T} U_i + \sum_{i=n+(p-1)p^{k-1}T+1}^{n+p^k T} U_i$$

$$\equiv p \sum_{i=n+1}^{n+p^{k-1}T} U_i \equiv 0 (\bmod p^{k+1})$$

所以 $U_{n+p^k T} \equiv U_n (\bmod p^{k+1})$ 。

并且易得 $p^k T$ 是 $\{u_n(p^{k+1})\}$ 的一个最小正周期。

综上所述，这就证明了数列 $\{U_n\}$ 的模数列 $\{u_n(p^r)\}$ 的最小正周期为 $p^{r-1}T$ 。证毕。

定理 4—9 设为 $m>1$ 的整数，正整数 N 的素幂分解式为 $N=p_1^{r_1}\cdots p_m^{r_m}$，其中 p_i 和 $p_j (i \neq j)$ 是互不相同的素数，$r_i \geqslant 1 (1 \leqslant i \leqslant m)$ 。若数列 $\{U_n\}$ 的模数列 $\{u_n(p_i)\}$ 的最小正周期为 $N=p^r$，那么模数列 $\{u_n(p_1^{r_1}\cdots p_m^{r_m})\}$ 的最小正周期为 $\mathrm{lcm}(p_i^{r_i-1}T_i, i=1,\cdots,m)$ 。

由定理 9 可以知道，只要确定了数列 $\{U_n\}$ 的模数列 $\{u_n(p^r)\}$ 的最小正周期，即可求出模为合数的模数列的最小正周期。而由定理 8 可以得知，只要确定了 $\{u_n(p)\}$ 的最小正周期，即可求出模为素数幂的模数列 $\{u_n(p^r)\}$ 的最小正周期。

表 4-2 给出了 100 以内自然数的 $\{u_n(m)\}$ 的最小正周期。

表 4-2　100 以内自然数的模数列 $\{u_n(m)\}$ 的最小正周期 T

m	1	2	3	4	5	6	7	8	9	10
T	—	7	26	14	62	182	42	28	78	434
m	11	12	13	14	15	16	17	18	19	20
T	266	182	12	42	806	56	614	546	254	434
m	21	22	23	24	25	26	27	28	29	30
T	546	266	1 106	364	310	84	234	42	28	5 642
m	31	32	33	34	35	36	37	38	39	40
T	1 986	112	3 458	4 298	1 302	546	2 814	1 778	156	868
m	41	42	43	44	45	46	47	48	49	50
T	40	546	42	266	2 418	1 106	4 514	728	294	2 170
m	51	52	53	54	55	56	57	58	59	60
T	7 982	84	5 726	1 638	8 246	84	3 302	28	7 082	5 642
m	61	62	63	64	65	66	67	68	69	70
T	582	13 902	546	224	372	3 458	9 114	4 298	14 378	1 302
m	71	72	73	74	75	76	77	78	79	80
T	70	1 092	3 602	2 814	4 030	1 778	798	1 092	12 642	1 736
m	81	82	83	84	85	86	87	88	89	90
T	702	280	82	546	19 034	42	364	532	16 022	16 926
m	91	92	93	94	95	96	97	98	99	100
T	84	1 106	25 818	31 598	7 874	1 456	96	294	10 374	2 170

例如，由表 4-2 知 $\mathrm{ord}_5(U_n)=62$，$\mathrm{ord}_{11}(U_n)=266$，$\mathrm{ord}_{55}(U_n)=8\ 246$。而 $\mathrm{lcm}(\mathrm{ord}_5(U_n),\mathrm{ord}_{11}(U_n))=8\ 246=\mathrm{ord}_{55}(U_n)$，从而定理 8 得到验证。$\mathrm{ord}_2(U_n)=7$，由定理 4－8 得 $\mathrm{ord}_{16}(U_n)=2^{4-1}\times 7=56$，$\mathrm{ord}_{64}(U_n)=2^{6-1}\times 7=224$，与表 4-2 给出的结果一致。$\mathrm{ord}_{100}(U_n)=\mathrm{lcm}(\mathrm{ord}_4(U_n),\mathrm{ord}_{25}(U_n))=\mathrm{lcm}(14,310)=2\ 170$，与表 4-2 给出的结果一致，从而定理 4－9 得到验证。用计算机程序求类似 $\mathrm{ord}_{510}(U_n)$ 的值也需要花一定的时间，但如果使用定理 4－9 来求解就简单多了，方法如下：$\mathrm{ord}_{510}(U_n)=\mathrm{lcm}(\mathrm{ord}_{51}(U_n),\mathrm{ord}_5(U_n),\mathrm{ord}_2(U_n))=\mathrm{lcm}(7\ 982,62,7)=1\ 732\ 094$。

4.3　孪生 Fibonacci 数列对的模周期性定理

本节我们将给出孪生 Fibonacci 数列对的模周期的定义，证明了它的性质定理，模周期的整除性定理和最小正周期定理。

4.3.1 孪生 Fibonacci 数列对的模周期

定义 4—3 设 m 是取定的正整数,以及孪生 Fibonacci 数列对 $\{FA_n\}$,$\{FB_n\}$ 。若 a_n,b_n 分别为 FA_n,FB_n 除的模 m 的最小非负剩余,即 $FA_n \equiv a_n(\bmod m),FB_n \equiv b_n(\bmod m)$,其中 $a_n,b_n \in \{0,1,2,\cdots,m-1\}$,则称数列 $\{a_n\}$,$\{b_n\}$ 是孪生 Fibonacci 数列对 $\{FA_n\}$,$\{FB_n\}$ 关于m 的模数列,记为 $\{FA_n(\bmod m)\}$,$\{FB_n(\bmod m)\}$ 或 $\{a_n(m)\}$,$\{b_n(m)\}$ 。

很容易得到下面一个定理。

定理 4—10 设 $\{FA_n\}$,$\{FB_n\}$ 是孪生 Fibonacci 数列对,m 是取定的正整数,则 $\{a_n(m)\}$ 和 $\{b_n(m)\}$ 是周期数列。

定理 4—11 设 $\{FA_n\}$,$\{FB_n\}$ 是孪生 Fibonacci 数列对,$\{FA_n\}$ 的模数列 $\{a_n(m)\}$ 的周期为 T ,当且仅当 $\{FB_n\}$ 的模数列 $\{b_n(m)\}$ 的周期也为 T 。

证明 (1)如果 $\{FA_n\}$ 的模数列 $\{a_n(m)\}$ 周期为 T ,那么

$$\begin{aligned}
b_{n+T} \equiv FB_{n+T} &= \sum_{i=0}^{n+T-1} FA_i \\
&= \sum_{i=0}^{n-1} FA_i + \sum_{i=n}^{n+T-1} FA_i \\
&= FB_n + \sum_{i=(n-1)+1}^{(n-1)+T} FA_i \\
&\equiv FB_n \equiv b_n(\bmod m)。
\end{aligned}$$

这就证明了 T 是 $\{FB_n\}$ 的模数列 $\{b_n(m)\}$ 的周期。

(2)如果 $\{FB_n\}$ 的模数列 $\{b_n\}$ 周期为 T ,那么

$$\begin{aligned}
a_{n+T} &\equiv FA_{n+T} \\
&= FA_n + (FA_{n+T} + FB_{n+T}) - (FA_n + FB_{n+T}) \\
&\equiv FA_n + FB_{n+T+1} - (FA_n + FB_n)(\bmod m) \\
&\equiv FA_n + FB_{n+T+1} - FB_{n+1} \\
&\equiv FA_n \equiv a_n(\bmod m),
\end{aligned}$$

所以,T 也是 $\{FA_n\}$ 的模数列 $\{a_n(m)\}$ 的周期。证毕。

定义 4—4 设 $\{a_n(m)\}$ 和 $\{b_n(m)\}$ 分别表示孪生 Fibonacci 数列对 $\{FA_n\}$,$\{FB_n\}$ 的模数列,其最小正周期 T 定义为 $\min\{T: a_{n+T}=a_n, b_{n+T}=b_n, n=0,1,2,3,\cdots\}$,简记为 $\pi_m(FF_n)$ 。

例如,当 $m=2$ 时,

$$\{a_n(2)\}=\{1,1,0,0,1,0,1,1,1,0,0,1,0,1,\cdots\},$$

$$\{b_n(2)\}=\{1,0,1,1,1,0,0,1,0,1,1,1,0,0,\cdots\}。$$

根据定义易得 $\pi_2(FF_n)=7$。

在 3.2.2 节中，已经给出了两条关于孪生 Fibonacci 数列对的性质定理，即

(1) $FA_{n+m}=FA_mFA_n+FA_{m-1}FA_{n-1}+FB_mFB_n$；

(2) $FB_{n+m}=FB_mFA_n+FB_{m-1}FA_{n-1}+(FA_{m-1}+FA_{m-2})FB_n$（$m>1$）。

下面继续给出孪生 Fibonacci 数列对的一些性质定理。

定理 4－12　设 $n,m\in\mathbf{Z}^+$，孪生 Fibonacci 数列对 $\{FA_n\}$，$\{FB_n\}$ 的模数列周期为 T，则

$$(1)\ FA_{n+1}=\sum_{i=0}^{n}FA_i+FA_{n-1},\ FB_{n+1}=\sum_{i=0}^{n}FA_i\ ; \tag{4-32}$$

$$(2)\ \sum_{i=n+1}^{n+T}FA_i\equiv 0(\bmod m),\ \sum_{i=n+1}^{n+T}FB_i\equiv 0(\bmod m)\ ; \tag{4-33}$$

$$(3)\ FA_0=FA_1\equiv FA_T\equiv FA_{T+1}\equiv FA_{T-2}\equiv 1(\bmod m),$$

$$FA_{T-1}\equiv FA_{2T-1}\equiv 0(\bmod m), \tag{4-34}$$

$$(4)\ FB_T\equiv FB_{T-1}\equiv FB_0\equiv 0(\bmod m),\ FB_{T+1}\equiv FB_1\equiv 1(\bmod m)\ 。\tag{4-35}$$

证明　(1)由定义 1 得

$$\begin{aligned}FA_{n+1}&=FA_n+FA_{n-1}+FB_n\\&=FA_n+FA_{n-1}+FA_{n-1}+FB_{n-1}\\&=FA_n+FA_{n-1}+FA_{n-1}+FA_{n-2}+FB_{n-2},\end{aligned}$$

依此类推易得

$$FA_{n+1}=\sum_{i=0}^{n}FA_i+FA_{n-1}+FB_0=\sum_{i=0}^{n}FA_i+FA_{n-1}\ 。$$

同理

$$FB_{n+1}=FA_n+FB_n=FA_n+(FA_{n+1}-FA_n-FA_{n-1})=FA_{n+1}-FA_{n-1}=\sum_{i=0}^{n}FA_i\ 。$$

(2)因为

$$\begin{aligned}FA_{n+1}&\equiv FA_{n+1+T}\\&=\sum_{i=0}^{n+T}FA_i+FA_{n+T-1}\\&\equiv\sum_{i=0}^{n}FA_i+\sum_{i=n+1}^{n+T}FA_i+FA_{n-1}\\&\equiv FA_{n+1}+\sum_{i=n+1}^{n+T}FA_i(\bmod m),\end{aligned}$$

所以

$$\sum_{i=n+1}^{n+T}FA_i\equiv 0(\bmod m)\ 。$$

另一方面，由定义 $FA_{n+1}=FA_n+FA_{n-1}+FB_n$，可以得到 $FB_{n+1}=FA_{n+1}-FA_{n-1}$，所以

$$\sum_{i=n+1}^{n+T} FB_i = \sum_{i=n+1}^{n+T} (FA_i - FA_{i-2}) = FA_{n+T-1} + FA_{n+T} - FA_{n-1} - FA_n \equiv 0 (\bmod m)\text{。}$$

(3)因为

$$\begin{aligned} 1 \equiv FA_0 \equiv FA_T &= FA_0 + \sum_{i=1}^{T-1} FA_i + FA_{T-2} \\ &= FA_0 + \sum_{i=1}^{T} FA_i - FA_T + FA_{T-2} \equiv FA_{T-2} (\bmod m), \end{aligned}$$

且 $FA_1 \equiv 1 \equiv FA_{T+1} \equiv FA_0 + \sum_{i=1}^{T} FA_i + FA_{T-1} \equiv 1 + FA_{T-1} (\bmod m)$，

所以 $FA_{T-1} \equiv 0 (\bmod m)$。

(4)可以由定义 3 直接证明结果成立。

证毕。

4.3.3 孪生 Fibonacci 数列对的模周期的整除性定理

定理 4—13 设素数 $p \neq 7$，

(1)如果 $FB_{p-1} \equiv FA_{p-2} \equiv 0 (\bmod p)$，则 $\pi_p(FF_n) \mid (p-1)$。

(2)如果 $FB_{p^2+p+1} \equiv FA_{p^2+p} \equiv 0 (\bmod p)$，则 $\pi_p(FF_n) \mid 2(p^2+p+1)$。

证明 (1)因为 $FB_{p-1} \equiv FA_{p-2} \equiv 0 (\bmod p)$，$FB_{p-1} = FB_{p-2} + FA_{p-2}$，所以 $FB_{p-2} \equiv 0 (\bmod p)$。

同理

$$FA_{p-1} = FA_{p-2} + FB_{p-2} + FA_{p-3} \equiv FA_{p-3} (\bmod p)\text{。}$$

因此

$$\begin{aligned} \boldsymbol{Q}^{p-1} &= \begin{bmatrix} FA_{p-1} & FB_{p-1} & FA_{p-2} \\ FB_{p-1} & FA_{p-2} + FA_{p-3} & FB_{p-2} \\ FA_{p-2} & FB_{p-2} & FA_{p-3} \end{bmatrix} \\ &\equiv \begin{bmatrix} FA_{p-1} & 0 & 0 \\ 0 & FA_{p-3} & 0 \\ 0 & 0 & FA_{p-3} \end{bmatrix} \\ &\equiv \begin{bmatrix} FA_{p-1} & 0 & 0 \\ 0 & FA_{p-1} & 0 \\ 0 & 0 & FA_{p-1} \end{bmatrix} (\bmod p) \end{aligned}$$

又因为 $|\boldsymbol{Q}^{p-1}| = (FA_{p-1})^3 \equiv 1 (\bmod p)$，所以 $FA_{p-1} \equiv 1 (\bmod p)$，即 $p-1$ 是 FF_n 的一个周期。事实上，

$$\begin{aligned} FA_{n+(p-1)} &= FA_{p-1}FA_n + FA_{p-2}FA_{n-1} + FB_{p-1}FB_n \equiv FA_n (\bmod p)\text{，} \\ FB_{n+(p-1)} &= FB_{p-1}FA_n + FB_{p-2}FA_{n-1} + (FA_{p-2}FA_{p-3})FB_n \equiv FB_n (\bmod p)\text{。} \end{aligned} \tag{4-36}$$

故 $\pi_p(FF_n) \mid (p-1)$。

(2)因为 $FB_{p^2+p+1} \equiv FA_{p^2+p} \equiv 0 (\bmod p)$，

所以 $FB_{p^2+p} = FB_{p^2+p+1} - FA_{p^2+p} \equiv 0 (\bmod p)$。

同理 $FA_{p^2+p+1} = FA_{p^2+p} + FB_{p^2+p} + FA_{p^2+p-1} \equiv FA_{p^2+p-1} (\bmod p)$。

因此

$$
\begin{aligned}
\boldsymbol{Q}^{p^2+p+1} &= \begin{pmatrix} FA_{p^2+p+1} & FB_{p^2+p+1} & FA_{p^2+p} \\ FB_{p^2+p+1} & FA_{p^2+p} + FA_{p^2+p-1} & FB_{p^2+p} \\ FA_{p^2+p} & FB_{p^2+p} & FA_{p^2+p-1} \end{pmatrix} \\
&\equiv \begin{pmatrix} FA_{p^2+p+1} & 0 & 0 \\ 0 & FA_{p^2+p+1} & 0 \\ 0 & 0 & FA_{p^2+p+1} \end{pmatrix} (\bmod p)
\end{aligned} \tag{4-37}
$$

又因为 $|\boldsymbol{Q}^{p^2+p+1}| = (FA_{p^2+p+1})^3 \equiv (-1)^{p^2+p+1} = -1 (\bmod p)$，所以 $FA_{p^2+p+1} \equiv -1 (\bmod p)$。显然 p^2+p+1 不是 FF_n 的周期。

但是，$|\boldsymbol{Q}^{2(p^2+p+1)}| = (FA_{2(p^2+p+1)})^3 \equiv (-1)^{2(p^2+p+1)} = 1 (\bmod p)$，下面证明 $2(p^2+p+1)$ 是 FF_n 的一个周期。

因为 $FA_{n+m} = FA_m FA_n + FA_{m-1} FA_{n-1} + FB_m FB_n$，$FB_{n+m} = FB_m FA_n + FB_{m-1} FA_{n-1} + (FA_{m-1} + FA_{m-2}) FB_n$，

所以 $FA_{2n} = (FA_n)^2 + (FA_{n-1})^2 + (FB_n)^2$，$FB_{2n} = FB_n FA_n + FB_{n-1} FA_{n-1} + (FA_{n-1} + FA_{n-2}) FB_n$。

从而有如下几个等式成立：

$$FA_{2(p^2+p+1)} = (FA_{p^2+p+1})^2 + (FA_{p^2+p})^2 + (FB_{p^2+p+1})^2 \equiv (FA_{p^2+p+1})^2 = 1 (\bmod p),$$

$$FA_{2(p^2+p)+1} = FA_{p^2+p} FA_{p^2+p+1} + FA_{p^2+p-1} FA_{p^2+p} + FB_{p^2+p} FB_{p^2+p+1} \equiv 0 (\bmod p),$$

$$FA_{2(p^2+p)} = (FA_{p^2+p})^2 + (FA_{p^2+p-1})^2 + (FB_{p^2+p})^2 \equiv (FA_{p^2+p-1})^2 = 1 (\bmod p),$$

$$\begin{aligned} FB_{2(p^2+p+1)} &= FB_{p^2+p+1} FA_{p^2+p+1} + FB_{p^2+p} FA_{p^2+p} + (FA_{p^2+p} + FA_{p^2+p-1}) FB_{p^2+p+1} \\ &\equiv 0 (\bmod p), \end{aligned}$$

$$FB_{2(p^2+p)+1} = FB_{2(p^2+p)+2} - FA_{2(p^2+p)+1} \equiv 0 (\bmod p)。$$

所以

$$\begin{aligned} FA_{n+2(p^2+p+1)} &= FA_{2(p^2+p+1)} FA_n + FA_{2(p^2+p+1)-1} FA_{n-1} + FB_{2(p^2+p+1)} FB_n \\ &\equiv FA_n (\bmod p), \end{aligned}$$

$$\begin{aligned} FB_{n+2(p^2+p+1)} &= FB_{2(p^2+p+1)} FA_n + FB_{2(p^2+p)+1} FA_{n-1} + (FA_{2(p^2+p)+1} + FA_{2(p^2+p+1)-2}) FB_n \\ &\equiv FB_n (\bmod p), \end{aligned}$$

因此 $2(p^2+p+1)$ 是 FF_n 的一个周期，故 $\pi_p(FF_n) \mid 2(p^2+p+1)$。证毕。

定理 4—14 设素数 p，

(1)当 $p=7$ 时，$\pi_p(FF_n)=42$； (4-38)

(2)当 $p\equiv\pm 1(\bmod 7)$ 时，则 $\pi_p(FF_n)\mid(p-1)$； (4-39)

(3)当 $p\equiv\pm 2, p\equiv\pm 3(\bmod 7)$ 时，则 $\pi_p(FF_n)\mid 2(p^2+p+1)$。 (4-40)

证明 与定理 4—7 证明一样，设矩阵的特征值多项式为

$$q(\lambda)=|\lambda E-Q|=\lambda^3-2\lambda^2-\lambda+1=0\text{。}$$

在 F_p 中分解因式为 $\lambda-a,\lambda-b$ 和 $\lambda-c$，其中 $a,b,c\in F_p$。

(1)如果 $a=b=c$，与定理 4—7 一样可以证明 $p=7$ 且

$$q(\lambda)\equiv(\lambda-3)(\lambda-10)(\lambda-17)(\bmod 49)\equiv(\lambda-3)^3(\bmod 7)\text{。}$$

因此 FA_n 序列中的第 n 项为

$$FA_n\equiv(A+B_n)a^n(\bmod p),n\in\mathbf{Z}^+\text{，}\tag{4-41}$$

其中，$A,B_n\in F_p$，其值由 FA_n 的初值确定。

将 FA_n 序列的前 10 个值代入上式，解方程组得

$$FA_n\equiv(5+B_n)3^n(\bmod p)\text{，}$$

其中，$B_n=\{0,0,3,2,4,2,3,0,0,3,2,4,2,3,\cdots\}$，$n\in\mathbf{Z}^+$，显然 $(A+B_n)$ 的周期为 7。

根据费马小定理得到 $a^{n+(p-1)}\equiv a^n(\bmod p)$，所以 $\pi_p(a^n)\mid(p-1)$。所以 $\pi_p(FF_n)=p(p-1)=42$。

(2)如果 a,b,c 不同时相等，则 FA_n 序列中的第 n 项为

$$FA_n\equiv Aa^n+Bb^n+Cc^n(\bmod p)\text{，}$$

其中，$A,B,C\in Z_p$，$n\in\mathbf{Z}^+$，其值由 FA_n 的初值确定。

根据费马小定理有下列等式成立：

$$\begin{aligned}FA_{n+(p-1)}&=Aa^{n+(p-1)}+Bb^{n+(p-1)}+Cc^{n+(p-1)}\\&\equiv Aa^n+Bb^n+Cc^n\\&\equiv FA_n(\bmod p)\end{aligned}$$

所以 $\pi_p(FA_n)\mid(p-1)$。

当 $p=\pm 1(\bmod 7)$ 时，存在整系数多项式 $g(\lambda),r(\lambda)$ 且 $r(\lambda)$ 的次数小于 3 使得

$$\lambda^p-\lambda=q(\lambda)g(\lambda)+p\cdot r(\lambda)$$

成立。

根据引理 2 可推出 $q(\lambda)$ 有且只有 3 个整数解，也就是说 $q(\lambda)$ 在 F_p 中是可以分解的。

例如，当 $p=13$ 时，有 $\lambda^{13}-\lambda=(\lambda^3-2\lambda^2-\lambda+1)g(\lambda)+p\cdot r(\lambda)$，

其中，$g(\lambda)=\lambda^{10}+2\lambda^9+5\lambda^8+11\lambda^7+25\lambda^6+56\lambda^5+126\lambda^4+283\lambda^3+636\lambda^2+1429\lambda+3211$

$r(\lambda)=555\lambda^2+137\lambda-247$，

所以，$q(\lambda)$ 在 F_p 中是可以分解的。

事实上，$q(\lambda)=(\lambda-8)(\lambda-9)(\lambda-11)(\bmod p)$，

$$FA_n \equiv 10a^n + 3b^n + c^n (\mathrm{mod} p)。 \quad (4\text{-}42)$$

(3)如果 $q(\lambda)$ 在 F_p 中不可分解，则 $\pi_p(FA_n) \mid 2(p^2+p+1)$，$\pi_p(FB_n) \mid 2(p^2+p+1)$。

根据引理 4－2 和引理 4－3 知，当 $p \equiv \pm 2, p \equiv \pm 3 (\mathrm{mod} 7)$ 时，$q(\lambda)$ 在 F_p 中是不可以分解的。

证毕。

4.3.4　孪生 Fibonacci 数列对(mod p^r)的最小正周期定理

与 Fibonacci 数列的模数列的周期性质定理一样，孪生 Fibonacci 数列对的模数列也有如下周期性质定理。

定理 4－15　设 m_1 与 m_2 为不同的正整数，若孪生 Fibonacci 数列对 $\{FA_n\}$，$\{FB_n\}$ 的模数列 $\{a_n(m_1)\}$，$\{b_n(m_1)\}$ 与 $\{a_n(m_2)\}$，$\{b_n(m_2)\}$ 的最小正周期分别为 T_1 与 T_2，则模数列 $\{a_n(\mathrm{lcm}(m_1,m_2))\}$，$\{b_n(\mathrm{lcm}(m_1,m_2))\}$ 的最小正周期为 $\mathrm{lcm}(T_1,T_2)$。其中 lcm 表示最小公倍数。

证明　首先证明 $\mathrm{lcm}(T_1,T_2)$ 是模数列 $\{a_n(\mathrm{lcm}(m_1,m_2))\}$ 的一个周期。

因为 $FA_{n+T_1} \equiv FA_n(\mathrm{mod} m_1)$，$FA_{n+T_2} \equiv FA_n(\mathrm{mod} m_2)$，

所以 $FA_{n+\mathrm{lcm}(T_1,T_2)} \equiv FA_n(\mathrm{mod} m_1)$，$FA_{n+\mathrm{lcm}(T_1,T_2)} \equiv FA_n(\mathrm{mod} m_2)$ 成立。

故 $a_{n+\mathrm{lcm}(T_1,T_2)} \equiv FA_{n+\mathrm{lcm}(T_1,T_2)} \equiv FA_n \equiv a_n(\mathrm{mod\,lcm}(m_1,m_2))$，

即 $\mathrm{lcm}(T_1,T_2)$ 是模数列 $\{a_n(\mathrm{lcm}(m_1,m_2))\}$ 的周期。

其次证明 $\mathrm{lcm}(T_1,T_2)$ 是模数列 $\{a_n(\mathrm{lcm}(m_1,m_2))\}$ 的最小正周期。

假设模数列 $\{a_n(\mathrm{lcm}(m_1,m_2))\}$ 的最小正周期为 T，则有

$$T \mid \mathrm{lcm}(T_1,T_2) \text{ 并且 } a_{n+T} \equiv a_n(\mathrm{mod\,lcm}(m_1,m_2))$$

成立，从而有 $a_{n+T} \equiv a_n(\mathrm{mod} m_1)$，$a_{n+T} \equiv a_n(\mathrm{mod} m_2)$，

即 T 是 $\{a_n(m_1)\}$ 和 $\{a_n(m_2)\}$ 的一个周期，因此 $T_1 \mid T$，$T_2 \mid T$，所以 $\mathrm{lcm}(T_1,T_2) \mid T$。

因为 $T \mid \mathrm{lcm}(T_1,T_2)$ 且 $\mathrm{lcm}(T_1,T_2) \mid T$，所以 $T=\mathrm{lcm}(T_1,T_2)$。

根据定理 11 知道 $\mathrm{lcm}(T_1,T_2)$ 也是模数列 $\{b_n(\mathrm{lcm}(m_1,m_2))\}$ 的最小正周期。证毕。

推论 1　设 m_1 与 m_2 为互素的正整数，$\{FA_n\}$，$\{FB_n\}$ 是孪生 Fibonacci 数列对，模数列 $\{a_n(m_1)\}$，$\{b_n(m_1)\}$ 与 $\{a_n(m_2)\}$，$\{b_n(m_2)\}$ 的最小正周期分别为 T_1 与 T_2，则模数列 $\{a_n(m_1m_2)\}$，$\{b_n(m_1m_2)\}$ 的最小正周期为 $lcm(T_1,T_2)$。

推论 2　设 k 是不小于 3 的正整数，$m_1,m_2,\cdots m_k$ 为互不相同的正整数，$\{FA_n\}$，$\{FB_n\}$ 是孪生 Fibonacci 数列对，模数列 $\{a_n(m_1)\}$，$\{b_n(m_1)\}$；$\{a_n(m_2)\}$，$\{b_n(m_2)\}$；…；$\{a_n(m_k)\}$，$\{b_n(m_k)\}$ 的周期分别为 $T_1,T_2,\cdots,T_k$，则模数列 $\{a_n(\mathrm{lcm}(m_1m_2,\cdots,m_k))\}$，$\{b_n(\mathrm{lcm}(m_1m_2,\cdots,m_k))\}$ 的周期为 $\mathrm{lcm}(T_1,T_2,\cdots,T_k)$。

定理 4－16　设 p 为素数，$r>1$ 且为正整数，$\{FA_n\}$，$\{FB_n\}$ 是孪生 Fibonacci 数列

对，模数列 $\{a_n(p)\}$，$\{b_n(p)\}$ 的最小正周期为 T，则模数列 $\{a_n(p_2)\}$，$\{b_n(p^2)\}$ 的最小正周期为 pT 。

证明 (1)先证 pT 是 $\{b_n(p^2)\}$ 的一个正周期。

因为

$$
\begin{aligned}
FB_{n+pT} &= \sum_{i=0}^{n+pT-1} FA_i \\
&= \sum_{i=0}^{n-1} FA_i + \sum_{i=n}^{n+pT-1} FA_i \\
&= FB_n + \sum_{i=n}^{n+pT-1} FA_i \\
&= FB_n + (\sum_{i=n+1}^{n+pT-1} FA_i + FA_n) \\
&= FB_n + (\sum_{i=n+1}^{n+pT-1} FA_i + FA_{n+pT}) \\
&= FB_n + \sum_{i=n+1}^{n+pT} FA_i \\
&= FB_n + (\sum_{i=n+1}^{n+T} FA_i + \sum_{i=n+T+1}^{n+2T} FA_i + \cdots + \sum_{i=n+(p-2)T+1}^{n+(p-1)T} FA_i + \sum_{i=n+(p-1)T+1}^{n+pT} FA_i) \\
&= FB_n + p\sum_{i=n+1}^{n+T} FA_i (\bmod p)。
\end{aligned}
$$

又因为 $\sum_{i=n+1}^{n+T} FA_i \equiv 0 (\bmod p)$，

所以 $p\sum_{i=n+1}^{n+T} FA_i \equiv 0 (\bmod p^2)$ 。

故 $FB_{n+pT} \equiv FB_n (\bmod p^2)$ 。这样就证明了 pT 是 $\{b_n(p^2)\}$ 的一个正周期。

(2)其次用反证法证明 pT 是 $\{b_n(p^2)\}$ 的一个最小正周期。如若不然，不妨设 T' 是 $\{b_n(p^2)\}$ 的最小正周期。令 $k=[pT/T']$，则 $0 < pT-kT' < T'$，又因为

$$FB_{n+(pT-kT')} \equiv FB_{n+(pT-kT')+kT'} \equiv FB_{n+pT} \equiv FB_n (\bmod p^2)，$$

说明 $0 < pT-kT' < T'$ 是模数列 $\{b_n(p^2)\}$ 的一个更小正周期，这与 T' 是模数列 $\{b_n(p^2)\}$ 的最小正周期产生矛盾。这就证明了 $\{b_n(p^2)\}$ 的最小正周期为 pT 。

由根据定理 11 知道 pT 也是 $\{a_n(p^2)\}$ 的一个最小正周期。证毕。

定理 4—17 设 p 为素数，$r>1$ 的正整数，$N=p^r$，若孪生 Fibonacci 数列对 $\{FA_n\}$，$\{FB_n\}$ 的模数列 $\{a_n(p)\}$，$\{b_n(p)\}$ 的最小正周期为 T，则模数列 $\{a_n(p^r)\}$，$\{b_n(p^r)\}$ 的最小正周期为 $p^{r-1}T$，即

$$\pi_N(FF_n) = \frac{\pi_p(FF_n)}{p} N 。\tag{4-43}$$

证明 同定理 4—16 的证明一样，只需用数学归纳法来证明 $FB_{n+p^{r-1}T} \equiv FB_n (\bmod p^r)$

即可。

(1)当 $r=2$ 时,由定理 4—16 知道结论成立。

(2)假设当 $r=k-1$ 时结论是成立的,即

$$FB_{n+p^{k-2}T} \equiv FB_n \pmod{p^{k-1}},\ \sum_{i=n+1}^{n+p^{k-2}T} FA_i \equiv 0 \pmod{p^{k-1}}$$

成立。现在来证明当 $r=k$ 时结论也成立。考虑到

$$\begin{aligned} FB_{n+p^{k-1}T} &= FB_n + \sum_{i=n}^{n+p^{k-1}T-1} FA_i = FB_n + \sum_{i=n+1}^{n+p^{k-1}T} FA_i \\ &= FB_n + \sum_{i=n+1}^{n+p^{k-2}T} FA_i + \sum_{i=n+p^{k-2}T+1}^{n+2p^{k-2}T} FA_i + \cdots + \sum_{i=n+(p-2)p^{k-2}T+1}^{n+(p-1)p^{k-2}T} FA_i + \sum_{i=n+(p-1)p^{k-2}T+1}^{n+p^{k-1}T} FA_i \\ &\equiv FB_n + p\sum_{i=n+1}^{n+p^{k-2}T} FA_i \pmod{p^{k-1}}。\end{aligned}$$

又因为 $p\sum_{i=n+1}^{n+p^{k-2}T} FA_i \equiv 0 \pmod{p^k}$,所以 $FB_{n+p^{k-1}T} \equiv FB_n \pmod{p^k}$。

综上所述,这就证明了 $p^{k-1}T$ 是 $\{b_n(p^k)\}$ 的一个正周期。

与定理 4—16 的证明一样可得 $p^{k-1}T$ 是 $\{b_n(p^k)\}$ 的一个最小正周期。这就证明了 $p^{r-1}T$ 是 $\{b_n(p^r)\}$ 的最小正周期。

由根据定理 4—11 知道 $p^{r-1}T$ 也是 $\{a_n(p^r)\}$ 的最小正周期。证毕。

由定理 4—15 和定理 4—17 立即可以得到以下结论:

定理 4—18　设为 $m>1$ 的整数,正整数 N 的素幂分解式为 $N=p_1^{r_1}\cdots p_m^{r_m}$,其中 p_i 和 $p_j(i\neq j)$ 是互不相同的素数,$r_i\geqslant 1(1\leqslant i\leqslant m)$,$\{FA_n\}$,$\{FB_n\}$ 是孪生 Fibonacci 数列对。若模数列 $\{a_n(p_i)\}$,$\{b_n(p_i)\}$ 的最小正周期为 T_i,那么模数列 $\{a_n(p_1^{r_1}\cdots p_m^{r_m})\}$,$\{b_n(p_1^{r_1}\cdots p_m^{r_m})\}$ 的最小正周期为 $\mathrm{lcm}(p_i^{r_i-1}T_i, i=1,\cdots,m)$。

由定理 4—18 可以知道,只要确定了孪生 Fibonacci 数列对 $\{FA_n\}$,$\{FB_n\}$ 的模数列 $\{a_n(p^r)\}$,$\{b_n(p^r)\}$ 的最小正周期,即可求出模为合数的孪生 Fibonacci 数列对的模数列的最小正周期。而由定理 4—17 可以得知,只要确定了孪生 Fibonacci 数列对 $\{FA_n\}$,$\{FB_n\}$ 的模数列 $\{a_n(p)\}$,$\{b_n(p)\}$ 的最小正周期,即可求出模为素数幂的模数列 $\{a_n(p^r)\}$,$\{b_n(p^r)\}$ 的最小正周期。所以研究模为素数的模数列的最小正周期是关键所在。

表 4-3 给出了 100 以内自然数的孪生 Fibonacci 数列对 $\{FA_n\}$,$\{FB_n\}$ 的模数列 $\{a_n(m)\}$,$\{b_n(m)\}$ 的最小正周期。

例由表 4-3 知 $\pi_5(FF_n)=62$,$\pi_{11}(FF_n)=266$,$\pi_{55}(FF_n)=8\ 246$。而 $\mathrm{lcm}(\pi_5(FF_n),\pi_{11}(FF_n))=8\ 246=\pi_{55}(FF_n)$,从而定理 4—17 得到验证。

$\pi_2(FF_n)=7$,由定理 4—17 得 $\pi_{16}(FF_n)=2^{4-1}\times 7=56$,$\pi_{64}(FF_n)=2^{6-1}\times 7=224$,与表 4-3 给出的结果一致。

$\pi_{100}(FF_n)=\mathrm{lcm}(\pi_4(FF_n),\pi_{25}(FF_n))=\mathrm{lcm}(14,310)=2\ 170$，与表 4-3 给出的结果一致，从而定理 4－18 得到验证。

用计算机程序求类似 $\pi_{510}(FF_n)$ 的值也需要花一定的时间，但如果使用定理 4－18 来求解就简单多了，即

$\pi_{510}(FF_n)=\mathrm{lcm}(\pi_{51}(FF_n),\pi_5(FF_n),\pi_2(FF_n))=\mathrm{lcm}(7\ 982,62,7)=1\ 732\ 094$。

表 4-3　100 以内整数的孪生 Fibonacci 数列对的模数列的最小正周期 T

m	1	2	3	4	5	6	7	8	9	10
T	—	7	26	14	62	182	42	28	78	434
m	11	12	13	14	15	16	17	18	19	20
T	266	182	12	42	806	56	614	546	254	434
m	21	22	23	24	25	26	27	28	29	30
T	546	266	1 106	364	310	84	234	42	28	5 642
m	31	32	33	34	35	36	37	38	39	40
T	1 986	112	3 458	4 298	1 302	546	2 814	1 778	156	868
m	41	42	43	44	45	46	47	48	49	50
T	40	546	42	266	2 418	1 106	4 514	728	294	2 170
m	51	52	53	54	55	56	57	58	59	60
T	7 982	84	5 726	1 638	8 246	84	3 302	28	7 082	5 642
m	61	62	63	64	65	66	67	68	69	70
T	582	13 902	546	224	372	3 458	9 114	4 298	14 378	1 302
m	71	72	73	74	75	76	77	78	79	80
T	70	1 092	3 602	2 814	4 030	1 778	798	1 092	12 642	1 736
m	81	82	83	84	85	86	87	88	89	90
T	702	280	82	546	19 034	42	364	532	16 022	16 926
m	91	92	93	94	95	96	97	98	99	100
T	84	1 106	25 818	31 598	7 874	1 456	96	294	10 374	2170

4.4　孪生 Fibonacci 数列对的模数列的周期估值定理

本节将详细证明孪生 Fibonacci 数列对的模周期的估值定理。

定理 4－19　设 p 为素数，$r \in \mathbf{Z}^+$，$N=p^r$。

(1)当 $p \equiv \pm 1(\mathrm{mod}7)$ 时，则

$$\pi_N(FF_n)\,\Big|\,N(1-\frac{1}{p})\,,\ 2\,\Big|\,N(1-\frac{1}{p})\,,\ \pi_N(FF_n)<N\,; \tag{4-44}$$

(2)当 $p \equiv \pm 2, p \equiv \pm 3(\mathrm{mod}7)$ 且 $r>1$ 时，则

$$\pi_N(FF_n)\left|2pN(1+\frac{1}{p}+\frac{1}{p^2})\right.,\ 2p\left|2pN(1+\frac{1}{p}+\frac{1}{p^2})\right.,\ \pi_N(FF_n)<N^2\ ; \tag{4-45}$$

(3)当 $p=7$ 时,则

$$\pi_N(FF_n)=6N\ 。\tag{4-46}$$

证明 (1) 由定理 4－14 得 $\pi_p(FF_n)|(p-1)$。由定理 4－17 得 $p^{r-1}\pi_p(FF_n)|p^{r-1}(p-1)$,所以 $p^{r-1}\pi_p(FF_n)\left|p^r(1-\frac{1}{p})\right.$,即 $\pi_N(FF_n)\left|N(1-\frac{1}{p})\right.$,因此 $\pi_N(FF_n)\leqslant N(1-\frac{1}{p})<N$ 。

当 $p\equiv 1(\mathrm{mod}7)$ 时, $14|(p-1)$,所以 $14|p^{r-1}(p-1)$,即 $14\left|N(1-\frac{1}{p})\right.$ 。

当 $p\equiv -1(\mathrm{mod}7)$ 时, $2|(p-1)$,所以 $2|p^{r-1}(p-1)$,即 $2\left|N(1-\frac{1}{p})\right.$ 。

(2) 由定理 4－14 得 $\pi_p(FF_n)|2(p^2+p+1)$。由定理 17 得 $p^{r-1}\pi_p(FF_n)|2p^{r-1}(p^2+p+1)$, 所以 $p^{r-1}\pi_p(FF_n)\left|2p^{r+1}(1+\frac{1}{p}+\frac{1}{p^2})\right.$, 即 $\pi_N(FF_n)\left|2pN(1+\frac{1}{p}+\frac{1}{p^2})\right.$,

因此

$$\pi_N(FF_n)\leqslant 2pN(1+\frac{1}{p}+\frac{1}{p^2})\leqslant 2pN(1+\frac{1}{3}+\frac{1}{3^2})\leqslant\frac{26}{9}pN=\frac{26}{9p^{r-1}}N^2\ ,$$

或

$$\pi_N(FF_n)\leqslant\frac{26}{9p^{r-1}}N^2<\frac{3N^2}{p^{r-1}}<N^2\ 。$$

(3)由定理 4－17 直接证得。证毕。

定理 4－20 设 $m\geqslant 2, N\geqslant 2$ 的整数,且 N 的素幂分解式为 $N=p_1^{r_1}\ldots p_m^{r_m}$,其中 p_i 和 $p_j(i\neq j)$ 是互不相同的素数, $r_i(1\leqslant i\leqslant m)$ 。

(1)当 $p_i\equiv\pm 1(\mathrm{mod}7)(1\leqslant i\leqslant m)$ 时,则

$$\pi_N(FF_n)\left|\frac{N}{2^{m-1}}\prod_{i=1}^{m}(1-\frac{1}{p_i})\right.,\ \pi_N(FF_n)<\frac{N}{2^{m-1}}\ 。\tag{4-47}$$

(2)当 $p_i\equiv\pm 2, p_i\equiv\pm 3(\mathrm{mod}7)(1\leqslant i\leqslant m)$ 时,则

$$\operatorname*{lcm}_{i=1}^{m}(\pi_{p_i^{r_i}}(FF_n))\left|2N^2\prod_{i=1}^{m}(\frac{1}{p_i^{r_i-1}}+\frac{1}{p_i^{r_i}}+\frac{1}{p_i^{r_i+1}})\right.,\ \pi_N(FF_n)<6.269N^2\ 。\tag{4-48}$$

证明 (1)当 $p\equiv 1(\mathrm{mod}7)$ 时,由定理 4－19 得 $14|(p_i^{r_i}-p_i^{r_i-1})(1\leqslant i\leqslant m)$,所以 $\operatorname*{lcm}_{i=1}^{m}(p_i^{r_i}-p_i^{r_i-1})\left|14\prod_{i=1}^{m}\frac{p_i^{r_i}-p_i^{r_i-1}}{14}\right.$。另一方面 $\pi_{p_i^{r_i}}(FF_n)|(p_i^{r_i}-p_i^{r_i-1})(1\leqslant i\leqslant m)$,

所以 $\operatorname*{lcm}_{i=1}^{m}(\pi_{p_i^{r_i}}(FF_n))\mid\operatorname*{lcm}_{i=1}^{m}(p_i^{r_i}-p_i^{r_i-1})$。因此，$\operatorname*{lcm}_{i=1}^{m}(\pi_{p_i^{r_i}}(FF_n))\Big|14\prod_{i=1}^{m}\dfrac{p_i^{r_i}-p_i^{r_i-1}}{14}$，即 $\operatorname*{lcm}_{i=1}^{m}(\pi_{p_i^{r_i}}(FF_n))\Big|\dfrac{N}{14^{m-1}}\prod_{i=1}^{m}(1-\dfrac{1}{p_i})$。而 $\dfrac{1}{14^{m-1}}\prod_{i=1}^{m}(1-\dfrac{1}{p_i})<\dfrac{1}{14^{m-1}}$，因此 $\pi_N(FF_n)=\operatorname*{lcm}_{i=1}^{m}(\pi_{p_i^{r_i}}(FF_n))<\dfrac{N}{14^{m-1}}$。同理可证：当 $p\equiv-1(\mathrm{mod}7)$ 时，$\pi_N(FF_n)=\operatorname*{lcm}_{i=1}^{m}(\pi_{p_i^{r_i}}(FF_n))<\dfrac{N}{2^{m-1}}$。所以 $\pi_N(FF_n)<N$。

(2)由定理 4－17、定理 4－19 得 $\pi_{p_i^{r_i}}(FF_n)\mid 2p_i^{r_i-1}(p_i^2+p_i+1)(1\leqslant i\leqslant m)$，所以 $\operatorname*{lcm}_{i=1}^{m}(\pi_{p_i^{r_i}}(FF_n))\mid 2\operatorname*{lcm}_{i=1}^{m}(p_i^{r_i-1}(p_i^2+p_i+1))$。因此，$\operatorname*{lcm}_{i=1}^{m}(\pi_{p_i^{r_i}}(FF_n))\Big|2\prod_{i=1}^{m}(p_i^{r_i-1}(p_i^2+p_i+1))$，即 $\operatorname*{lcm}_{i=1}^{m}(\pi_{p_i^{r_i}}(FF_n))\Big|2N\prod_{i=1}^{m}(p_i(1+\dfrac{1}{p_i}+\dfrac{1}{p_i^2}))$ 或 $\operatorname*{lcm}_{i=1}^{m}(\pi_{p_i^{r_i}}(FF_n))\Big|2N^2\prod_{i=1}^{m}(\dfrac{1}{p_i^{r_i-1}}+\dfrac{1}{p_i^{r_i}}+\dfrac{1}{p_i^{r_i+1}})$。

①当 $r_i=1(1\leqslant i\leqslant 2)$ 时，

$$\begin{aligned}\pi_N(FF_n)&=\operatorname*{lcm}_{i=1}^{m}(\pi_{p_i^{r_i}}(FF_n))\\&\leqslant 2N^2\prod_{i=1}^{m}(1+\frac{1}{p_i}+\frac{1}{p_i^2})\\&\leqslant 2N^2\times\frac{7\times 13}{4\times 9}<6N^2\end{aligned}$$

②当 $r_i=1(1\leqslant i\leqslant m)$ 且 $2<m<10$ 时，

$$\pi_N(FF_n)\leqslant 2N^2\prod_{i=1}^{m}(1+\frac{1}{p_i}+\frac{1}{p_i^2})<7N^2。$$

事实上 $N=2\times 3\times 5$ 时最大，

$$\pi_N(FF_n)=5\ 642=\frac{5\ 642}{30^2}N^2\approx 6.269N^2。$$

③当 $r_i(1\leqslant i\leqslant m)$ 中至少有一个大于 1 且 $1<m<10$ 时，

$$\pi_N(FF_n)\leqslant 2N^2\prod_{i=1}^{m}(1+\frac{1}{p_i}+\frac{1}{p_i^2})<5N^2。$$

事实上 $N=2^r\times p_1^{r_1}\ldots p_m^{r_m}(r>1)$ 时最大，

$$\begin{aligned}\pi_N(FF_n)&\leqslant 2N^2\prod_{i=1}^{m}(1+\frac{1}{p_i}+\frac{1}{p_i^2})\\&\leqslant 2N^2(\frac{1}{2}+\frac{1}{2^2}+\frac{1}{2^3})\prod_{i=1}^{m}(1+\frac{1}{p_i}+\frac{1}{p_i^2})\\&<5N^2\end{aligned}$$

由上述定理与推论立即可以得到如下孪生 Fibonacci 数列对的模数列的周期估值定理。

定理 4—21　设 $N \geqslant 2$ 的整数，则 $\pi_N(FF_n) < 6.269N^2$。

证明　对任一素数 p 模 7 的结果只能为 $0, \pm 1, \pm 2$ 或 ± 3，结合定理 4—19 中孪生 Fibonacci 数列对的模数列的周期的特点以及 $p=2$ 时特殊情况，将 p 分如下四类：

① $p \equiv \pm 1 \pmod 7$ 的可约素数集，记为 P_1；

② $p=7$；

③ $p \equiv \pm 2, \pm 3 \pmod 7$ 的不可约素数集且 $p \neq 2$，记为 P_3；

④ $p=2$ 的不可约素数。

将这四类素数组成的集合记为 P 。

对于任意 $N \geqslant 2$ 的整数都可以进行素幂分解，不妨可设

$$N = 2^{r_2} \cdot 7^{r_7} \cdot {p_{11}}^{r_{11}} \cdots {p_{1j}}^{r_{1j}} \cdot {p_{31}}^{r_{31}} \cdots {p_{3k}}^{r_{3k}},$$

其中，$p_{1i} \in P_1 (1 \leqslant i \leqslant j)$，$p_{3i} \in P_3 (1 \leqslant i \leqslant k)$，$j, k \in \mathbf{Z}^+$，

$$r_2, r_7, r_{1i} (1 \leqslant i \leqslant j), r_{3i} (1 \leqslant i \leqslant k)$$

都是非负整数。

(1)当 N 的素幂分解仅含有单个素数时，由定理 20 知结论是成立的。

(2)当 N 的素幂分解仅含有同一类素数如 ${p_{11}}^{r_{11}} \cdots {p_{1j}}^{r_{1j}}, {p_{31}}^{r_{31}} \cdots {p_{3k}}^{r_{3k}}$ 时，由定理 4—20 知结论是成立的。

(3)当 N 的素幂分解同时含有四类素数时，即 $N = 2^{r_2} \cdot 7^{r_7} \cdot {p_{11}}^{r_{11}} \cdots {p_{1j}}^{r_{1j}} \cdot {p_{31}}^{r_{31}} \cdots {p_{3k}}^{r_{3k}}$ 且 $r_2, r_7, r_{1i} (1 \leqslant i \leqslant j), r_{3i} (1 \leqslant i \leqslant k)$ 都是正整数，结论也是成立的。

因为由定理 4—18 知道

$$\pi_N(FF_n) = \mathrm{lcm}\left(\pi_{2^{r_2}}(FF_n), \pi_{7^{r_7}}(FF_n), \pi_{{p_{11}}^{r_{11}} \cdots {p_{1j}}^{r_{1j}}}(FF_n), \pi_{{p_{31}}^{r_{31}} \cdots {p_{3k}}^{r_{3k}}}(FF_n)\right),$$

由定理 4—19 和定理 4—20 得到

$$\pi_N(FF_n) \left| \mathrm{lcm}\left(7 \times 2^{r_2-1}, 6 \times 7^{r_7}, 2\prod_{i=1}^{j} \frac{{p_{1i}}^{r_{1i}} - {p_{1i}}^{r_{1i}-1}}{2}, 2\prod_{i=1}^{k} \left({p_{3i}}^{r_{3i}+1} + {p_{3i}}^{r_{3i}} + {p_{3i}}^{r_{3i}-1}\right)\right)\right.,$$

所以，①当 $r_2 = 1$ 时，

$$\pi_N(FF_n) \left| 6 \times 7^{r_7} \prod_{i=1}^{j} \frac{{p_{1i}}^{r_{1i}} - {p_{1i}}^{r_{1i}-1}}{2} \prod_{i=1}^{k} \left({p_{3i}}^{r_{3i}+1} + {p_{3i}}^{r_{3i}} + {p_{3i}}^{r_{3i}-1}\right)\right.,$$

故

$$\pi_N(FF_n) \leqslant \frac{3N}{2^j} \prod_{i=1}^{j} \left(1 - \frac{1}{{p_{1i}}^{r_{1i}}}\right) \prod_{i=1}^{k} P_{3i}\left(1 + \frac{1}{P_{3i}} + \frac{1}{{p_{3i}}^2}\right) < N^2;$$

②当 $r_2 > 1$ 时，

$$\pi_N(FF_n) \left| 3 \times 2^{r_2-1} \times 7^{r_7} \prod_{i=1}^{j} \frac{{p_{1i}}^{r_{1i}} - {p_{1i}}^{r_{1i}-1}}{2} \prod_{i=1}^{k} \left({p_{3i}}^{r_{3i}+1} + {p_{3i}}^{r_{3i}} + {p_{3i}}^{r_{3i}-1}\right)\right.,$$

故

$$\pi_N(FF_n) \leqslant \frac{3N}{2^{j+1}} \prod_{i=1}^{j} (1 - \frac{1}{p_{1i}{}^{r_{1i}}}) \prod_{i=1}^{k} P_{3i}(1 + \frac{1}{P_{3i}} + \frac{1}{p_{3i}{}^2}) < N^2 \text{ 。}$$

(4)当 $N = p^r$ 的素幂分解式中恰好含有三类素数时，结论是成立的。可分下面 4 种情况证明。

①当 $N = 7^{r_7} \cdot p_{11}{}^{r_{11}} \cdots p_{1j}{}^{r_{1j}} \cdot p_{31}{}^{r_{31}} \cdots p_{3k}{}^{r_{3k}}$ 时，定理 4－19 和定理 4－20 得到

$$\pi_N(FF_n) \Big| 6 \times 7^{r_7} \prod_{i=1}^{j} \frac{p_{1i}{}^{r_{1i}} - p_{1i}{}^{r_{1i}-1}}{2} \prod_{i=1}^{k} (p_{3i}{}^{r_{3i}+1} + p_{3i}{}^{r_{3i}} + p_{3i}{}^{r_{3i}-1}) \text{ ，}$$

则

$$\pi_N(FF_n) \leqslant \frac{3N}{2^{j}} \prod_{i=1}^{j} (1 - \frac{1}{p_{1i}{}^{r_{1i}}}) \prod_{i=1}^{k} P_{3i}(1 + \frac{1}{P_{3i}} + \frac{1}{p_{3i}{}^2}) < N^2 \text{ 。}$$

②当 $N = 2^{r_2} \cdot p_{11}{}^{r_{11}} \cdots p_{1j}{}^{r_{1j}} \cdot p_{31}{}^{r_{31}} \cdots p_{3k}{}^{r_{3k}}$ 时，由定理 4－19 和定理 4－20 得到

$$\pi_N(FF_n) \Big| \mathrm{lcm}\Big(7 \times 2^{r_2-1}, 2\prod_{i=1}^{j} \frac{p_{1i}{}^{r_{1i}} - p_{1i}{}^{r_{1i}-1}}{2}, 2\prod_{i=1}^{k} (p_{3i}{}^{r_{3i}+1} + p_{3i}{}^{r_{3i}} + p_{3i}{}^{r_{3i}-1})\Big) \text{ ，}$$

则 $\pi_N(FF_n) < N^2$。

③当 $N = 2^{r_2} \cdot 7^{r_7} \cdot p_{11}{}^{r_{11}} \cdots p_{1j}{}^{r_{1j}}$ 时，由定理 4－19 和定理 4－20 得到

$$\pi_N(FF_n) \Big| \mathrm{lcm}\Big(7 \times 2^{r_2-1}, 6 \times 7^{r_7}, 2\prod_{i=1}^{j} \frac{p_{1i}{}^{r_{1i}} - p_{1i}{}^{r_{1i}-1}}{2}\Big) \text{ ，}$$

当 $r_2 = 1$ 时，

$$\pi_N(FF_n) \Big| 6 \times 7^{r_7} \prod_{i=1}^{j} \frac{p_{1i}{}^{r_{1i}} - p_{1i}{}^{r_{1i}-1}}{2} \text{ ，}$$

故

$$\pi_N(FF_n) \leqslant \frac{3N}{2^{j}} \prod_{i=1}^{j} (1 - \frac{1}{p_{1i}{}^{r_{1i}}}) < \frac{3N}{2^j} < \frac{3N}{2} \text{ ；}$$

当 $r_2 > 1$ 时，

$$\pi_N(FF_n) \Big| 3 \times 2^{r_2-1} \times 7^{r_7} \prod_{i=1}^{j} \frac{p_{1i}{}^{r_{1i}} - p_{1i}{}^{r_{1i}-1}}{2} \text{ ，}$$

故

$$\pi_N(FF_n) \leqslant \frac{3N}{2^{j+1}} \prod_{i=1}^{j} (1 - \frac{1}{p_{1i}{}^{r_{1i}}}) < \frac{3N}{4} \text{ 。}$$

所以

$$\begin{cases} \pi_N(FF_n) < 3N/2, r_2 = 1; \\ \pi_N(FF_n) < 3N/4, r_2 > 1\text{。} \end{cases}$$

④当 $N = 2^{r_2} \cdot 7^{r_7} \cdot p_{31}{}^{r_{31}} \cdots p_{3k}{}^{r_{3k}}$ 时，由定理 4－19 和定理 4－20 得到

$$\pi_N(FF_n) \Big| \mathrm{lcm}(7 \times 2^{r_2-1}, 6 \times 7^{r_7}, 2\prod_{i=1}^{k} (p_{3i}{}^{r_{3i}+1} + p_{3i}{}^{r_{3i}} + p_{3i}{}^{r_{3i}-1})) \text{ ，}$$

则 $\pi_N(FF_n) < N^2$。

(5)当 N 的素幂分解式中恰好含有二类素数时，结论是成立的。可分下面 6 种情况证明。

①当 $N = 2^{r_2} \times 7^{r_7}$ 时，由定理 4－18 知道

$$\pi_N(FF_n) \mid \mathrm{lcm}(7 \times 2^{r_2 - 1}, 6 \times 7^{r_7}),$$

则

$$\pi_N(FF_n) = \begin{cases} 3N, r_1 = 1; \\ 3N/2, r_1 > 1。\end{cases}$$

②当 $N = p_{11}{}^{r_{11}} \ldots p_{1j}{}^{r_{1j}} \times p_{31}{}^{r_{31}} \ldots p_{3k}{}^{r_{3k}}$ 时，由定理 4－19 和定理 4－20 得到

$$\pi_N(FF_n) \left| \mathrm{lcm}\left(2\prod_{i=1}^{j} \frac{p_{1i}{}^{r_{1i}} - p_{1i}{}^{r_{1i}-1}}{2}, 2\prod_{i=1}^{k}(p_{3i}{}^{r_{3i}+1} + p_{3i}{}^{r_{3i}} + p_{3i}{}^{r_{3i}-1})\right)\right.,$$

则

$$\pi_N(FF_n) \leqslant \frac{N}{2^{j-1}} \prod_{i=1}^{j}(1 - \frac{1}{p_{1i}{}^{r_{1i}}}) \prod_{i=1}^{k} P_{3i}(1 + \frac{1}{P_{3i}} + \frac{1}{p_{3i}{}^2}) < N^2。$$

③当 $N = 2^{r_2} \times p_{11}{}^{r_{11}} \ldots p_{1j}{}^{r_{1j}}$ 时，由定理 4－19 和定理 4－20 得到

$$\pi_N(FF_n) \left| \mathrm{lcm}\left(7 \times 2^{r_2 - 1}, 2\prod_{i=1}^{j} \frac{p_{1i}{}^{r_{1i}} - p_{1i}{}^{r_{1i}-1}}{2}\right)\right.,$$

则

$$\begin{cases} \pi_N(FF_n) < 7N, r_1 = 1; \\ \pi_N(FF_n) < 7N/2, r_1 > 1。\end{cases}$$

④当 $N = 2^{r2} \times p_{31}{}^{r_{31}} \ldots p_{3k}{}^{r_{3k}}$ 时，由定理 4－19 和定理 4－20 得到

$$\pi_N(FF_n) \mid \mathrm{lcm}(7 \times 2^{r2-1}, 2\prod_{i=1}^{k}(p_{3i}{}^{r_{3i}+1} + p_{3i}{}^{r_{3i}} + p_{3i}{}^{r_{3i}-1})),$$

则

$$\begin{cases} \pi_N(FF_n) \leqslant 7N\prod_{i=1}^{k} P_{3i}(1 + \frac{1}{P_{3i}} + \frac{1}{p_{3i}{}^2}) < N^2, r_2 = 1; \\ \pi_N(FF_n) \leqslant \frac{7N}{2}\prod_{i=1}^{k} P_{3i}(1 + \frac{1}{P_{3i}} + \frac{1}{p_{3i}{}^2}) < N^2, r_2 > 1。\end{cases}$$

⑤当 $N = 7^{r7} \times p_{11}{}^{r_{11}} \ldots p_{1j}{}^{r_{1j}}$ 时，由定理 4－19 和定理 4－20 得到

$$\pi_N(FF_n) \left| \mathrm{lcm}\left(6 \times 7^{r_7}, 2\prod_{i=1}^{j} \frac{p_{1i}{}^{r_{1i}} - p_{1i}{}^{r_{1i}-1}}{2}\right)\right.,$$

则

$$\pi_N(FF_n) \leqslant 6 \times 7^{r_7} \prod_{i=1}^{j} \frac{p_{1i}{}^{r_{1i}} - p_{1i}{}^{r_{1i}-1}}{2} < \frac{6N}{2^j} \leqslant \frac{3N}{2},$$

即 $\pi_N(F_n) < \frac{3N}{2}$ 。

⑥当 $N = 7^{r_7} \times p_{31}{}^{r_{31}} \ldots p_{3k}{}^{r_{3k}}$ 时，定理 4－19 和定理 4－20 得到

$$\pi_N(FF_n) \,\Big|\, \mathrm{lcm}(6 \times 7^{r_7}, 2\prod_{i=1}^{k}(p_{3i}{}^{r_{3i}+1} + p_{3i}{}^{r_{3i}} + p_{3i}{}^{r_{3i}-1})) ,$$

则 $\pi_N(FF_n) \leqslant 6N \prod_{i=1}^{k} P_{3i}(1 + \frac{1}{P_{3i}} + \frac{1}{p_{3i}{}^2}) < N^2$。

综合(1)至(5)，证明了结论成立。证毕。

推论 当 N 的素幂分解式中只含有可约素数或素数 2 时，即 $N = 2^{r_2} \cdot 7^{r_7} \cdot p_{11}{}^{r_{11}} \cdots p_{1j}{}^{r_{1j}}$，$\pi_N(FF_n) < 7N$ 。

4.5 三维 Arnold 矩阵的模周期

由 4.1 节知道，三维 Arnold 变换矩阵与下式有关：

$$\boldsymbol{Q}^{n+1} = \begin{bmatrix} 1 & 1 & 1 \\ 1 & 1 & 0 \\ 1 & 0 & 0 \end{bmatrix} \begin{bmatrix} A_n & B_n & A_{n-1} \\ B_n & C_n & B_{n-1} \\ A_{n-1} & B_{n-1} & A_{n-2} \end{bmatrix},$$

其中，A_n，B_n 的性质已经在前面的章节中研究过了，下面将讨论 $\{C_n\}$ 的性质定理，从而研究三维 Arnold 变换矩阵的模周期性。

4.5.1 $\{C_n\}$的性质定理

定理 22 设 $n, m \in \mathbf{Z}^+$，孪生 Fibonacci 数列对 $\{FA_n\}$，$\{FB_n\}$ 和 $\{C_n\}$ 之间有如下等式成立：

(1) $FB_{n+1} = FB_n + C_n + FB_{n-1}$； (4-49)

(2) $FA_{n+1} = FA_n + FA_{n-1} + FB_n = FB_{n+1} + FA_{n-1} = C_{n+1} + FB_n$ ； (4-50)

(3) $FB_{n+1} = FA_n + FB_n = FB_n + C_n + FB_{n-1} = C_{n+1} + FB_{n-1}$； (4-51)

(4) $C_{n+1} = FB_n + C_n = FA_{n-1} + FB_{n-1} + C_n = FA_n + FA_{n-1}$。 (4-52)

证明 (1)因为

$$\begin{aligned} FB_n + C_n + FB_{n-1} &= FB_n + FB_{n-1} + \sum_{i=2}^{n-1} FB_i + FB_1 + C_1 \\ &= FB_n + FB_{n-1} + \sum_{i=2}^{n-1}(FA_i - FA_{i-2}) + FB_1 + C_1 \\ &= FB_n + FB_{n-1} + (FA_{n-1} + FA_{n-2} - FA_1 - FA_0) + FB_1 + C_1 \\ &= FB_n + FB_{n-1} + FA_{n-1} + FA_{n-2} \\ &= FB_n + FA_n = FB_{n+1} \end{aligned}$$

所以，$FB_{n+1}=FB_n+C_n+FB_{n-1}$。

(2)(3)(4)证明略。

定理 4－23　设孪生 Fibonacci 数列对 $\{FA_n\}$，$\{FB_n\}$ 的模数列 $\{a_n(m)\}$，$\{b_n(m)\}$ 的最小正周期为 T，则

(1) $\{C_n\}$ 的模数列 $\{C_n(\bmod m)\}=\{c_n\}$ 是一个纯周期数列。

(2)当且仅当 $\{C_n\}$ 的模数列 $\{c_n(m)\}$ 的最小正周期也为 T。

证明　(1)容易证明 $\{C_n\}$ 的模数列是一个纯周期数列。

(2)首先证明 $\{b_n\}$ 周期为 T，则 T 也是 $\{c_n(m)\}$ 的周期。由 $FB_{n+1}=FB_n+C_n+FB_{n-1}=C_{n+1}+FB_{n-1}$ 得到 $C_{n+1}=FB_{n+1}-FB_{n-1}$，所以

$$c_{n+T}\equiv C_{n+T}=FB_{n+T}-FB_{n+T-1}\equiv FB_n-FB_{n-1}=C_n\equiv c_n(\bmod m)\text{。}$$

其次证明如果 $\{C_n\}$ 的模数列 $\{c_n(m)\}$ 的最小正周期为 T，则孪生 Fibonacci 数列对的 $\{FB_n\}$ 的模数列 $\{b_n\}$ 最小正周期为也为 T。

因为

$$\begin{aligned}b_{n+T}&\equiv FB_{n+T}\equiv FB_{n+T}+C_{n+1}-C_{n+T+1}\\&=FB_{n+T}+C_{n+1}-(FB_{n+T}+C_{n+T})\\&\equiv C_{n+1}-C_n=FB_n\equiv b_n(\bmod m)\end{aligned}$$

由定理 4－11 和定理 4－23 可得孪生 Fibonacci 数列对的 $\{FA_n\}$，$\{FB_n\}$ 的模数列 $\{a_n(m)\}$，$\{b_n(m)\}$ 和 $\{C_n\}$ 的模数列 $\{c_n(m)\}$ 具有相同的最小正周期。

例 3　由定义容易得到 $\{C_n\}=\{1,2,4,9,20,45,101,227,510,\cdots\}$。

当 $m=2$ 时，有 $\{c_n(2)\}=\{1,0,0,1,0,1,1,1,0,0,1,0,1,1,\cdots\}$，

根据定义得知 $\pi_2(C_n)=7$。

当 $m=3$ 时，有

$$\begin{aligned}\{c_n(3)\}=\{&1,2,1,0,2,0,2,2,0,0,1,2,2,2,1,2,0,1,0,1,1,0,0,2,1,1,\\&1,2,1,0,2,0,2,2,0,0,1,2,2,2,1,2,0,1,0,1,1,0,0,2,1,1,\cdots\}\end{aligned}$$

根据定义得知 $\pi_3(C_n)=26$。

4.5.2　三维矩阵 FF_Q 的模周期性定理

下面给出 **FF_Q** 矩阵的模周期性定理。

定理 4－24　设 $N\geqslant 1$ 的整数，如果孪生 Fibonacci 数列对 $\{FA_n\}$，$\{FB_n\}$ 的模数列 $\{a_n(m)\}$，$\{b_n(m)\}$ 的最小正周期为 T，则 **FF_Q** 变换矩阵具有周期性且最小正周期等于 T。

证明　根据对孪生 Fibonacci 数列对 $\{FA_n\}$，$\{FB_n\}$ 和数列 C_n 的定义可以得出

$$\boldsymbol{Q}^n=\begin{bmatrix}FA_n & FB_n & FA_{n-1}\\ FB_n & C_n & FB_{n-1}\\ FA_{n-1} & FB_{n-1} & FA_{n-2}\end{bmatrix}=\begin{bmatrix}FA_n & FB_n & FA_{n-1}\\ FB_n & FA_{n-1}+FA_{n-2} & FB_{n-1}\\ FA_{n-1} & FB_{n-1} & FA_{n-2}\end{bmatrix}\ (n>1)\text{。}\quad(4\text{-}53)$$

显然 $|\boldsymbol{Q}^n|=(-1)^n$，根据 2.3 节的矩阵变换有周期性的充要条件定理可以推出 **FF_Q** 变换具有周期性。为叙述方便，记 $\boldsymbol{Q}^n(\mathrm{mod}N)$ 为 $\boldsymbol{Q}^n(N)$。

根据定理 4－11、定理 4－23 有下式成立：

$$\begin{aligned}\boldsymbol{Q}^{n+T} &= \begin{bmatrix} FA_{n+T} & FB_{n+T} & FA_{n-1+T} \\ FB_{n+T} & FA_{n-1+T}+FA_{n-2+T} & FB_{n-1+T} \\ FA_{n-1+T} & FB_{n-1+T} & FA_{n-2+T} \end{bmatrix} \\ &\equiv \begin{bmatrix} a_{n+T} & b_{n+T} & a_{n-1+T} \\ b_{n+T} & a_{n-1+T}+a_{n-2+T} & b_{n-1+T} \\ a_{n-1+T} & b_{n-1+T} & a_{n-2+T} \end{bmatrix} \\ &\equiv \begin{bmatrix} a_n & b_n & a_{n-1} \\ b_n & a_{n-1}+a_{n-2} & b_{n-1} \\ a_{n-1} & b_{n-1} & a_{n-2} \end{bmatrix} \\ &\equiv \begin{bmatrix} FA_n & FB_n & FA_{n-1} \\ FB_n & FA_{n-1}+FA_{n-2} & FB_{n-1} \\ FA_{n-1} & FB_{n-1} & FA_{n-2} \end{bmatrix} \\ &= \boldsymbol{Q}^n(\mathrm{mod}N)\end{aligned}$$

这样就证明了孪生 Fibonacci 数列对 $\{FA_n\}$，$\{FB_n\}$ 的模数列 $\{a_n(m)\}$，$\{b_n(m)\}$ 的最小正周期 T 也是 $\boldsymbol{Q}$ 的周期。可以验证

$$\boldsymbol{Q}^T = \begin{bmatrix} FA_T & FB_T & FA_{T-1} \\ FB_T & FA_{T-1}+FA_{T-2} & FB_{T-1} \\ FA_{T-1} & FB_{T-1} & FA_{T-2} \end{bmatrix} \equiv \begin{bmatrix} 1 & 0 & 0 \\ 0 & 1 & 0 \\ 0 & 0 & 1 \end{bmatrix} = \boldsymbol{E}(\mathrm{mod}N)。$$

下面通过构造一个 $\{FA_n\}$，$\{FB_n\}$ 到 $\{\boldsymbol{Q}^n\}$ 的一一映射来证明 T 也是 $\boldsymbol{Q}^n$ 的最小正周期。

由孪生 Fibonacci 数列对 $\{FA_n\}$，$\{FB_n\}$ 中的任一对 FA_i，FB_i（$i\in\mathbf{Z}, i>1$），都可以构造一个 3×3 的矩阵

$$\begin{bmatrix} FA_i & FB_i & FA_{i-1} \\ FB_i & FA_{i-1}+FA_{i-2} & FB_{i-1} \\ FA_{i-1} & FB_{i-1} & FA_{i-2} \end{bmatrix}。\tag{4-54}$$

令 $f(FA_n, FB_n)=\boldsymbol{Q}^n$，便定义了一个映射

$$f:\{(FA_n, FB_n)\}\longrightarrow\{\boldsymbol{Q}^n\}，\tag{4-55}$$

并且有

$$\begin{aligned} & f(FA_i, FB_i) * f(FA_j, FB_j) \\ &= (\boldsymbol{Q}^i) * (\boldsymbol{Q}^j) = (\boldsymbol{Q}^{i-1} * \boldsymbol{Q}) * (\boldsymbol{Q}^j) \end{aligned}$$

$$=(\boldsymbol{Q}^{i-1})*(\boldsymbol{Q}*\boldsymbol{Q}^{j})=(\boldsymbol{Q}^{i-1})*(\boldsymbol{Q}^{j+1})$$
$$=\boldsymbol{Q}^{i+j}=f(FA_{i+j},FB_{i+j})$$

其中，$*$ 为矩阵乘运算。

这样 f 就是 $\{FA_n\}$，$\{FB_n\}$ 到 $\{\boldsymbol{Q}^n\}$ 的一个同态映射。不难证明 f 也是一个同构映射。

T 是孪生 Fibonacci 数列对 $N=p^r$ 的模数列 $\{a_n(m)\}$，$\{b_n(m)\}$ 的最小正周期，因为 f 是 $\{FA_n\}$，$\{FB_n\}$ 到 $\{\boldsymbol{Q}^n\}$ 的同构映射，所以 T 也是 **FF_Q** 矩阵的最小正周期。把 $\boldsymbol{Q}$ 的小正周期(多数文献称它为阶)简记为 $\pi_N(\boldsymbol{Q}(\mathrm{mod}N))$ 或 $\pi_N(\boldsymbol{Q})$。

由定理 4－17、定理 4－18、定理 4－24 可以得到如下几个定理：

定理 4－25　设 p 为素数，$r>1$ 的正整数，且 $N=p^r$，则

$$\pi_N(\boldsymbol{Q}(\mathrm{mod}N))=p^{r-1}\pi_p(\boldsymbol{Q}(\mathrm{mod}p))。\tag{4-56}$$

定理 4－26　设为 $N\geqslant 1$ 的整数，且 $N=uv$，u 和 v 互素，则

$$\pi_N(\boldsymbol{Q}(\mathrm{mod}N))=\mathrm{lcm}(\pi_u(\boldsymbol{Q}(\mathrm{mod}u)),\pi_v(\boldsymbol{Q}(\mathrm{mod}v)))。\tag{4-57}$$

定理 4－27　设为 $N\geqslant 1$ 的整数，且 N 的因式分解为 $N=p_1{}^{r_1}\ldots p_m{}^{r_m}$，其中 p_i 和 $p_j(i\neq j)$ 是互不相同的素数，$r_i\geqslant 1(m\geqslant i\geqslant 1)$，那么

$$\pi_N(\boldsymbol{Q}(\mathrm{mod}N))=\mathrm{lcm}(\pi_{p_i^{r_i}}(\boldsymbol{Q}(\mathrm{mod}p_i{}^{r_i})),i=1,\cdots,m。\tag{4-58}$$

所以只要确定了模为素数幂的矩阵的阶，即可求出模为合数的阶。

4.5.3　三维猫映射的模周期与孪生 Fibonacci 数列对的模周期的关系

定理 4－24 给出 **FF_Q** 矩阵的最小正周期等于孪生 Fibonacci 数列对的模数列 $\{a_n(m)\}$，$\{b_n(m)\}$ 的最小正周期，下面来研究三维 Arnold 变换的周期性与 **FF_Q** 矩阵的周期性的关系。

为了证明它们的关系，先介绍一个定义和两个引理。

定义 4－5[53]　对于给定的自然数 $N\geqslant 2$，下列变换称为三维 Arnold 变换：

$$\begin{bmatrix}x'\\y'\\z'\end{bmatrix}\equiv\begin{bmatrix}1&1&1\\1&2&2\\1&2&3\end{bmatrix}\begin{bmatrix}x\\y\\z\end{bmatrix}(\mathrm{mod}N)\equiv A\begin{bmatrix}x\\y\\z\end{bmatrix}(\mathrm{mod}N),$$

其中 $x,y,z\in\{0,1,2,\cdots,N-1\}$，而 N 是数字图像矩阵的阶数。令 $\mathbf{A}=\begin{bmatrix}1&1&1\\1&2&2\\1&2&3\end{bmatrix}$，以后我们说三维 Arnold 变换即指此式。

引理 4－5　如果变换 $\begin{bmatrix}x'\\y'\\z'\end{bmatrix}\equiv\begin{bmatrix}1&1&1\\1&2&2\\1&2&3\end{bmatrix}\begin{bmatrix}x\\y\\z\end{bmatrix}(\mathrm{mod}N)$，$x,y,z\in\{0,1,2,\cdots,N-1\}$

的周期为 $\pi_N(\mathbf{A}(\mathrm{mod}N))$，则下列变换有周期，且 $\pi_N(\mathbf{A}'(\mathrm{mod}N))=\pi_N(\mathbf{A}(\mathrm{mod}N))$：

$$\begin{bmatrix}x'\\y'\\z'\end{bmatrix}\equiv\begin{bmatrix}3&2&1\\2&2&1\\1&1&1\end{bmatrix}\begin{bmatrix}x\\y\\z\end{bmatrix}\equiv\mathbf{A}'\begin{bmatrix}x\\y\\z\end{bmatrix}(\mathrm{mod}N),\ x,y,z\in\{0,1,2,\cdots,N-1\}$$

因为 x,y,z 位置的任意性和变换的线性性，引理的证明比较简单，这里省略其证明过程。

引理 4－6 对于 **FF_Q** 的变换矩阵 $\boldsymbol{Q}$，有 $\boldsymbol{Q}(\mathrm{mod}N)\in\mathbf{GL}_n(Z_N)$。

(1)由 $\boldsymbol{Q}$ 生成的群 $<\boldsymbol{Q}>=\{\boldsymbol{Q}^n(\mathrm{mod}N):n\in\mathbf{Z}\}$ 是 $\mathbf{GL}_n(Z_N)$ 上的一个交换群。

(2)由 $\boldsymbol{Q}^i(i\in\mathbf{Z})$ 生成的子群 $<\boldsymbol{Q}^i>$ 的阶整除 $<\boldsymbol{Q}>$ 的阶。

由引理 4－5 和引理 4－6 得到下面三维猫映射的模周期与 **FF_Q** 的模周期的关系。

定理 4－28 对于给定的整数 $N>2$，如果三维 Arnold 变换的最小正周期为 $\pi_N(\mathbf{A}(\mathrm{mod}N))$，则 **FF_Q** 变换的最小正周期为 $2\pi_N(\mathbf{A}(\mathrm{mod}N))$。

例如，$\mathrm{ord}_2(FF_n)=7$，由定理 4－17 得 $\mathrm{ord}_{256}(FF_n)=2^{8-1}\times7=896$，由定理 4－24 得到 $\mathrm{ord}_{256}(\boldsymbol{Q}(\mathrm{mod}256))=\mathrm{ord}_{256}(FF_n)=896$，由定理 28 得到三维 Arnold 变换的周期为 448，这个结论与文献[53]的结果是一致的。

综上所述，只要知道了孪生 Fibonacci 数列对 $\{FA_n\}$，$\{FB_n\}$ 的模数列 $\{a_n(m)\}$，$\{b_n(m)\}$ 的周期，便可以确定三维 Arnold 变换的周期，从而更好地研究图像置乱技术。

4.5.4 三维猫映射的模周期上界定理

根据定理 4－21、定理 4－24 和定理 4－28，立即可以得到关于三维 Arnold 变换周期的上界定理。

定理 4－29 设 $N>2$ 的整数，则三维 Arnold 变换的最小正周期上界 $\pi_N(\mathbf{A}(\mathrm{mod}N))<3.14N^2$。

4.6 三维猫映射在图像加密中的应用

本节将通过一个三维 Arnold 映射在图像置乱中的仿真实验，验证三维 Arnold 映射模周期的正确性，并提出了一种新的基于三维 Arnold 映射的多轮双置乱加密算法。

4.6.1 一个简单的图像位置置乱加密算法及周期验证

通过分析，可以知道三维 Arnold 变换模 64 的周期为 112，但要用直观的图示方法来验证其正确性却比较困难，因此，设计了一种新的图像置乱加密算法，用这个算法来检验三维 Arnold 映射的周期的正确性。

1. 图像位置置乱加密算法

(1)将 $s \times s$ 的二维平面图像变换成 $t \times t \times t$ 的三维立体图像；

(2)使用三维 Arnold 变换对图像像素的位置进行多次映射变换；由于三维 Arnold 变换在进行图像置乱中对于(0,0,0)位置上的像素不起任何作用，因此，可把(0,0,0)位置上的像素和一个固定位置 $(i,j,k)(0<i \leqslant t, 0<j \leqslant t, 0<k \leqslant t)$ 的像素在每轮迭代过程后进行交换。这样，前一轮(0,0,0)位置的像素就可以在下一轮迭代中被置乱。其中 (i,j,k) 也可以被看作密钥进行控制；

(3)将 $t \times t \times t$ 的三维立体图像变换成 $s \times s$ 的二维加密图像。

2. 仿真实验

下面给出一个基于 Arnold 映射的图像仿真变换实例。

如图 4-1(a)所示，图像像素为 512×512，变换成 64×64×64 的三维立体图。使用三维 Arnold 映射变换对原始图像作多次变换得到的图像变换状态，如图 4-1 所示，可以看出原始图像经过 112 次变换后恢复到了原来状态，从而验证了上述相关定理的正确性。仅就位置置乱而言，效果比二维 Arnold 映射置乱效果好。

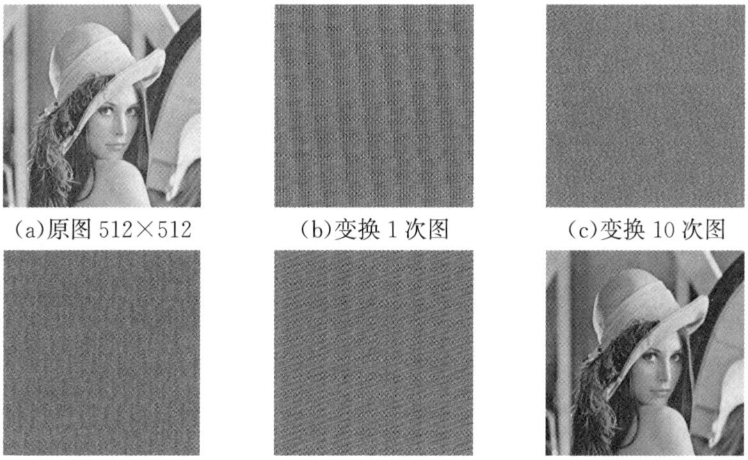

(a)原图 512×512　(b)变换 1 次图　(c)变换 10 次图

(d)变换 100 次图　(e)变换 111 次图　(f)变换 112 次图

图 4-1　原图像进行 *n* 次 Arnold 变换的效果图

4.6.2　基于图像位置置乱的加密算法

1. 图像位置置乱加密算法

上述的图像加密算法中将 $s \times s$ 的二维平面图像变换成 $t \times t \times t$ 的三维立体图像有时不能成立，例如不能将 $\bmod p^r$ 的二维平面图像变换成 $t \times t \times t$ 的三维立体图像。下面对上节的算法进行改进，增加最少的冗余信息，使得将 $s \times s$ 的二维平面图像变换成 $t \times t \times t$ 的三维立体图像。

图像位置置乱加密算法如下：

(1)对给定的 $s \times s$ 求出 $\bmod p^r$ 的值：$t=\mathrm{fix}(\sqrt[3]{s^2})$ 或 $t=\mathrm{fix}(\sqrt[3]{s^2})+1$，fix 表示取整。

(2)将二维图像变换为一维数组，增加 $t\times t\times t-s\times s$ 个冗余信息，将一维数组变换成 $t\times t\times t$ 的三维立体图像。

(3)使用三维 Arnold 变换对图像像素的位置进行 T 次映射变换；由于三维 Arnold 变换在进行图像置乱中对于(0,0,0)位置上的像素不起任何作用，因此，可把(0,0,0)位置上的像素和一个固定位置 $(i,j,k)(0<i\leqslant t,0<j\leqslant t,0<k\leqslant t)$ 的像素在每轮迭代过程后进行交换。这样，前一轮(0,0,0)位置的像素就可以在下一轮迭代中被置乱。其中 (i,j,k) 也可以被看作密钥进行控制。

(4)求加密后的二维矩阵的阶 n ：$n=\mathrm{fix}(t\sqrt{t})$ 或 $n=\mathrm{fix}(t\sqrt{t})+1$。

(5)将三维变换为一维数组，增加 $n\times n-t\times t\times t$ 个冗余信息，将一维数组变换成 $n\times n$ 的二维加密图像用于保存或进一步处理。

下面针对原始图像如图 4-2(a)所示，其像素值为 440×440 进行仿真变换。

(a)原图 440×440　(b)变换 1 次图　(c)变换 7 次图　(d)变换 14 次图

图 4-2　原图像进行 *n* 次 Arnold 变换的效果图

当 $s=440$ 时，根据算法可以求出 $t=58$，$n=442$，三维 Arnold 的周期为 14。使用三维 Arnold 映射变换对原始图像作多次变换得到的图像变换状态如图 4-2 所示，效果比二维 Arnold 映射置乱效果好。

2. 图像位置置乱解密算法

在工程实际应用中，s 的值一般比较大，如有的卫星图片大小为 2 340×3 240，像上节使用变换矩阵的周期对图像恢复，代价高昂，本节使用基于 Arnold 逆变换的方法对图像解密。

基于图像位置置乱的解密算法如下：

(1)对给定的 $s\times s$ 求出 t 和 n 的值，方法同上；

(2)将二维图像变换为一维数组，去冗余信息，将一维数组变换成 $t\times t\times t$ 的三维立体图像；

(3)使用三维 Arnold 变换对图像像素进行 T 次逆变换；

(4)将三维立体图像变为一维数组，去冗余信息，将一维数组变换成二维图像。

3. 图像位置置乱算法的冗余度

在算法当中增加了冗余信息，冗余度的大小也是衡量这个算法好坏的一个标准，如当原始图像像素为 440×440，300×300，512×512 时，它们的冗余度分别为 0.91%，1.34%，0。图 4-3 给出了图像像素在 200～2 000 之间的冗余度的值，从图上可以看出信息冗余度一般不超过 9%，说明这个算法是可用的。

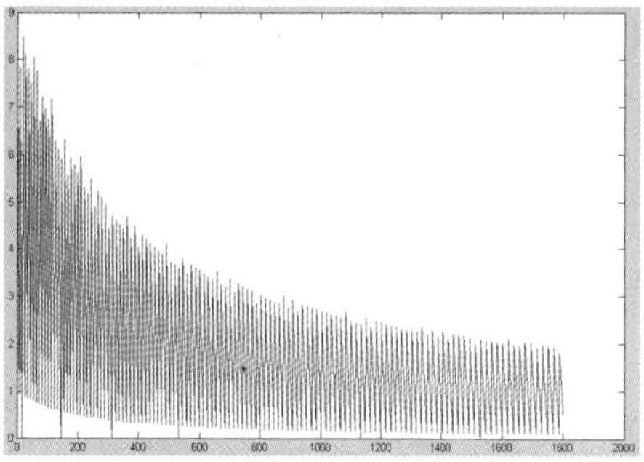

图 4-3　图像像素在 200～2 000 之间的冗余度的值

4. 图像攻击实验

如图 4-4 所示，原始图像像素为 406×406，$t=55$，$n=408$，三维 Arnold 的周期为 4 123。使用三维 Arnold 映射变换对原始图像作 1 082 次变换得到置乱图，如图 4-4(a)所示，解密效果图如图 4-4(b)所示。图 4-4 还给出了加密图受到攻击后图像解密效果图。通过观察和比较可以发现加密图受到攻击后解密效果图与图 4-4(b)差别不大，仍然可以很容易地分辨出来，不影响图像的整体效果。

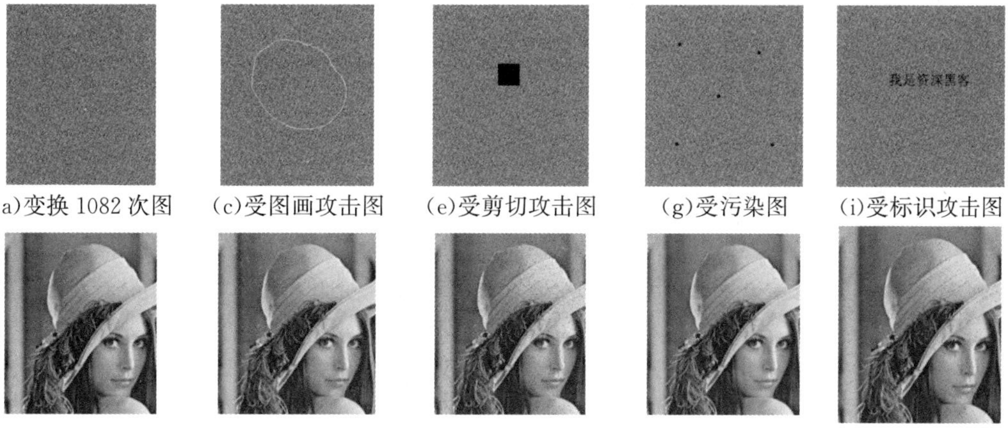

(a)变换 1082 次图　(c)受图画攻击图　(e)受剪切攻击图　(g)受污染图　(i)受标识攻击图

(b)解密效果图　(d)解密效果图　(f)解密效果图　(h)解密效果图　(j)解密效果图

图 4-4　加密图受攻击后图像解密效果

4.6.3　基于三维 Arnold 映射的多轮双置乱加密算法

为了防止仅作空间置乱有轮廓显现，再引入色彩空间的置乱，然后进行多轮置乱变换(详见 5.2 节)。具体步骤是：

(1)首先使用三维 Arnold 变换对图像像素坐标进行置乱；

(2)再使用 5.2 节中构造的 n 维广义 Arnold 变换对图像像素灰度值进行 APS 变换；

(3)为了加强安全，重复(1)(2)进行多轮乘积型置乱变换，达到高维矩阵置乱的效果，并抵御选择明文攻击等破译算法。

图 4-5 给出了图像 Lena(图 4-1(a)，512 × 512)像素灰度值和坐标双置乱效果图及其相应的直方图。图 4-5 的(a)和(b)分别为第 1 轮置乱变换的效果图及其直方图，(c)和(d)分别

为第 18 轮置乱变换的效果图及其直方图,(e)和(f)分别为解密效果及其直方图。

(a)第 1 轮置乱变换图

(c)第 18 轮置乱变换图

(e)解密效果图

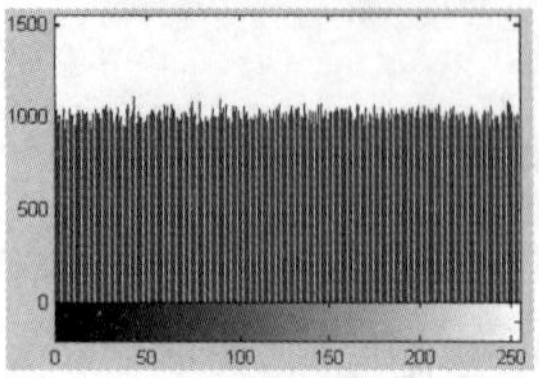

(b)直方图

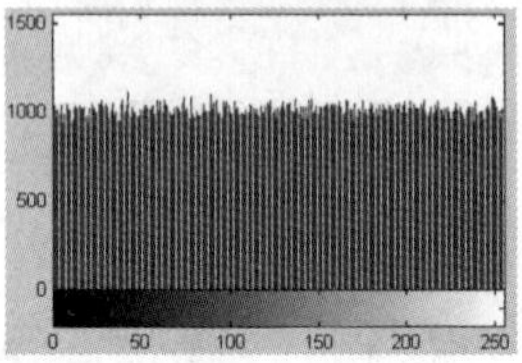

(d)直方图

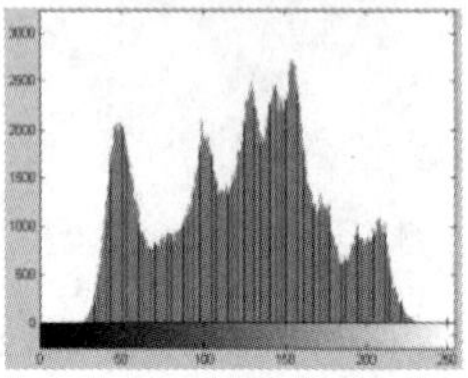
(f)直方图

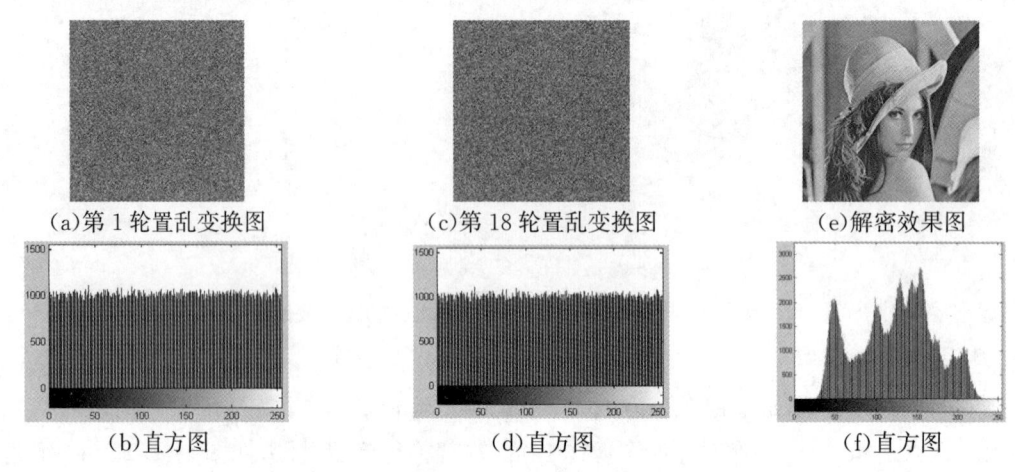

图 4-5　图像双置乱效果图及其相应的直方图

4.7　小结

本章首次提出了孪生 Fibonacci 数列对的定义,对应于 Fibonacci 数列的性质和定理,给出了其性质和定理,并证明了孪生 Fibonacci 数列对($\mathrm{mod}p^r$)的最小正周期定理和模数列的其他周期性定理;其次研究了孪生 Fibonacci 数列对的模周期的一些整除性质,并给出了关于孪生 Fibonacci 数列对模数列的周期估值定理,得到了孪生 Fibonacci 数列对的模周期的上界定理 $\pi_N(FF_n)<6.269N^2$。进而阐明了三维 Arnold 映射的周期性与孪生 Fibonacci 数列对的周期性的内在联系,得到了三维 Arnold 变换的最小正周期上界为 $3.14N^2$,大大推进了现有的结论(N^3),从而为图像处理提供不可缺少的数学理论依据。在 4.6 节通过一个三维 Arnold 映射在图像置乱中的仿真实验,验证上述理论的正确性,并提出了一种新的基于三维 Arnold 映射的多轮双置乱加密算法。

第5章　n 维广义 Arnold 映射与应用

信息安全中图像安全是众所关心的重要问题，针对大幅图像实施数字图像加密和信息隐藏，矩阵变换置乱技术是基础性的关键工作，与其他适用技术如混沌技术有本质不同[150-153]，其研究经历了两个阶段，第一阶段是以 Arnold 变换和 Fibonacci_Q 变换为代表的规则矩阵置乱变换技术[53,62]。这个阶段的置乱变换所用的置乱矩阵元素值相对简单(被称为规则矩阵置乱)，虽然具备较好的安全性，且能改变被置乱图像的灰度特征，由于未解决精确周期特别是缺乏快速算法，且对攻击不具备全局扩散能力等问题，在应用中存在缺陷，加密算法无法完全公开，因此矩阵置乱变换主要是用于数字水印的预处理，如文献[154]就是一个此类应用的例子。第二阶段是随机矩阵置乱变换技术。由文献[67]首次提出，整数矩阵元素可以充分随机、模数 N 维数 n 可以任意。文献[67]和[153]分别针对二维、三维随机整数矩阵 $\boldsymbol{A}$ 决定的置乱变换在任意模 N 下的精确周期 T 及上界估计，并构造快速算法。文献[155]进一步提出了基于三维随机矩阵变换和 Gray 置乱变换的 2 类置乱变换技术。虽然随机矩阵置乱变换技术具备随机性、长周期和概率密钥等特点，可有效防止选择明文攻击，增强信息隐藏的安全性，也构造了求周期的快速算法，但要构造一个高维的符合置乱变换要求的随机矩阵是比较困难的。

针对以上问题，本章提出了构造任意 n 维广义 Arnold 变换矩阵的几种方法，每种方法都只与密钥有关，算法简单且可公开；密钥空间大，具有一次一密特性，算法的安全性较强；由密钥生成的变换矩阵和逆变换矩阵的算法中不涉及复杂矩阵运算，时间复杂度较低，不会因为变换矩阵维数较高而超出计算能力；使用此类变换矩阵对图像进行图像像素置乱，通过逆变换对置乱图像进行恢复；实验结果表明该置乱变换在受到各种攻击时的强脆弱性，因而可用于数字作品完整性鉴别的脆弱水印构造。

5.1　n 维 Arnold 矩阵的模周期

Arnold 变换矩阵具有周期性，近十年来大批专家学者从不同的角度寻找计算周期的算法，对 Arnold 变换及其在图像信息隐蔽和图像置乱技术中的应用做了大量的工作。例如文献[53]中给出了矩阵变换模周期存在的条件，研究了 **Fibonacci_Q** 矩阵变换的周期和 Arnold 变换周期之间的关系；文献[62]分析了矩阵 $N=p^r$ 的阶的结构，然后给出有限域上的矩阵的阶与其 Jordan 标准形的关系；文献[60,77,82,84]研究了 Arnold 变换的周期性及 Arnold 变换的最小模周期的算法；文献[83]通过构造一个整数序列并研究 Arnold 变换的模周期与该整数序列的联系，从而获得了 Arnold 变换模周期的一些性质。至今没有发现对二、三维 Arnold 变换矩阵（mod$N$）的周期性做统一分析和研究，更不用说对 n 维 Arnold 变换矩阵的研究。

在 3.2 节中已经提出并用数学归纳法证明了 Fibonacci 数列（modp^r）的最小正周期定理，基于这个思路，进行了大胆的猜想和实验，发现对所有具有周期的变换矩阵都有与 3.2 节的周期性定理相似的结论。本节针对这个结论进行了详细证明，解决了长期困扰大家的变换矩阵模周期性计算问题，从而为图像处理提供了不可缺少的数学理论依据。

5.1.1 n 维猫映射及其推广

文献[62]把基本的 Arnold 变换推广到了 n 维 Arnold 变换，定义如下：

定义 5—1 对于给定的正整数 n，下列变换称为 n 维 Arnold 变换：

$$\begin{bmatrix} x'_1 \\ x'_2 \\ \vdots \\ x'_n \end{bmatrix} = \begin{bmatrix} 1 & 1 & \cdots & 1 & 1 \\ 1 & 2 & \cdots & 2 & 2 \\ \vdots & \vdots & & \vdots & \vdots \\ 1 & 2 & \cdots & n-1 & n-1 \\ 1 & 2 & \cdots & n-1 & n \end{bmatrix} \begin{bmatrix} x_1 \\ x_2 \\ \vdots \\ x_n \end{bmatrix} (\mathrm{mod} N) \tag{5-1}$$

其中，$x_1, x_2, \cdots x_n \in \mathbf{Z}_N$ 。

文献[77]所推广的两种维 Arnold 变换如下：

定义 5—2 Z_N 上的 A 型 n 维 Arnold 变换矩阵为以下 $n \times n$ 矩阵：

$$\boldsymbol{A} = \begin{bmatrix} 1 & 1 & \cdots & 1 & 1 \\ 1 & 2 & \cdots & 1 & 1 \\ \vdots & \vdots & & \vdots & \vdots \\ 1 & 1 & \cdots & 2 & 1 \\ 1 & 1 & \cdots & 1 & 2 \end{bmatrix} \tag{5-2}$$

定义 5—3 Z_N 上的 B 型 n 维 Arnold 变换矩阵为以下 $n \times n$ 矩阵：

$$\boldsymbol{B} = \begin{bmatrix} b & b & \cdots & b & b \\ b & b+1 & \cdots & b+1 & b+1 \\ \vdots & \vdots & & \vdots & \vdots \\ b & b+1 & \cdots & b+(n-2) & b+(n-2) \\ b & b+1 & \cdots & b+(n-2) & b+(n-1) \end{bmatrix} \tag{5-3}$$

其中，b 为 Z_N 上的可逆元。

下面将猫映射推广为 n 维广义猫映射，将方程推广为最一般的 n 维可逆保面积方程。

定义 5—4 对于给定的整数 $N \geqslant 2$，下列变换称为 n 维广义 Arnold 变换：

$$\begin{bmatrix} x'_1 \\ x'_2 \\ \vdots \\ x'_n \end{bmatrix} = \begin{bmatrix} a_{11} & a_{12} & \cdots & a_{1n} \\ a_{21} & a_{22} & \cdots & a_{2n} \\ \vdots & \vdots & & \vdots \\ a_{n1} & a_{n2} & \cdots & a_{nn} \end{bmatrix} \begin{bmatrix} x_1 \\ x_2 \\ \vdots \\ x_n \end{bmatrix} (\bmod N) = \boldsymbol{A} \begin{bmatrix} x_1 \\ x_2 \\ \vdots \\ x_n \end{bmatrix} (\bmod N) \tag{5-4}$$

其中，$x_1, x_2, \cdots, x_n \in Z_N$，$a_{ij} \in Z_N (1 \leqslant i, j \leqslant n)$ 且 $|\boldsymbol{A}| = \pm 1$。

n 维广义 Arnold 变换仍然具有与二维广义 Arnold 变换的特点：

①保面积性；

②整数上一一映射；

③不再具有严格意义上的混沌性；

④周期性。

5.1.2　n 维 Arnold 型变换矩阵(mod p^r)的周期性定理

设 p 为素数，商环 Z/p（或 Z_p）构成一个有限域，记为 F_p；$|\boldsymbol{A}|$ 表示矩阵 $\boldsymbol{A}$ 的行列式；p/N 表示为 p 不整除 N。

设 $\boldsymbol{A} = (a_{ij})_{n \times n}$ 为 n 阶整数矩阵，其中 $a_{ij} \in Z_N$（注：保证 $0 \leqslant a_{ij} < N$），$\boldsymbol{A} \in \mathbf{GL}_n(Z_N)$，如不作特别说明，下面所研究的矩阵 $\boldsymbol{A}$ 都类似此类矩阵，仍记为 $\boldsymbol{A} \in \mathbf{GL}_n(Z_N)$。设 $\boldsymbol{X} = (x_1, x_2, \cdots, x_n)'$（这里是指矩阵转置运算）为整数向量，$x_1, \cdots, x_n \in Z_N$。那么，式(5—4)可以记为：$\boldsymbol{X}' \equiv \boldsymbol{AX} (\bmod N)$。

下面用数学归纳法来证明一个关键定理。

定理 5—1　设 p 为素数，$N = p^2$，$\boldsymbol{A} \in \mathbf{GL}_n(Z_N)$，则

$\pi_N(\boldsymbol{A}(\bmod N)) = p(\pi_p(\boldsymbol{A}(\bmod p)))$

证明　由矩阵变换有周期性的充要条件定理可以得到 $\boldsymbol{A}$ 有周期。

令 $T = \pi_p(\boldsymbol{A})$，则 $\boldsymbol{A}^T = \boldsymbol{E}(\bmod p)$，其中 $\boldsymbol{E}$ 为单位矩阵。也即

$$\boldsymbol{A}^T = \begin{pmatrix} a_{11}+1 & a_{12} & \cdots & a_{1n} \\ a_{21} & a_{22}+1 & \cdots & a_{2n} \\ \vdots & \vdots & & \vdots \\ a_{n1} & a_{n2} & \cdots & a_{nn}+1 \end{pmatrix} \equiv \begin{pmatrix} 1 & 0 & \cdots & 0 \\ 0 & 1 & \cdots & 0 \\ \vdots & \vdots & & \vdots \\ 0 & 0 & \cdots & 1 \end{pmatrix} = \boldsymbol{E}(\bmod p) \tag{5-5}$$

其中，$a_{ij} = pa'_{ij}$，$p \mid a'_{ij}$，$a'_{ij} \in \mathbf{Z} (1 \leqslant i, j \leqslant n)$。

下面首先用数学归纳法来证明下式成立。

$$\boldsymbol{A}^{kT} \equiv \begin{pmatrix} ka_{11}+1 & ka_{12} & \cdots & ka_{1n} \\ ka_{21} & ka_{22}+1 & \cdots & ka_{2n} \\ \vdots & \vdots & & \vdots \\ ka_{n1} & ka_{n2} & \cdots & ka_{nn}+1 \end{pmatrix} (\bmod p^2) \tag{5-6}$$

其中，k 为大于 1 的整数。

(1)当 $k=2$ 时,结论是成立的。

首先计算 $\mathbf{A}^{2T}$ 中的每一个元素 a''_{ij} $(1\leqslant i,j\leqslant n)$ 的值。

当 $i=j$ 时,

$$
\begin{aligned}
a''_{ii} &= \sum_{\substack{k=1\\k\neq i}}^{n} a_{ik}a_{ki} + (a_{ii}+1)^2 \\
&= p^2\sum_{\substack{k=1\\k\neq i}}^{n} a'_{ik}a'_{ki} + p^2 a'_{ii} + 2pa'_{ii} + 1 \\
&\equiv 2a_{ii} + 1 \pmod{p^2}
\end{aligned} \tag{5-7}
$$

当 $i\neq j$ 时,

$$
\begin{aligned}
a''_{ij} &= \sum_{\substack{k=1\\k\neq i,k\neq j}}^{n} a_{ik}a_{kj} + (a_{ii}+1)a_{ij} + a_{ij}(a_{jj}+1) \\
&= p^2\Big(\sum_{\substack{k=1\\k\neq i,k\neq j}}^{n} a'_{ik}a'_{kj} + a'_{ii}a'_{ij} + a'_{ij}a'_{jj}\Big) + 2pa'_{ij} \\
&\equiv 2a_{ij} \pmod{p^2}
\end{aligned}
$$

因此,

$$
A^{2T} = \begin{bmatrix} a_{11}+1 & a_{12} & \cdots & a_{1n} \\ a_{21} & a_{22}+1 & \cdots & a_{2n} \\ \vdots & \vdots & & \vdots \\ a_{n1} & a_{n2} & \cdots & a_{nn}+1 \end{bmatrix}\begin{bmatrix} a_{11}+1 & a_{12} & \cdots & a_{1n} \\ a_{21} & a_{22}+1 & \cdots & a_{2n} \\ \vdots & \vdots & & \vdots \\ a_{n1} & a_{n2} & \cdots & a_{nn}+1 \end{bmatrix}
$$

$$
\equiv \begin{bmatrix} 2a_{11}+1 & 2a_{12} & \cdots & 2a_{1n} \\ 2a_{21} & 2a_{22}+1 & \cdots & 2a_{2n} \\ \vdots & \vdots & & \vdots \\ 2a_{n1} & 2a_{n2} & \cdots & 2a_{nn}+1 \end{bmatrix} \pmod{p^2} \tag{5-9}
$$

这说明结论成立。

(2)假设当 $k=m\,(m\in\mathbf{Z}^+, m>2)$ 时,结论是成立的。

现在来证明当 $k=m+1$ 时结论也成立。因为

$\mathbf{A}^{(m+1)T} = \mathbf{A}\mathbf{A}^{mT}$

$$
\equiv \begin{bmatrix} a_{11}+1 & a_{12} & \cdots & a_{1n} \\ a_{21} & a_{22}+1 & \cdots & a_{2n} \\ \vdots & \vdots & & \vdots \\ a_{n1} & a_{n2} & \cdots & a_{nn}+1 \end{bmatrix}\begin{bmatrix} ma_{11}+1 & ma_{12} & \cdots & ma_{1n} \\ ma_{21} & ma_{22}+1 & \cdots & ma_{2n} \\ \vdots & \vdots & & \vdots \\ ma_{n1} & ma_{n2} & \cdots & ma_{nn}+1 \end{bmatrix}
$$

$$\equiv \begin{bmatrix} (m+1)a_{11}+1 & (m+1)a_{12} & \cdots & (m+1)a_{1n} \\ (m+1)a_{21} & (m+1)a_{22}+1 & \cdots & (m+1)a_{2n} \\ \vdots & \vdots & & \vdots \\ (m+1)a_{n1} & (m+1)a_{n2} & \cdots & (m+1)a_{nn}+1 \end{bmatrix} (\bmod p^2) \tag{5-10}$$

综合(1)和(2),推出上面所要证明的结论成立。

特别当 $k=p$ 时,有下式成立:

$$A^{pT} \equiv \begin{bmatrix} pa_{11}+1 & pa_{12} & \cdots & pa_{1n} \\ pa_{21} & pa_{22}+1 & \cdots & pa_{2n} \\ \vdots & \vdots & & \vdots \\ pa_{n1} & pa_{n2} & \cdots & pa_{nn}+1 \end{bmatrix}$$

$$\equiv \begin{bmatrix} 1 & 0 & \cdots & 0 \\ 0 & 1 & \cdots & 0 \\ \vdots & \vdots & & \vdots \\ 0 & 0 & \cdots & 01 \end{bmatrix} = \boldsymbol{E} (\bmod p^2) \tag{5-11}$$

这样就证明了 pT 是 $\mathbf{A}(\bmod N)$ 的一个正周期。

下面证明 pT 是 $\mathbf{A}(\bmod N)$ 的最小正周期。如若不然,不妨设 $T < T' < pT$ 是 $\mathbf{A}(\bmod N)$ 的最小正周期,则 $T' \mid pT$,又因为 p 为任一素数,所以 $T' \mid T$ 。另一方面,T' 是 $\mathbf{A}(\bmod N)$ 的周期,那么 T' 一定也是 $\mathbf{A}(\bmod p)$ 的一个周期,而 T 又是 $\mathbf{A}(\bmod p)$ 的最小正周期,所以,$T \mid T'$ 。两者产生矛盾,从而定理得证。

定理 5—2　设 p 为素数,$r>1$ 的整数, $N=p^r$,$\mathbf{A} \in \mathbf{GL}_n(Z_N)$,则

$$\pi_N[\mathbf{A}(\bmod N)] = p^{r-1}\pi_p[\mathbf{A}(\bmod p)] \tag{5-12}$$

证明　可以用数学归纳法来证明。

(1)当 $k=2$ 时,由定理 5—1 知道结论成立。

(2)假设当 $k=m(m \in \mathbf{Z}^+, m>2)$ 时,结论是成立的。即有下式成立:

$$\mathbf{A}^{p^{m-1}T} \equiv \begin{bmatrix} a_{11}+1 & a_{12} & \cdots & a_{1n} \\ a_{21} & a_{22}+1 & \cdots & a_{2n} \\ \vdots & \vdots & & \vdots \\ a_{n1} & a_{n2} & \cdots & a_{nn}+1 \end{bmatrix} \equiv \boldsymbol{E}(\bmod p^m) \tag{5-13}$$

其中,$a_{ij}=p^m a'_{ij}, a'_{ij} \in \mathbf{Z}(1 \leqslant i,j \leqslant n)$ 。

现在来证明当 $k=m+1$ 时结论也成立。

同定理 1 方法一样,可以用数学归纳法来证明下式成立。

$$A^{kp^{m-1}T} \equiv \begin{pmatrix} ka_{11}+1 & ka_{12} & \cdots & ka_{1n} \\ ka_{21} & ka_{22}+1 & \cdots & ka_{2n} \\ \vdots & \vdots & & \vdots \\ ka_{n1} & ka_{n2} & \cdots & ka_{nn}+1 \end{pmatrix} (\bmod p^{m+1}) \tag{5-14}$$

其中，k 为大于 1 的整数。

特别当 $k=p$ 时，有下式成立。

$$\begin{aligned} A^{p^m T} &\equiv \begin{pmatrix} pa_{11}+1 & pa_{12} & \cdots & pa_{1n} \\ pa_{21} & pa_{22}+1 & \cdots & pa_{2n} \\ \vdots & \vdots & & \vdots \\ pa_{n1} & pa_{n2} & \cdots & pa_{nn}+1 \end{pmatrix} \\ &\equiv \begin{pmatrix} 1 & 0 & \cdots & 0 \\ 0 & 1 & \cdots & 0 \\ \vdots & \vdots & & \vdots \\ 0 & 0 & \cdots & 1 \end{pmatrix} \boldsymbol{E} (\bmod p^{m+1}) \end{aligned} \tag{5-15}$$

这样就证明了 $p^m T$ 是 $\boldsymbol{A}(\bmod N)$ 的一个正周期。进而使用定理 5—1 的反证法可以证明 $p^m T$ 是 $\boldsymbol{A}(\bmod N)$ 的最小正周期。

综合(1)和(2)，证明结论是成立的。证毕。

下面使用新的简单方法重新证明文献[62]的一个重要定理。为此先证明一个引理。

引理 5—1 设 $\boldsymbol{A}$ 为 n 维整数矩阵，N 为大于 1 的整数，$N=uv$，u 和 v 互素，且 $|\boldsymbol{A}|$ 与 u 和 v 都互素。如果 $\boldsymbol{A} \equiv \boldsymbol{E}(\bmod u)$，$\boldsymbol{A} \equiv \boldsymbol{E}(\bmod v)$，则 $\boldsymbol{A} \equiv \boldsymbol{E}(\bmod N)$。

证明 因为 $\boldsymbol{A} \equiv \boldsymbol{E}(\bmod u)$，所以，矩阵 $\boldsymbol{A}$ 有如下形式

$$\boldsymbol{A} = \begin{pmatrix} a_{11}+1 & a_{12} & \cdots & a_{1n} \\ a_{21} & a_{22}+1 & \cdots & a_{2n} \\ \vdots & \vdots & & \vdots \\ a_{n1} & a_{n2} & \cdots & a_{nn}+1 \end{pmatrix} \equiv \begin{pmatrix} 1 & 0 & \cdots & 0 \\ 0 & 1 & \cdots & 0 \\ \vdots & \vdots & & \vdots \\ 0 & 0 & \cdots & 1 \end{pmatrix} \boldsymbol{E}(\bmod u) \tag{5-16}$$

其中，$a_{ij}=ua'_{ij}$，$a'_{ij} \in \mathbf{Z}(1 \leqslant i, j \leqslant n)$。

又因为 $\boldsymbol{A} \equiv \boldsymbol{E}(\bmod v)$，所以 $v|a_{ij}$，即 $v|ua'_{ij}$。由于 u 和 v 互素，所以 $v|a'_{ij}$。故 $\boldsymbol{A} \equiv \boldsymbol{E}(\bmod uv)$，即 $\boldsymbol{A} \equiv \boldsymbol{E}(\bmod N)$。

定理 5—3[62] 设 $\boldsymbol{A}$ 为 n 维整数矩阵，N 为大于 1 的整数，$N=uv$，u 和 v 互素，且 $|\boldsymbol{A}|$ 与 u 和 v 都互素，则有

$$\pi_N(\boldsymbol{A}) = \operatorname{lcm}[\pi_u(\boldsymbol{A}), \pi_v(\boldsymbol{A})] \tag{5-17}$$

证明 令 $T_1 = \operatorname{ord}_u(\boldsymbol{A})$，$T_2 = \operatorname{ord}_v(\boldsymbol{A})$，则

$$\boldsymbol{A}^{T_1} \equiv \boldsymbol{E}(\bmod u), \boldsymbol{A}^{T_2} \equiv \boldsymbol{E}(\bmod v) \tag{5-18}$$

设 $T = \operatorname{lcm}[\operatorname{ord}_u(\boldsymbol{A}), \operatorname{ord}_v(\boldsymbol{A})]$，显然

$$A^T \equiv E(\bmod u),A^T \equiv E(\bmod v) \tag{5-19}$$

由引理 5－1 得到 $A^T \equiv E(\bmod uv)$ 。

下面证明 T 是 $A(\bmod N)$ 的最小正周期。如若不然，不妨设 $0 < T' < T$ 是 $A(\bmod N)$ 的最小正周期，则 T' 一定也是 $A(\bmod u)$ 的一个周期。令 $T' = T_1 q + r(0 < r < T_1)$ ，则 $A^{T'} = A^{T_1 q + r} \equiv A^r \equiv E(\bmod u)$ ，这就证明了 $r(< T_1)$ 也是 $A(\bmod u)$ 的一个最小正周期，与 T_1 是 $A(\bmod u)$ 的最小正周期相矛盾，说明假设不成立。从而定理得证。

上面的证明方法比现有的文献都简单，没有使用到高难度的概念和理论，只使用到了一些初等数论的基础理论知识。

由定理 5－2 和定理 5－3 立即得到以下结论。

定理 5－4　设 N 为大于 1 的整数，$A \in GL_n(Z_N)$ ，N 的因式分解为 $N = p_1^{r_1} \cdots p_m^{r_m}$ ，其中 p_i 和 $p_j(i \neq j)$ 是互不相同的素数，$r_i \geqslant 1(m \geqslant i \geqslant 1)$ ，那么有

$$\pi_N(A) = \underset{i=1}{\overset{m}{lcm}} [\pi_{p_i^{r_i}}(A)] \tag{5-20}$$

所以只要确定了模为素数幂的矩阵的阶，即可求出模为合数的阶。

定理 5－5　设 N 为大于 1 的整数，$A \in GL_n(Z_N)$ ，那么有

$$\mathrm{ord}_N(A) = \mathrm{ord}_N(A^{-1}) \tag{5-21}$$

证明　令 $T = \mathrm{ord}_N(A)$ ，则 $A^T \equiv E(\bmod N)$ ，因此，

$$E = (A^{-1}A)^T = A^{-T}A^T = A^{-T}E = A^{-T}(\bmod N) \tag{5-22}$$

5.1.3　n 维 Arnold 变换矩阵的模周期上界定理

当 N 为大于 2 的整数时，二维 Arnold 矩阵的模周期上界为 $3N$，三维 Arnold 矩阵的模周期上界为 $3.14N^2$，所以可以得到关于 n 维 Arnold 矩阵的模周期上界定理。

定理 5－6　设 N 为大于 2 的整数，则存在一个常数 a 使得 n 维 Arnold 变换矩阵的最小正周期上界 $\pi_N(A) < a \cdot N^{n-1}$。

5.1.4　n 维 Arnold 型变换矩阵的模周期

下面以常见的三维 Arnold 变换矩阵的模周期为例来验证上述相关定理的正确性。

定理 5－7　设 p 为大于 2 的素数，r 为大于 1 的整数，$N = p^r$ ，A 为三维 Arnold 变换，$A \in GL_3(Z_N)$ ，则 $\pi_N(A) = p^{r-1}\pi_p(A)$ 。

可以根据定理 5－2 给出其他任一 n 维 Arnold 型变换矩阵的模周期相关结论，这也相当于给出了计算 n 维 Arnold 型变换矩阵的模周期的一个快速计算方法，这比目前可见到的文献资料的方法简单，易于理解。

表 5-1 给出了三维 Arnold 变换矩阵的模周期供大家验证。

从表 5-1 中可以看出，$\mathrm{ord}_2(A) = 7$，$\mathrm{ord}_4(A) = 7$，$\mathrm{ord}_{64}(A) = 2^{6-2} \times 7 = 112$，从而定理 5－6 得到验证。

当 $N=100=2^2\times5^2$ 时，$\mathrm{ord}_{100}(\boldsymbol{A})=\mathrm{lcm}[\mathrm{ord}_4(\boldsymbol{A}_n),\mathrm{ord}_{25}(\boldsymbol{A})]=\mathrm{lcm}(7,5\times31)=1\ 085$，从而定理 5－4 得到验证。

表 5-1　$1<N\leqslant100$ 的整数的三维 Arnold 变换矩阵的模周期 T

m	1	2	3	4	5	6	7	8	9	10
T	—	7	13	7	31	91	21	14	39	217
m	11	12	13	14	15	16	17	18	19	20
T	133	91	6	21	403	28	307	273	127	217
m	21	22	23	24	25	26	27	28	29	30
T	273	133	553	182	155	42	117	21	14	2 821
m	31	32	33	34	35	36	37	38	39	40
T	993	56	1 729	2 149	651	273	1 407	889	78	434
m	41	42	43	44	45	46	47	48	49	50
T	20	273	21	133	1 209	553	2 257	364	147	1 085
m	51	52	53	54	55	56	57	58	59	60
T	3 991	42	2 863	819	4 123	42	1 651	14	3 541	2 821
m	61	62	63	64	65	66	67	68	69	70
T	291	6 951	273	112	186	1 729	4 557	2 149	7 189	651
m	71	72	73	74	75	76	77	78	79	80
T	35	546	1 801	1 407	2 015	889	399	546	6 321	868
m	81	82	83	84	85	86	87	88	89	90
T	351	140	41	273	9517	21	182	266	8011	8 463
m	91	92	93	94	95	96	97	98	99	100
T	42	553	12 909	15 799	3 937	728	48	147	5 187	1 085

本节从理论上揭示了以 Arnold 变换为代表的 n 维 Arnold 型变换的置乱变换的周期的内在规律，对此类问题做了统一分析和研究。定理 5－2 的结论比现有的文献资料向前进了一大步，具有更为普遍的意义。在定理 5－3 的证明过程中只使用到了一些初等数论的基础理论知识，比现有的文献[62]的证明方法要简单明了。定理 5－4 的结论表明：整数的素分解式在密码学理论中是典型陷门单向的，在取得素数分解的密钥后，置乱变换的周期归结为求模为素数的变换矩阵的周期性问题，所以只要确定了模为素数幂的矩阵的周期，即可求出模为合数的周期。最后给出了 n 维 Arnold 变换的周期的估值定理。

5.2　基于等差数列的 n 维广义 Arnold 矩阵构造方法及其应用

本节提出了基于具有输入密钥的等差数列来构造一类 n 维广义 Arnold 变换矩阵的方

法，并给出了构造变换矩阵和逆变换矩阵的计算算法，算法仅与密钥有关，其时间复杂度相当于 $n(n+1)/2$ 次乘法运算。应用于图像置乱时用该矩阵作为变换矩阵，采取图像位置空间与色彩空间的多轮乘积型双置乱，算法具有周期长和算法完全公开等特点，可有效防止多种攻击，增强了系统的安全性。此外，通过逆变换对置乱图像进行恢复，无须计算变换矩阵的周期。实验结果表明该置乱变换算法效率高，安全性强。

5.2.1　n 维广义 Arnold 变换矩阵构造方法

5.1.1 节所推广的 Arnold 变换矩阵都具有局限性，仍属于规则矩阵。下面给出一种输入密码的可定制的推广的高维 Arnold 变换矩阵构造方法。

定理 5—8　设有一个等差序列 $\{a_n\}$ ，$a_n=(n-1)d+1$，其中 d 为整数，$n\geqslant 3$，则由 $a_1,a_2,\cdots,a_n$ 可以构造一个 n 维广义 Arnold 变换矩阵，且 $|\boldsymbol{A}|=\pm 1$。

证明　为了更好地理解这种新的构造方法，首先给出了三维和四维的广义 Arnold 变换矩阵的构造方法，然后再给出 n 维的广义 Arnold 变换矩阵的构造方法。

(1)当 $n=3$ 时，类似二维广义 Arnold 变换矩阵的构造方法，可以得到

$$\begin{bmatrix}0&0&1\\0&1&-d\\1&-1&-d\end{bmatrix}\begin{bmatrix}a_3\\a_2\\a_1\end{bmatrix}=\begin{bmatrix}0&0&1\\0&1&-d\\1&-1&-d\end{bmatrix}\begin{bmatrix}2d+1\\d+1\\1\end{bmatrix}=\begin{bmatrix}1\\1\\0\end{bmatrix},\tag{5-23}$$

令

$$\boldsymbol{G}_3=\begin{bmatrix}1&1&1\\1&1&0\\0&-1&-1\end{bmatrix},\boldsymbol{A}_3=\begin{bmatrix}0&0&1\\0&1&-d\\1&-1&-d\end{bmatrix},\tag{5-24}$$

则 $|\boldsymbol{G}_3|=-1$，$|\boldsymbol{A}_3|=-1$，因此 $\boldsymbol{G}_3$，$\boldsymbol{A}_3$ 都是可逆矩阵。

所以有

$$\begin{aligned}G_3&=(A_3)^{-1}G_3\\&=\begin{bmatrix}2d&1&1\\d&1&0\\1&0&0\end{bmatrix}\begin{bmatrix}1&1&1\\1&1&0\\0&-1&-1\end{bmatrix}=\begin{bmatrix}2d+1&2d&2d-1\\d+1&d+1&d\\1&1&1\end{bmatrix}\\&=\begin{bmatrix}a_3&2d&2d-1\\a_2&d+1&d\\a_1&1&1\end{bmatrix}\end{aligned}\tag{5-25}$$

显然 $|(\boldsymbol{A}_3)^{-1}\boldsymbol{G}_3|=1$，从而由 a_1,a_2,a_3 构造了一个三维广义 Arnold 变换矩阵。

为了方便叙述，将 5.1 节所定义的规则的 n 维广义 Arnold 变换矩阵仍称为 n 维 Arnold 变换矩阵，而将基于等差数列所构造的 n 维广义 Arnold 变换矩阵简称为 n 维 Arithmetic-Arnold 变换矩阵。用 $\boldsymbol{C}_n$ 表示 n 维广义 Arnold 变换矩阵，$\boldsymbol{G}_n$ 表示 n 维基矩阵且 $|\boldsymbol{C}_n|=$

$(-1)^n$，$\boldsymbol{A}_n$ 表示 n 维矩阵，且 $\boldsymbol{A}_n(a_n, a_{n-1}, \cdots a_2, a_1)^T = (1,1,\cdots,1,0)^T$（T 为矩阵的转置运算）。用 $\boldsymbol{C}_n(m)\boldsymbol{A}_n(m)$ 表示 $d=m$ 时 $\boldsymbol{C}_n$，$\boldsymbol{A}_n$ 的值。

例如，

$$\boldsymbol{C}_3(1)=\begin{bmatrix}3&2&1\\2&2&1\\1&1&1\end{bmatrix},\boldsymbol{C}_3(3)=\begin{bmatrix}7&6&5\\4&4&3\\1&1&1\end{bmatrix}。$$

(2)当 $n=4$ 时，有

$$\begin{bmatrix}0&0&0&1\\0&0&1&-d\\0&1&-1&-d+1\\1&-1&-1&1\end{bmatrix}\begin{bmatrix}a_4\\a_3\\a_2\\a_1\end{bmatrix}=\begin{bmatrix}0&0&0&1\\0&0&1&-d\\0&1&-1&-d+1\\1&-1&-1&1\end{bmatrix}\begin{bmatrix}3d+1\\2d+1\\d+1\\1\end{bmatrix}=\begin{bmatrix}1\\1\\1\\0\end{bmatrix}, \tag{5-26}$$

令

$$\boldsymbol{G}_4=\begin{bmatrix}1&1&1&1\\1&1&1&0\\1&1&0&0\\0&-1&-1&-1\end{bmatrix},\boldsymbol{A}_4=\begin{bmatrix}0&0&0&1\\0&0&1&-d\\0&1&-1&-d+1\\1&-1&-1&1\end{bmatrix}, \tag{5-27}$$

则 $|\boldsymbol{G}_4|=1$，$|\boldsymbol{A}_4|=1$，因此 $\boldsymbol{G}_4$，$\boldsymbol{A}_4$ 都是可逆矩阵。

所以有

$$\begin{aligned}\boldsymbol{G}_4&=(\boldsymbol{A}_4)^{-1}\boldsymbol{G}_4\\&=\begin{bmatrix}3d-2&2&1&1\\2d-1&1&1&0\\d&1&0&0\\1&0&0&0\end{bmatrix}\begin{bmatrix}1&1&1&1\\1&1&1&0\\1&1&0&0\\0&-1&-1&-1\end{bmatrix}\\&=\begin{bmatrix}3d+1&3d&3d-1&3d-3\\2d+1&2d+1&2d&2d-1\\d+1&d+1&d+1&d\\1&1&1&1\end{bmatrix}\\&=\begin{bmatrix}a_4&3d&3d-1&3d-3\\a_3&2d+1&2d&2d-1\\a_2&d+1&d+1&d\\a_1&1&1&1\end{bmatrix}\end{aligned} \tag{5-28}$$

显然 $|(\boldsymbol{A}_4)^{-1}\boldsymbol{G}_4|=1$，从而由 a_1, a_2, a_3 构造了一个四维 Arithmetic-Arnold 变换矩阵。

例如，

$$\boldsymbol{C}_4(1)=\begin{bmatrix}4&3&2&0\\3&3&2&1\\2&2&2&1\\1&1&1&1\end{bmatrix},\boldsymbol{C}_4(3)=\begin{bmatrix}10&9&8&6\\7&7&6&5\\4&4&4&3\\1&1&1&1\end{bmatrix}$$

(3)当为 n 维时,情况比较复杂,分三步。

①求 $\boldsymbol{A}_n$ 。仿照(1)和(2)有

$$\begin{bmatrix}0&0&\cdots&0&\cdots&0&0&1\\0&0&\cdots&0&\cdots&0&1&-d\\0&0&\cdots&0&\cdots&1&-1&-d+1\\\vdots&\vdots&\vdots&\vdots&\vdots&\vdots&\vdots&\vdots\\0&0&\cdots&1&\cdots&-1&-1&t_i\\\vdots&\vdots&\vdots&\vdots&\vdots&\vdots&\vdots&\vdots\\0&1&\cdots&-1&\cdots&-1&-1&t_{n-1}\\1&-1&\cdots&-1&\cdots&-1&-1&t_n\end{bmatrix}\begin{bmatrix}a_n\\a_{n-1}\\a_{n-2}\\\vdots\\a_i\\\vdots\\a_2\\a_1\end{bmatrix}=\begin{bmatrix}1\\1\\1\\\vdots\\1\\\vdots\\1\\0\end{bmatrix}\tag{5-29}$$

其中,t_i 为第 i 行的未知数,$1<i<n$。

下面来确定 t_i 的值。

首先对左边矩阵的第 n 行进行矩阵运算,得到

$$a_n-\sum_{j=2}^{n-1}a_j+t_n=0\tag{5-30}$$

故

$$t_n=\sum_{j=1}^{n}a_j-2a_n-1=\frac{(n-1)(n-4)d}{2}+(n-3)\tag{5-31}$$

其次对左边矩阵的第 i 行进行矩阵运算,得到

$$\begin{aligned}&a_i-\sum_{j=2}^{i-1}a_j+t_i=1,\\&t_i=\sum_{j=1}^{i}a_j-2a_i=\frac{(i-1)(i-4)d}{2}+(i-2)\text{。}\end{aligned}\tag{5-32}$$

如第 2,3 行的值分别是 $-d$,$-d+1$。至此,(5—29)式的左边矩阵中的元素的值就确定了。

令

$$\boldsymbol{G}_n=\begin{bmatrix}1&1&1&\cdots&1&1\\1&1&1&\cdots&1&0\\1&1&1&\cdots&0&0\\\vdots&\vdots&\vdots&&\vdots&\vdots\\1&1&0&\cdots&0&0\\0&-1&-1&\cdots&-1&-1\end{bmatrix},\tag{5-33}$$

$$\boldsymbol{A}_n=\begin{bmatrix} 0 & 0 & \cdots & 0 & \cdots & 0 & 0 & 1 \\ 0 & 0 & \cdots & 0 & \cdots & 0 & 1 & -d \\ 0 & 0 & \cdots & 0 & \cdots & 1 & -1 & -d+1 \\ \vdots & \vdots & \vdots & \vdots & \vdots & \vdots & \vdots & \vdots \\ 0 & 0 & \cdots & 1 & \cdots & -1 & -1 & \dfrac{(i-1)(i-4)d}{2}+(i-2) \\ \vdots & \vdots & \vdots & \vdots & \vdots & \vdots & \vdots & \vdots \\ 0 & 1 & \cdots & -1 & \cdots & -1 & -1 & \dfrac{(n-2)(n-5)d}{2}+(n-3) \\ 1 & -1 & \cdots & -1 & \cdots & -1 & -1 & \dfrac{(n-1)(n-4)d}{2}+(n-3) \end{bmatrix}, \tag{5-34}$$

则

$$|\boldsymbol{G}_n|=\begin{cases} 1, n \bmod 4=0,1 \\ -1, n \bmod 4=2,3 \end{cases}, |\boldsymbol{A}_n|=\begin{cases} 1, n \bmod 4=0,1 \\ -1, n \bmod 4=2,3 \end{cases} \tag{5-35}$$

因此 $\boldsymbol{G}_n$,$\boldsymbol{A}_n$ 都是可逆矩阵。

②求 $(\boldsymbol{A}_n)^{-1}$。通过对三、四维情况的研究,可以得到 $\boldsymbol{A}_n$ 的逆矩阵类似下面矩阵:

$$(\boldsymbol{A}_n)^{-1}=\begin{bmatrix} t_n & 2^{n-3} & 2^{n-4} & \cdots & 2^{n-j-1} & \cdots & 2^1 & 2^0 & 1 \\ t_{n-1} & 2^{n-4} & 2^{n-5} & \cdots & 2^{n-j-2} & \cdots & 2^0 & 1 & 0 \\ t_{n-2} & 2^{n-5} & 2^{n-6} & \cdots & 2^{n-j-3} & \cdots & 1 & 0 & 0 \\ \vdots & \vdots & \vdots & \cdots & \vdots & \cdots & \vdots & \vdots & \vdots \\ t_{n-i+1} & 2^{n-i-2} & 2^{n-i-3} & \cdots & 1 & \cdots & 0 & 0 & 0 \\ \vdots & \vdots & \vdots & & \vdots & & \vdots & \vdots & \vdots \\ 2d-1 & 1 & 1 & \cdots & 0 & \cdots & 0 & 0 & 0 \\ d & 1 & 0 & \cdots & 0 & \cdots & 0 & 0 & 0 \\ 1 & 0 & 0 & \cdots & 0 & \cdots & 0 & 0 & 0 \end{bmatrix}, \tag{5-36}$$

其中,t_{n-i+1} 为矩阵第 i 行上未知数,$1<i<n$ 。

$(\boldsymbol{A}_n)^{-1}$ 的说明及各未知参数的求解方法:

Ⅰ.是一个上三角矩阵,副对角线上的数值为 1;

Ⅱ.第 i 行有 $i-1$ 个 0;

Ⅲ.不在副对角线上和第 1 列上的元素 a_{ij}($n>j>1, n+1>i+j>1$)的值为 2^{n-i-j} ,其中。以 $(\boldsymbol{A}_n)^{-1}$ 矩阵的第一行为例说明求解的方法。

因为 $(\boldsymbol{A}_n)^{-1}\boldsymbol{A}_n=\boldsymbol{E}$,用 $(\boldsymbol{A}_n)^{-1}$ 的第一行乘以 $\boldsymbol{A}_n$ 的第 j 列,得到

$$a_{(n+1-j)j}-\sum_{i=0}^{n-j-2} 2^i-1=0, \tag{5-37}$$

故

$$a_{(n+1-j)j} - \sum_{i=0}^{n-j-2} 2^i + 1 = 2^{n-j-1} 。 \tag{5-38}$$

Ⅳ. 下面来求 a_{i1}（$1 < i < n$）的元素 t_{n-i+1}。

因为

$$\boldsymbol{A}_n (a_n, a_{n-1}, \cdots, a_i, \cdots, a_2, a_1)^{\mathrm{T}} = (1,1,\cdots,1,\cdots,1,0)^{\mathrm{T}} , \tag{5-39}$$

所以有

$$(a_n, a_{n-1}, \cdots, a_i, \cdots, a_2, a_1)^{\mathrm{T}} = (\boldsymbol{A}_n)^{-1} (1,1,\cdots,1,\cdots,1,0)^{\mathrm{T}} \tag{5-40}$$

成立。从而

$$t_n + \sum_{j=0}^{n-3} 2^j = a , \ t_n = (n-1)d + 1 - \sum_{j=0}^{n-3} 2^j = (n-1)d + 2 - 2^{n-2} 。 \tag{5-41}$$

$$t_{n-i+1} + \sum_{j=0}^{n-i-2} 2^j + 1 = a_i , \tag{5-42}$$

$$t_{n-i+1} = (n-i)d - \sum_{j=0}^{n-i-2} 2^j = (n-i)d + 1 - 2^{n-i-1} 。 \tag{5-43}$$

因此，$(\boldsymbol{A}_n)^{-1}$ 为如下矩阵：

$$(\boldsymbol{A}_n)^{-1} = \begin{bmatrix} (n-1)d+2-2^{n-2} & 2^{n-3} & 2^{n-4} & \cdots & 2^{n-j-1} & \cdots & 2^1 & 2^0 & 1 \\ (n-2)d+1-2^{n-3} & 2^{n-4} & 2^{n-5} & \cdots & 2^{n-j-2} & \cdots & 2^0 & 1 & 0 \\ (n-3)d+1-2^{n-2} & 2^{n-5} & 2^{n-6} & \cdots & 2^{n-j-3} & \cdots & 1 & 0 & 0 \\ \vdots & \vdots & \vdots & \cdots & \vdots & \cdots & \vdots & \vdots & \vdots \\ (n-i)d+1-2^{n-i-1} & 2^{n-i-2} & 2^{n-i-3} & \cdots & 1 & \cdots & 0 & 0 & 0 \\ \vdots & \vdots & \vdots & & \vdots & & \vdots & \vdots & \vdots \\ 2d-1 & 1 & 1 & \cdots & 0 & \cdots & 0 & 0 & 0 \\ d & 1 & 0 & \cdots & 0 & \cdots & 0 & 0 & 0 \\ 1 & 0 & 0 & \cdots & 0 & \cdots & 0 & 0 & 0 \end{bmatrix} 。 \tag{5-44}$$

③求 $\boldsymbol{C}_n$ 。因为 $\boldsymbol{C}_n = (\boldsymbol{A}_n)^{-1}\boldsymbol{G}_n$ ，所以有

$$\boldsymbol{C}_n = (\boldsymbol{A}_n)^{-1}\boldsymbol{G}_n$$

$$= \begin{bmatrix} (n-1)d+2-2^{n-2} & 2^{n-3} & 2^{n-4} & \cdots & 2^{n-j-1} & \cdots & 2^1 & 2^0 & 1 \\ (n-2)d+1-2^{n-3} & 2^{n-4} & 2^{n-5} & \cdots & 2^{n-j-2} & \cdots & 2^0 & 1 & 0 \\ (n-3)d+1-2^{n-2} & 2^{n-5} & 2^{n-6} & \cdots & 2^{n-j-3} & \cdots & 1 & 0 & 0 \\ \vdots & \vdots & \vdots & \cdots & \vdots & \cdots & \vdots & \vdots & \vdots \\ (n-i)d+1-2^{n-i-1} & 2^{n-i-2} & 2^{n-i-3} & \cdots & 1 & \cdots & 0 & 0 & 0 \\ \vdots & \vdots & \vdots & & \vdots & & \vdots & \vdots & \vdots \\ 2d-1 & 1 & 1 & \cdots & 0 & \cdots & 0 & 0 & 0 \\ d & 1 & 0 & \cdots & 0 & \cdots & 0 & 0 & 0 \\ 1 & 0 & 0 & \cdots & 0 & \cdots & 0 & 0 & 0 \end{bmatrix} \begin{bmatrix} 1 & 1 & 1 & \cdots & 1 & 1 \\ 1 & 1 & 1 & \cdots & 1 & 0 \\ 1 & 1 & 1 & \cdots & 0 & 0 \\ \vdots & \vdots & \vdots & & \vdots & \vdots \\ 1 & 1 & 0 & \cdots & 0 & 0 \\ 0 & -1 & -1 & \cdots & -1 & -1 \end{bmatrix}$$

$$
=\begin{bmatrix}
(n-1)d+1 & (n-1)d & (n-1)d-1 & \cdots & (n-1)d+1-2^{j-2} & \cdots & (n-1)d+1-2^{n-4} & (n-1)d+1-2^{n-3} & (n-1)d+1-2^{n-2} \\
(n-2)d+1 & (n-2)d+1 & (n-2)d-1 & \cdots & (n-2)d+1-2^{j-3} & \cdots & (n-2)d+1-2^{n-5} & (n-2)d+1-2^{n-4} & (n-2)d+1-2^{n-3} \\
(n-3)d+1 & (n-3)d+1 & (n-3)d+1 & \cdots & (n-3)d+1-2^{j-4} & \cdots & (n-3)d+1-2^{n-6} & (n-3)d+1-2^{n-5} & (n-3)d+1-2^{n-4} \\
\vdots & \vdots & \vdots & & \vdots & & \vdots & \vdots & \vdots \\
(n-i)d+1 & (n-i)d+1 & (n-i)d+1 & \cdots & (n-i)d+1 & \cdots & (n-i)d+1-2^{n-i-3} & (n-i)d+1-2^{n-i-2} & (n-i)d+1-2^{n-i-1} \\
\vdots & \vdots & \vdots & & \vdots & & \vdots & \vdots & \vdots \\
2d+1 & 2d+1 & 2d+1 & \cdots & 2d+1 & \cdots & 2d+1 & 2d & 2d-1 \\
d+1 & d+1 & d+1 & \cdots & d+1 & \cdots & d+1 & d+1 & d \\
1 & 1 & 1 & \cdots & 1 & \cdots & 1 & 1 & 1
\end{bmatrix}。
\tag{5-45}
$$

显然 $|\boldsymbol{C}_n|=\pm1$，从而由 $a_1,a_2,\cdots,a_n$ 构造了一个 n 维广义 Arnold 变换矩阵。证毕。

为了方便验证上述的结论和在图像置乱中的应用研究，下面给出 6 维 Arithmetic-Arnold 变换矩阵。

$$
\boldsymbol{C}_6(1)=(\boldsymbol{A}_6(1))^{-1}\boldsymbol{G}_6
$$

$$
=\begin{bmatrix}
0 & 0 & 0 & 0 & 0 & 1 \\
0 & 0 & 0 & 0 & 1 & -1 \\
0 & 0 & 0 & 1 & -1 & 0 \\
0 & 0 & 1 & -1 & -1 & 2 \\
0 & 1 & -1 & -1 & -1 & 5 \\
1 & -1 & -1 & -1 & -1 & 8
\end{bmatrix}
\begin{bmatrix}
1 & 1 & 1 & 1 & 1 & 1 \\
1 & 1 & 1 & 1 & 1 & 0 \\
1 & 1 & 1 & 1 & 0 & 0 \\
1 & 1 & 1 & 0 & 0 & 0 \\
1 & 1 & 0 & 0 & 0 & 0 \\
0 & -1 & -1 & -1 & -1 & -1
\end{bmatrix}
$$

$$
=\begin{bmatrix}
-9 & 8 & 4 & 2 & 1 & 1 \\
-3 & 4 & 2 & 1 & 1 & 0 \\
0 & 2 & 1 & 1 & 0 & 0 \\
1 & 1 & 1 & 0 & 0 & 0 \\
1 & 1 & 0 & 0 & 0 & 0 \\
1 & 0 & 0 & 0 & 0 & 0
\end{bmatrix}
\begin{bmatrix}
1 & 1 & 1 & 1 & 1 & 1 \\
1 & 1 & 1 & 1 & 1 & 0 \\
1 & 1 & 1 & 1 & 0 & 0 \\
1 & 1 & 1 & 0 & 0 & 0 \\
1 & 1 & 0 & 0 & 0 & 0 \\
0 & -1 & -1 & -1 & -1 & -1
\end{bmatrix}
$$

$$
=\begin{bmatrix}
6 & 5 & 4 & 2 & -2 & -10 \\
5 & 5 & 4 & 3 & 1 & -3 \\
4 & 4 & 4 & 3 & 2 & 0 \\
3 & 3 & 3 & 3 & 2 & 1 \\
2 & 2 & 2 & 2 & 2 & 1 \\
1 & 1 & 1 & 1 & 1 & 1
\end{bmatrix};
$$

$$
\begin{aligned}
\boldsymbol{C}_6(3) &= (\boldsymbol{A}_6(3))^{-1}\boldsymbol{G}_6 \\
&= \begin{pmatrix} 0 & 0 & 0 & 0 & 0 & 1 \\ 0 & 0 & 0 & 0 & 1 & -3 \\ 0 & 0 & 0 & 1 & -1 & -2 \\ 0 & 0 & 1 & -1 & -1 & 2 \\ 0 & 1 & -1 & -1 & -1 & 9 \\ 1 & -1 & -1 & -1 & -1 & 18 \end{pmatrix}^{-1} \begin{pmatrix} 1 & 1 & 1 & 1 & 1 & 1 \\ 1 & 1 & 1 & 1 & 1 & 0 \\ 1 & 1 & 1 & 1 & 0 & 0 \\ 1 & 1 & 1 & 0 & 0 & 0 \\ 1 & 1 & 0 & 0 & 0 & 0 \\ 0 & -1 & -1 & -1 & -1 & -1 \end{pmatrix} \\
&= \begin{pmatrix} 1 & 8 & 4 & 2 & 1 & 1 \\ 5 & 4 & 2 & 1 & 1 & 0 \\ 6 & 2 & 1 & 1 & 0 & 0 \\ 5 & 1 & 1 & 0 & 0 & 0 \\ 3 & 1 & 0 & 0 & 0 & 0 \\ 1 & 0 & 0 & 0 & 0 & 0 \end{pmatrix} \begin{pmatrix} 1 & 1 & 1 & 1 & 1 & 1 \\ 1 & 1 & 1 & 1 & 1 & 0 \\ 1 & 1 & 1 & 1 & 0 & 0 \\ 1 & 1 & 1 & 0 & 0 & 0 \\ 1 & 1 & 0 & 0 & 0 & 0 \\ 0 & -1 & -1 & -1 & -1 & -1 \end{pmatrix} \\
&= \begin{pmatrix} 16 & 15 & 14 & 12 & 8 & 0 \\ 13 & 13 & 12 & 11 & 9 & 5 \\ 10 & 10 & 10 & 9 & 8 & 6 \\ 7 & 7 & 7 & 7 & 6 & 5 \\ 4 & 4 & 4 & 4 & 4 & 3 \\ 1 & 1 & 1 & 1 & 1 & 1 \end{pmatrix}。
\end{aligned}
$$

5.2.2 求 n 维 Arithmetic-Arnold 变换矩阵的逆矩阵的方法

在工程实际应用中，n 的值一般比较大，如有的卫星图片大小为 2 340×3 240，传统的基于矩阵变换的图像置乱通常使用变换矩阵的周期对图像恢复，代价高昂。文献[156]将 Arnold 逆变换归结为不等式约束下的线性方程组求解，文献[63]探讨了 2 维、3 维 Arnold 逆变换，文献[99]将伴随矩阵求逆方法推广到 Z_N，从而解决了 n 维矩阵变换在 Z_N 上的逆阵求解问题。本节则使用计算方法求 $\boldsymbol{C}_n$ 在 Z_N 上的逆矩阵，求逆矩阵过程中也不需要原矩阵参与，仅与密钥有关，所以不会因为变换矩阵维数较高而超出了计算能力。

$$(\boldsymbol{C}_n)^{-1}=((\boldsymbol{A}_n)^{-1}\boldsymbol{G}_n)^{-1}=(\boldsymbol{G}_n)^{-1}\boldsymbol{A}_n$$

$$
=\begin{pmatrix}
1 & 0 & 0 & \cdots & 0 & 1 \\
-1 & 0 & 0 & \cdots & 1 & -1 \\
0 & 0 & 0 & \cdots & -1 & 0 \\
\vdots & \vdots & \vdots & & \vdots & \vdots \\
0 & 1 & -1 & \cdots & 0 & 0 \\
1 & -1 & 0 & \cdots & 0 & 0
\end{pmatrix}
\begin{pmatrix}
0 & 0 & \cdots & 0 & \cdots & 0 & 0 & 1 \\
0 & 0 & \cdots & 0 & \cdots & 0 & 1 & -d \\
0 & 0 & \cdots & 0 & \cdots & 1 & -1 & -d+1 \\
\vdots & \vdots & \vdots & \vdots & \vdots & \vdots & \vdots & \vdots \\
0 & 0 & \cdots & 1 & \cdots & -1 & -1 & \frac{(i-1)(i-4)d}{2}+(i-2) \\
\vdots & \vdots & \vdots & \vdots & \vdots & \vdots & \vdots & \vdots \\
0 & 1 & \cdots & -1 & \cdots & -1 & -1 & \frac{(n-2)(n-5)d}{2}+(n-3) \\
1 & -1 & \cdots & -1 & \cdots & -1 & -1 & \frac{(n-1)(n-4)d}{2}+(n-3)
\end{pmatrix}
$$

$$
=\begin{pmatrix}
1 & -1 & \cdots & -1 & \cdots & -1 & -1 & \frac{(n-1)(n-4)d}{2}+(n-2) \\
-1 & 2 & \cdots & 0 & \cdots & 0 & 0 & -(n-3)d-1 \\
\vdots & \vdots & \cdots & \vdots & \vdots & \vdots & \vdots & \vdots \\
0 & 0 & \cdots & 2 & \cdots & 0 & 0 & -(n-i-1)d-1 \\
\vdots & \vdots & & \vdots & & \vdots & \vdots & \vdots \\
0 & 0 & \cdots & 0 & \cdots & 2 & 0 & -(d+1) \\
0 & 0 & \cdots & 0 & \cdots & -1 & 2 & -1 \\
0 & 0 & \cdots & 0 & \cdots & 0 & -1 & d+1
\end{pmatrix}。 \tag{5-46}
$$

5.2.3 *n* 维 Arithmetic-Arnold 变换矩阵的构造算法

根据式(5-45)和(5-46),下面使用 MATLAB 来描述构造 $\boldsymbol{C}_n$ 和 $\boldsymbol{C}_n^{-1}$ 这两个重要矩阵的算法。

1. 构造 $\boldsymbol{C}(n,n)$ 矩阵的函数

```
%其中 d 为公差,n 为阶数,
%Tp 是图像 P 中的像素灰度级的最高级,通常取 Tp=256
function C_diff=diff_matrix(n,d,Tp)
n=double(n);
d=double(d);
Tp=double(Tp);
C(n,n)=0;
for i=1:n
    Ci_temp=(n-i) * d+1;
    for j=1:i
```

```
        C(i,j)=Ci_temp;
    end;
    T=1;
    for j=i+1:n
        C(i,j)= Ci_temp-T;
        T=mod(T*2,Tp); %取模值
        %T=T*2; %没有取模时的值
    end;
end;
C_diff=C;
```

2. 构造 $C(n,n)$逆矩阵 $CN(n,n)$的函数

```
%其中 d 为公差,n 为阶数,Tp 是图像 P 中的像素灰度级的最高级,通常取 Tp=256
function C_diff_inv=diff_matrix_inv(n,d,Tp)
n=double(n);
d=double(d);
Tp=double(Tp);
CN(n,n)=0;
%i=1
CN(1,1)=1;
CN(1,2:n-1)=-1;
CN(1,n)=mod((n-1)*(n-4)*d/2+(n-2),Tp);%取模值
for i=2:n
    CN(i,i-1)=-1;
    if i<n
        CN(i,i)=2;
        CN(i,n)=mod(-(n-1-i)*d-1,Tp);%取模值
    else
        CN(i,n)=d+1;
    end;
end;
C_diff_inv=CN;
```

5.2.4　*n* 维 Arithmetic-Arnold 变换矩阵在图像加密时的密钥空间

根据 n 维 Arithmetic-Arnold 变换矩阵的构造方法可以知道 $\boldsymbol{C}_n=(\boldsymbol{A}_n)^{-1}\boldsymbol{G}_n$，当然也可

以表示成

$$C_n(d) \equiv ((A_n(d))^{-1})^k G_n (\mathrm{mod} N), \tag{5-47}$$

其中，$k \in \mathbf{Z}^+$，$2 \leqslant N \leqslant 256$。

从上式可以看出，G_n，d，k，N 都可以是密钥，$d \in \mathbf{Z}^+$，$k \in \mathbf{Z}^+$ 其密钥空间显然是很大的；G_n 是 $n \times n$ 的矩阵，只要满足 $|G_n| = \pm 1$ 即可，所以它密钥空间也很大；N 有 255 种选择，对变换矩阵的影响很大；也就是说这种构造方法在加密时密钥空间是非常大的，从而安全性更高。

5.2.5 n 维 Arithmetic-Arnold 变换矩阵的周期

下面给出变换矩阵维数为 30 以内自然数的 $n \times n$ 的最简单的 G_n 变换矩阵的模周期，即当 $d=1$，$k=1$ 时，$C_n(1) \equiv A_n(1) G_n (\mathrm{mod} 2)$ 的模周期，见表 5-2。

表 5-2 变换矩阵的模周期

n	T	n	T	n	T
1	—	11	2 047	21	24
2	3	12	819	22	516 033
3	7	13	16	23	8 126 433
4	15	14	11 811	24	16 252 897
5	8	15	4 599	25	28
6	63	16	57 337	26	479 349
7	93	17	20	27	78 061 568
8	217	18	511	28	475 107
9	12	19	122 865	29	32
10	315	20	200 787		

从表中可以看出变换矩阵维数较低时，它的模周期也是很大的，例如 n 变换矩阵的模周期为 n。因此，当 $n > 100$，$T_p = 256$ 时，变换矩阵的模周期都非常大，往往要大于 100 亿。所以，使用此类变换矩阵对图像进行图像像素进行置乱，必须要通过逆变换对置乱图像进行恢复，希望通过变换矩阵的模周期来对置乱图像进行恢复几乎是不可能的，对图像解密也是相当困难。

5.2.6 n 维 Arithmetic-Arnold 变换矩阵在图像置乱中的应用

1. 图像置乱实验

在本实验中，使用了两个广义 Arnold 变换，一个用于图像像素坐标置乱，从而改变图像灰度值的布局；一个用于图像像素灰度值的 APS 变换置乱[53]。

(1)APS 变换

扩展文献[53]中的定义，把 **A** 换成在 Z_T 上的可逆矩阵，从而扩大其应用范围。

定义 5　**A** 是 Z_T 上具有可逆矩阵的 m 维变换矩阵，变换 $\boldsymbol{P}'=\boldsymbol{AP}(\mathrm{mod}T)$，其中 $p_{ij}\in Z_T$，被称为 APS 变换(基于相空间的广义 Arnold 变换)，其中 T 是图像 **P** 中像素灰度级的最高级，通常取 $T=256$。即

$$\begin{bmatrix} p'_{11} & p'_{12} & \cdots & p'_{1n} \\ p'_{21} & p'_{22} & \cdots & p'_{2n} \\ \cdots & \cdots & \cdots & \cdots \\ p'_{m1} & p'_{m2} & \cdots & p'_{mn} \end{bmatrix} = \boldsymbol{A} \begin{bmatrix} p_{11} & p_{12} & \cdots & p_{1n} \\ p_{21} & p_{22} & \cdots & p_{2n} \\ \cdots & \cdots & \cdots & \cdots \\ p_{m1} & p_{m2} & \cdots & p_{mn} \end{bmatrix} (\mathrm{mod}T)。 \tag{5-48}$$

图 5-1 给出了两种广义 Arnold 的 APS 变换效果图及其相应的直方图。

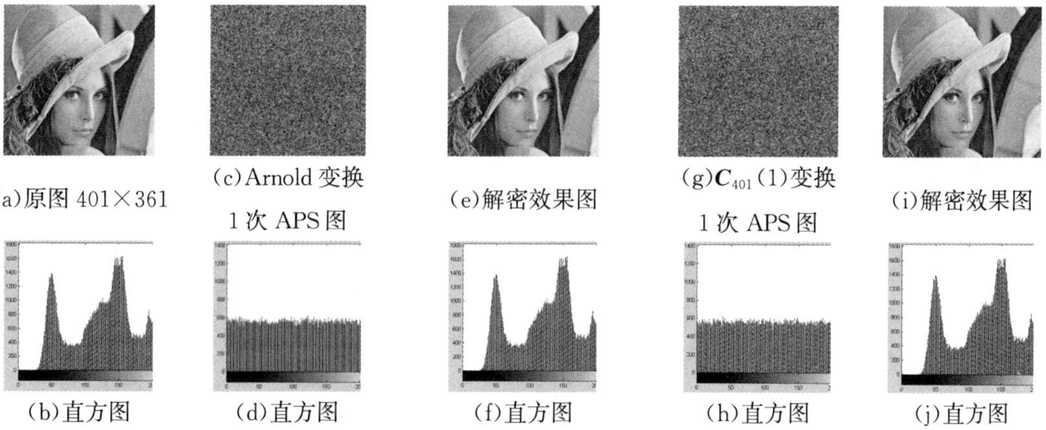

图 5-1　两种广义 Arnold 变换图像加解密图及其相应的直方图

图 5-1 的(a)和(b)分别为原始测试图像 nLena 及其直方图。图 5-1 的(c)和(d)分别为 401 维广义 Arnold 变换 1 次 APS 效果图及其直方图，(e)和(f)分别为 401 维广义 Arnold 变换解密效果图及其直方图。图 5-1 的(g)和(h)分别为 $\boldsymbol{C}_{401}(1)$ 广义 Arnold 变换 1 次 APS 效果图及其直方图，(i)和(j)分别为 $\boldsymbol{C}_{401}(1)$ 维广义 Arnold 变换解密效果图及其直方图。

从图 5-1 的(c)和(d)可以直观看到加密图像的效果图及其直方图，可见，加密过程将原始图像的像素值的不均匀分布变成了均匀分布；使密文像素值在[0,255]整个空间范围内取值概率均等。明文的统计特性完全被打破，使明密文的相关性大大降低。

(2)图像像素坐标置乱

关于图像像素坐标置乱的方法很多，本实验使用了 3.5 节中的由 Dirichlet 序列构造的 2 维广义 Arnold 映射，如

$$\mathbf{DLKL}(3,6)=\begin{bmatrix} 47 & 29 \\ 34 & 21 \end{bmatrix}。$$

图 5-2 给出了二维 Arnold 变换和二维广义 Arnold 的 $\mathbf{DLKL}(k,n)$ 变换图像置乱图。图 5-2 的(a)为原始测试图像 nLena 标准图。图 5-2 的(b)和(c)分别为二维 Arnold 变换置

乱 1 次和 10 次的效果图,(d)和(e)分别为二维广义 Arnold 的 **DLKL**(3,6) 变换置乱 1 次和 10 次的效果图。通过实验仿真可以看出,这种方法的置乱效果好,可以选择到周期较大的变换矩阵,并且计算复杂度不比二维 Arnold 变换大。

(a)原图 512×512　(b)Arnold 变换 1 次图　(c)Arnold 变换 10 次图　(d)**DLKL**(3,6)变换 1 次图　(e)**DLKL**(3,6)变换 10 次图

图 5-2　二维 Arnold 变换和二维广义 Arnold 的 DLKL(k,n) 变换图像置乱图

(3)图像像素灰度值和坐标多轮双置乱

通过输入密码,生成长周期二维 Arithmetic-Arnold 变换矩阵进行位置空间置乱,为了防止仅作空间置乱有轮廓显现,再引入色彩空间的置乱,然后进行多轮置乱变换。

具体步骤是:

①先使用二维广义 Arnold 中的 **DLKL**(k,n) 变换给图像像素坐标进行置乱;

②使用 n 维广义 Arnold 中的 $\boldsymbol{C}_m(d)$ 变换图对图像像素灰度值进行 APS 变换;

③为了加强安全,重复①②进行多轮乘积型置乱变换,达到高维矩阵置乱的效果,并抵御选择明文攻击等破译算法。

图 5-3 给出了图像 Lena(图 5-2(a),512×512)像素灰度值和坐标双置乱效果图及其相应的直方图。图 5-3 的(a)和(b)分别为二维广义 Arnold 的 **DLKL**(3,6) 变换置乱 12 次的效果图及其直方图。(c)和(d)分别为广义 Arnold 变换 $\boldsymbol{C}_{512}(2)$ 对图 5-3(a)进行 2 次 APS 变换的效果图及其直方图,(e)和(f)分别为解密效果及其直方图。

(a)**DLKL**(3,6)变换 12 次图　(c)C_{512}(1)变换 2 次 APS 图　(e)解密效果图

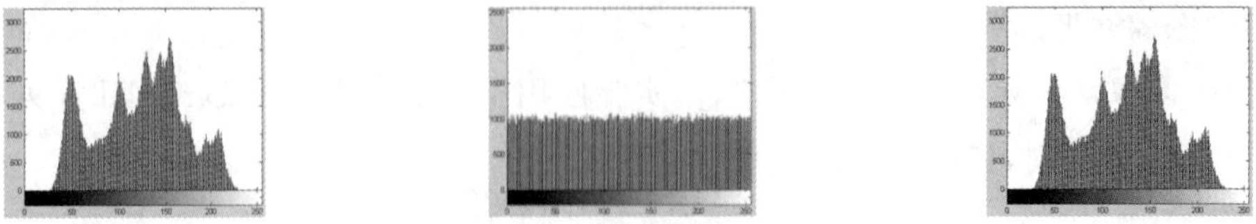

(b)直方图　(d)直方图　(f)直方图

图 5-3　图像双置乱效果图及其相应的直方图

2. 图像攻击实验

图 5-4 给出了加密图受到攻击后图像解密效果及其相应的直方图。通过观察和比较可以发现图 5-4 的(f)与图 5-3 的(f)差别不大,图 5-4 的(e)与图 5-3 的(e)比较也只是增加了一些黑白点,不影响图像的整体效果。

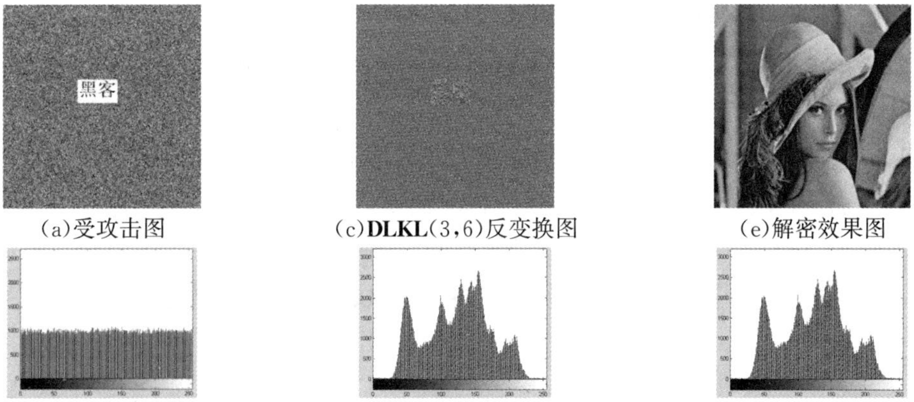

(a)受攻击图　(c)**DLKL**(3,6)反变换图　(e)解密效果图

(b)直方图　(d)直方图　(f)直方图

图 5-4　加密图受攻击后图像解密效果及其相应的直方图

5.2.7　基于等差数列的 n 维 Arithmetic-Arnold 变换矩阵构造方法的优点

本节所提出的由密钥生成的两种 Arnold 型变换同时对图像像素位置和像素值多轮双置乱的新算法,比文献[153,7]的方法提高了图像置乱的安全性。具有以下主要优点:

(1)色彩空间置乱可抵御猜测轮廓攻击。早期技术只做空间位置的置乱,由于颜色的连续易给人猜出轮廓。

(2)使用可选择长周期的二维广义 Arnold 中的 **DLKL**(k,n) 变换矩阵,可抵御对短周期的攻击。采用纯粹 Arnold 变换,有时周期太短,可以快速攻击。

(3)可抵御反变换攻击。由于传统的 Arnold 型置乱信息隐藏,要连续作 k 次变换,一幅一幅图像逐渐变成密文图像,攻击者采用与解密差不多长时间的连续同种变换破译。本节中的两种 Arnold 型变换矩阵都是由密钥生成,且周期都很大,强力破译所需的时间很长。

(4)已知明文攻击[69]。因早期的置乱算法仅做单项置乱,置乱矩阵的元素比较简单,攻击者可通过构造特殊的 (x,y) 对,线性求出置乱矩阵的逆矩阵进行破译。本节采用一次一密的方法对图像加密,又有双项多轮置乱加强安全,已知明文攻击的条件已不存在,且可随着 N 的增大或置乱轮次的增多,破译时间是天文数字。

(5)选择明文攻击。假定攻击者可得到加密机,选择一系列明文得到对应密文,从而解方程求解置乱系数。引入密钥生成的 Arnold 型变换矩阵后,即使同一幅明文图像在不同次的加密过程中,也会因密钥的不同会得到不同的密文图像,当图像像素较大时,使用选择明文攻击求解变换矩阵的置乱系数是不可能的,使算法具有抵御穷举攻击的能力。

(6)高维 Arnold 型变换矩阵具有复杂非线性演化特征,使密文对密钥具有高度敏感性,且每次随输入的密钥不同而生成不同的变换矩阵，具有一次一密特性。

(7)图像密文具有在整个取值空间均匀分布的特性，相邻像素具有近似于零的相关性。这些良好的密码特性大大增加了算法在信息隐藏中的实用。

(8)算法简单，时间复杂度低。由密钥生成的任意 n 维 Arithmetic-Arnold 变换矩阵和逆变换矩阵的快速算法中不涉及矩阵运算，时间复杂度仅为 $n(n+1)/2$ 次乘法运算，求逆变换矩阵过程中也不需要 Arithmetic-Arnold 变换矩阵，仅与密钥有关，所以不会因为变换矩阵维数较高而超出了计算能力。

(9)该信息隐藏算法符合 Kerckhoffs 原则[157]，即除密钥之外，攻击者知道有关算法的一切内容。加密算法可以完全公开，提高了隐秘的安全性，保证秘密信息不被攻击者获得。

5.3 基于混沌整数序列的 n 维 Chaos-Arnold 变换的构造方法及其应用

5.2 节所构造的矩阵中的元素值仍然比较单一，密钥也仅有一个。本节又提出了一种基于混沌整数序列来构造任意 n 维 Arnold 变换矩阵的构造方法，弥补了这个不足。混沌现象是在非线性动力系统中出现的确定性的、类似随机的过程，这种过程既非周期又不收敛，并且对切始值有极其敏感的依赖性[107,157-158]。混沌信号的隐蔽性、不可预测性、高复杂度和易于实现等特性都特别适用于保密通信。

本节首先使用了一个混沌方程 Logistic 生成了一个类混沌整数序列[159]；其次提出了基于混沌序列构造 n 维广义 Arnold 变换矩阵的方法，并给出了构造变换矩阵和逆变换矩阵的算法，算法仅与密钥有关，其时间复杂度为 $O(n^3)$；最后，将构造的 n 维广义 Arnold 变换矩阵应用于图像加密时采取图像位置空间与色彩空间的多轮乘积型双置乱方法，算法具有长周期和算法完全公开等特点，可有效防止多种攻击，增强了系统的安全性。该算法具有较高的安全性，实验结果令人满意。

5.3.1 n 维 Chaos-Arnold 变换矩阵构造方法

为了方便叙述，将基于混沌整数序列所构造的 n 维广义 Arnold 变换矩阵简称为 n 维 Chaos-Arnold 变换矩阵。该算法也适应于任何整数序列，如伪随机序列。

1. 构造矩阵的数学理论基础

在线性代数中，LU 分解是矩阵分解的一种[160]，可以将一个矩阵分解为一个单位下三角矩阵和一个单位上三角矩阵的乘积。根据 LU 矩阵分解理论，立即得到下面定理。

定理 5−9 如果 $\boldsymbol{C}_{n\times n}$ 可以进行 LU 分解且 $|\boldsymbol{C}|=\pm1$，则 $\boldsymbol{C}$ 是一个 n 维广义 Arnold 变换矩阵，且 $\boldsymbol{C}^{-1}=\boldsymbol{U}^{-1}\boldsymbol{L}^{-1}$。

2. Logistic 混沌映射理论

混沌系统的类随机特性十分适合于通信中的噪声伪装调制。通过混沌系统对初始值的敏感依赖性，可以产生大量非相关、确定可再生的伪随机信号。Logistic 映射是一类简单而被广泛研究的动力系统[158-159]，其定义为：$x_{k+1}=\mu x_k(1-x_k)$，其中，$0\leqslant\mu\leqslant 4$ 称为分枝参数，$x_k\in(0,1)$。当 $3.569\,945\,6<\mu\leqslant 4$ 时，Logistic 映射处于混沌态。即由初始条件 x_0 在 Logistic 映射的作用下所产生的序列 $X=\{x_k\mid k=0,1,2,\cdots\}$ 是敏感依赖于初始值的、非周期的、随机性、不收敛的。

Logistic 序列具有非周期性、连续宽带频谱、类似噪声的特性，使它具有天然的隐蔽性；对初始条件高度敏感、又使混沌信号具有长期不可预测性。因而可以应用于包括数字通信和多媒体数据安全等众多应用领域的噪声调制，再者由于其以初始值的高度依赖性，使得很难从一段有限长度的序列来推断出混沌系统的初始条件。混沌信号的隐蔽性、不可预测性、高复杂度和易于实现等特性都特别适用于保密通信。

3. n 维 Chaos-Arnold 变换矩阵构造算法

步骤 1：使用参数为 μ（密钥 1）、初值为 key1（密钥 2）的 Logistic 映射生成一个实数值混沌序列 LX；

步骤 2：对序列 LX 整数化得到整数序列 CHAOS，方法是[LX * 1 000]mod 256；

步骤 3：从序列 CHAOS 的第 key2（密钥 3）来构造 $\boldsymbol{L}$，$\boldsymbol{U}$ 两个单位三角矩阵，元素逐行或列进行排列，或混合进行排列。构造完 $\boldsymbol{L}$ 后，可以直接用后续的序列整数来构造 $\boldsymbol{U}$，也可以用一定值或输入 key3（密钥 4）来跳跃使用后续的序列整数来构造 $\boldsymbol{U}$，增加保密性。

步骤 4：由 $\boldsymbol{L}$，$\boldsymbol{U}$ 生成 Z_N 上的 n 维 Chaos-Arnold 变换矩阵 $\boldsymbol{C}_{n\times n}$。

以上各步均需取模（一般是 256，也可以是其他整数）运算。而 μ、key1、key2、key3 都可以作为密钥输入，由密钥生成程序自动产生。

构造 $\boldsymbol{L}$，$\boldsymbol{U}$ 为 $n\times(n+1)/2$ 次赋值运算，计算 $\boldsymbol{C}_{n\times n}$ 仅需要 $n(n+1)(2n+1)/6$ 次乘法运算，所以构造 $\boldsymbol{C}_{n\times n}$ 算法时间复杂度为 $O(n^3)$。

5.3.2　求 n 维 Chaos-Arnold 变换矩阵的逆矩阵算法

求 Chaos-Arnold 变换逆矩阵中的 μ、key1、key2、key3 与上述矩阵构造算法相同，求 Chaos-Arnold 变换逆矩阵算法如下：

步骤 1：使用参数为 μ（密钥 1）、初值为 key1（密钥 2）的 Logistic 映射生成一个实数值混沌序列 LX；

步骤 2：对序列 LX 整数化得到整数序列 CHAOS，方法是[LX * 1 000]mod 256；

步骤 3：从序列 CHAOS 的第 key2（密钥 3）、key3（密钥 4）来构造 $\boldsymbol{L}$，$\boldsymbol{U}$ 两个单位三角矩阵，方法同上；

步骤 4：分别计算 $\boldsymbol{L}$，$\boldsymbol{U}$ 在 Z_N 上的逆矩阵 $\boldsymbol{L}^{-1}$，$\boldsymbol{U}^{-1}$；

这是关键一步。下面以求$\boldsymbol{U}^{-1}$为例,说明具体求解技巧。

设$\boldsymbol{U}$为$n\times n$的单位上三角矩阵,则$\boldsymbol{U}^{-1}$一定也是$n\times n$的单位上三角矩阵,所以

$$\begin{bmatrix} 1 & u'_{12} & u'_{13} & \cdots & \cdots & u'_{1j} & \cdots & u'_{1n} \\ 0 & 1 & u'_{23} & \cdots & \cdots & u'_{2j} & \cdots & u'_{2n} \\ 0 & 0 & 1 & \cdots & \cdots & u'_{3j} & \cdots & u'_{3n} \\ \vdots & \vdots & \vdots & \vdots & \vdots & \vdots & \vdots & \vdots \\ 0 & 0 & 0 & \cdots & \cdots & u'_{ij} & \cdots & u'_{in} \\ 0 & 0 & 0 & \cdots & \cdots & 1 & \cdots & u'_{i+1n} \\ \vdots & \vdots & \vdots & \vdots & \vdots & \vdots & \vdots & \vdots \\ 0 & 0 & 0 & \cdots & \cdots & 0 & \cdots & 1 \end{bmatrix} \begin{bmatrix} 1 & u_{12} & u_{13} & \cdots & \cdots & u_{1j} & \cdots & u_{1n} \\ 0 & 1 & u_{23} & \cdots & \cdots & u_{2j} & \cdots & u_{2n} \\ 0 & 0 & 1 & \cdots & \cdots & u_{3j} & \cdots & u_{3n} \\ \vdots & \vdots & \vdots & \vdots & \vdots & \vdots & \vdots & \vdots \\ 0 & 0 & 0 & \cdots & \cdots & u_{ij} & \cdots & u_{in} \\ 0 & 0 & 0 & \cdots & \cdots & 1 & \cdots & u_{i+1n} \\ \vdots & \vdots & \vdots & \vdots & \vdots & \vdots & \vdots & \vdots \\ 0 & 0 & 0 & \cdots & \cdots & 0 & \cdots & 1 \end{bmatrix} = \boldsymbol{E}_{n\times n}。 \tag{5-49}$$

当$j>i$时,有$\sum_{k=1}^{n} u'_{ik}u_{kj}=0$,由于$\boldsymbol{U}^{-1}$和$\boldsymbol{U}$都是$n\times n$的单位上三角矩阵,所以可以推出$u_{ij}+\sum_{k=i+1}^{j-1} u'_{ik}u_{kj}+u'_{ij}=0$,从而得到$u'_{ij}=-(u_{ij}+\sum_{k=i+1}^{j-1} u'_{ik}u_{kj})$。由这个公式可知,要想求出$u'_{ij}$必须先求出$u'_{ik}(k<j)$,为此,要分别求出$j-i=k(k=1,2,\cdots)$的$u'_{ij}$的值。如$j-i=1$时,$u'_{ij}=-u_{ij}$。

步骤 5:利用公式$\boldsymbol{C}_{n\times n}{}^{-1}=\boldsymbol{U}^{-1}\boldsymbol{L}^{-1}$求出$\boldsymbol{C}_{n\times n}$在$Z_N$上的逆矩阵$\boldsymbol{C}_{n\times n}{}^{-1}$。

以上各步均需取模(一般是 256,也可以是其他整数)运算。

构造$\boldsymbol{C}_{n\times n}$算法时间复杂度也为$O(n^3)$。

5.3.3 n 维 Chaos-Arnold 变换矩阵的混沌性

仿真时的参数取值是:

$$\mu(=4)、\text{key1}(=0.1818)、\text{key2}(=118)、\text{key3}(=18),n=512。\tag{5-50}$$

1. 构造 n 维 Chaos-Arnold 变换矩阵元素的混沌性

如图 5-5 所示,图 5-5(a)是构造矩阵元素的部分值,图 5-5(b)是对应的原始混沌序列的部分值。从图中可以直观地看出构造 n 维 Chaos-Arnold 变换矩阵元素的值仍然是混沌的。

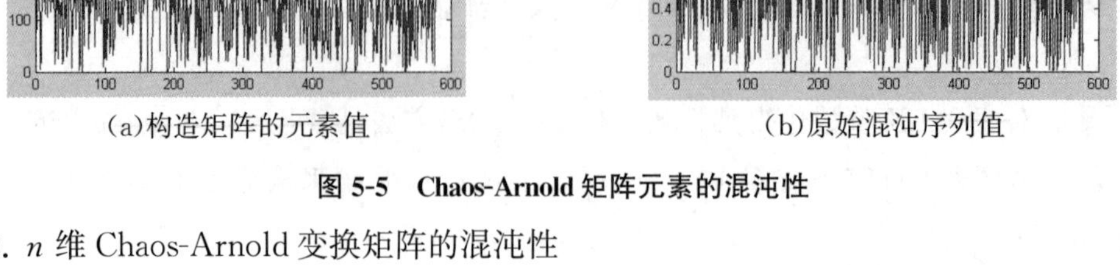

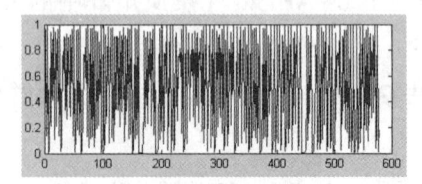

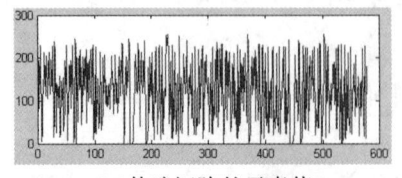

(a)构造矩阵的元素值　　(b)原始混沌序列值

图 5-5　Chaos-Arnold 矩阵元素的混沌性

2. n 维 Chaos-Arnold 变换矩阵的混沌性

为了直观地考查所构造的 Chaos-Arnold 变换矩阵的优劣,下面用图像的形式给出了

Chaos-Arnold 变换矩阵和逆矩阵的图像及直方图，如图 5-6 所示。从图 5-6(a)(c)(e)(g)可以看出 $\boldsymbol{L}$、$\boldsymbol{U}$ 矩阵和逆矩阵的图像是均匀的，是随机的；从它们的直方图上也证明了这一点。从图(i)(k)可以看出 $\boldsymbol{C}_{n\times n}$ 矩阵和逆矩阵的图像是随机分布的，从它们的直方图上可以看到其效果比 $\boldsymbol{L}$、$\boldsymbol{U}$ 矩阵的效果更佳。

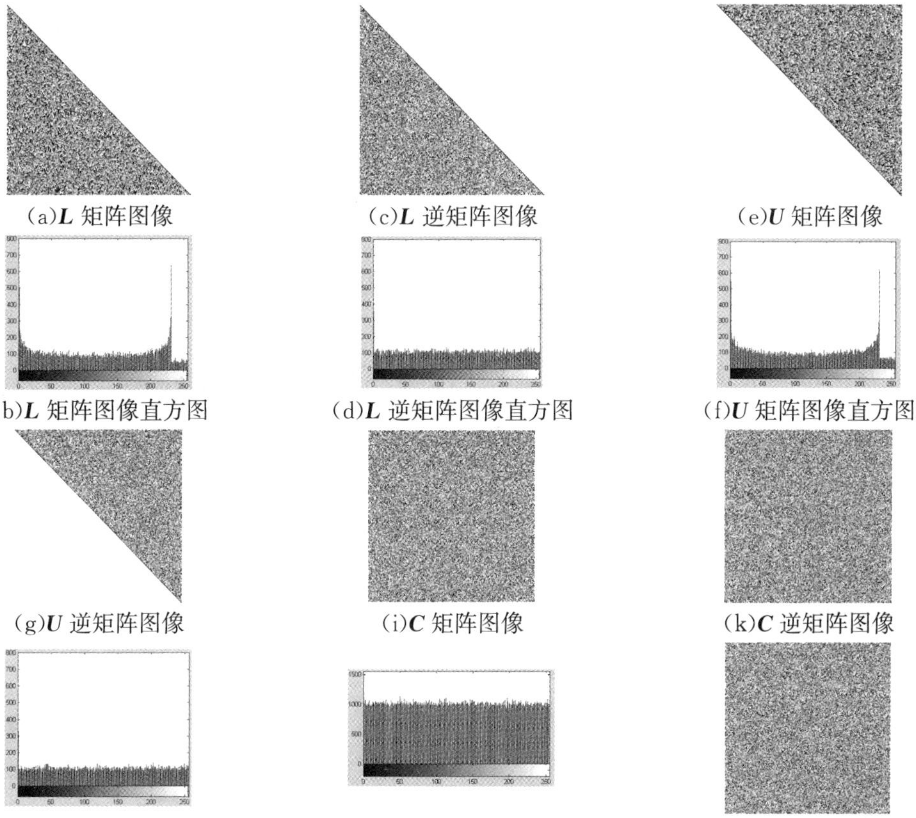

(a)$\boldsymbol{L}$ 矩阵图像　(c)$\boldsymbol{L}$ 逆矩阵图像　(e)$\boldsymbol{U}$ 矩阵图像

(b)$\boldsymbol{L}$ 矩阵图像直方图　(d)$\boldsymbol{L}$ 逆矩阵图像直方图　(f)$\boldsymbol{U}$ 矩阵图像直方图

(g)$\boldsymbol{U}$ 逆矩阵图像　(i)$\boldsymbol{C}$ 矩阵图像　(k)$\boldsymbol{C}$ 逆矩阵图像

(h)$\boldsymbol{U}$ 逆矩阵图像直方图　(j)$\boldsymbol{C}$ 矩阵图像直方图　(l)$\boldsymbol{C}$ 逆矩阵图像直方图

图 5-6　Chaos-Arnold 变换矩阵和逆矩阵的图像及直方图

3. n 维 Chaos-Arnold 变换矩阵与 n 维 Arnold 变换矩阵的混沌性比较

从图 5-7 中可以直观地看到 n 维 Arnold 变换矩阵的数据单一、规则，算法容易受到已知明文攻击且算法不可公开。而混沌系统具有复杂的非线性混沌行为，因此生成的密钥具有较高的复杂性，密钥空间是非常大的，算法具有抵御穷举攻击的能力，且每次随机产生的密钥不同，具有一次一密特性，提高了算法的安全性。

(a) n 维 Arnold 变换矩阵图像　(c) n 维 Arnold 变换逆矩阵图像

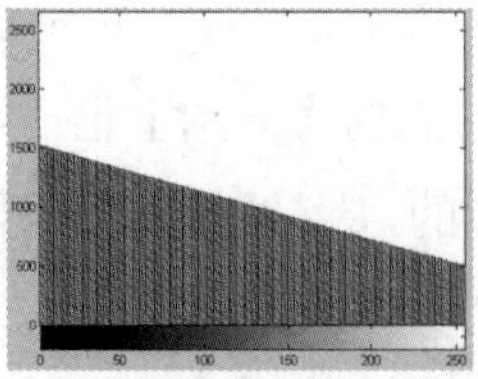

(b) n 维 Arnold 变换矩阵图像直方图

(d) n 维 Arnold 变换矩阵图像直方图

图 5-7　Arnold 变换矩阵图像与直方图(续)

5.3.4　n 维 Chaos-Arnold 变换矩阵的密钥空间

使用本算法来构造 n 维 Chaos-Arnold 变换矩阵时主要涉及的参数有：$3.5699456 < \mu \leqslant 4$、$key1 \in (0,1)$、$key2 \in \mathbf{Z}^+$，$key3 \in \mathbf{Z}^+$，$2 \leqslant N \leqslant 256$。如果只针对 Logistic 混沌系统的初始条件来考虑，小数点后数值表示的精度是 10^{-15}，则其密钥空间大小为 10^{15}，这个空间已经非常大，而当把其他参数均考虑进去后，则这样的密钥空间足够抵抗任意暴力攻击。

5.3.5　n 维 Chaos-Arnold 变换矩阵的周期

模周期是衡量变换矩阵优劣的重要指标，表 5-3 给出了当 $n \leqslant 30$ 时 $\boldsymbol{C}_{n\times n}$ 模 n 的 Chaos-Arnold 变换矩阵的模周期，其中 $\mu = 4$、key1 = 0.181 8、key2 = 118、key3 = 18。从表中可以看出变换矩阵维数较低时，它的模周期也是很大的，例如 27×27 变换矩阵的模周期为 8 354 820。因此，当 $n > 100$ 且变换矩阵模 256 时，变换矩阵的模周期都非常大，往往要大于 100 亿。所以，使用此类变换矩阵对图像像素进行置乱，必须要通过逆变换对置乱图像进行恢复，希望通过变换矩阵的模周期来对置乱图像进行恢复几乎是不可能的，对图像解密也是相当困难。

表 5-3　变换矩阵的模周期

n	T	n	T	n	T
1	*	11	310	21	130 305
2	2	12	63	22	262 136
3	3	13	4 094	23	294 903
4	7	14	1 085	24	294 903
5	5	15	1 302	25	1 310 715
6	12	16	10 922	26	7 279 132
7	24	17	14 322	27	8 354 820
8	15	18	6 205	28	5 963 685
9	84	19	4 095	29	>108
10	372	20	32 766	30	>108

5.3.6　n 维 Chaos-Arnold 变换矩阵在图像置乱中的应用

1. 图像置乱实验

在本节的实验中，使用了两个广义 Arnold 变换，一个用于图像像素坐标置乱，从而改变图像灰度值的布局；一个用于图像像素灰度值的 APS 变换置乱。

(1)APS 变换

图 5-8 给出了 n 维 Chaos-Arnold 变换矩阵的 APS 变换效果图及其相应的直方图。图 5-8 的(a)和(b)分别为原始测试图像 512 × 512Lena 及其直方图；(c)和(d)分别为 Chaos-Arnold 变换 $\boldsymbol{C}_{512\times512}$ 1 次 APS 效果图及其直方图，(e)和(f)分别为 Chaos-Arnold 变换 $\boldsymbol{C}_{512\times512}$ 解密效果图及其直方图。从图 5-8 的(c)和(d)可以看到加密过程将原始图像的像素值的不均匀分布变成了均匀分布；使加密图像像素值在[0,255]整个空间范围内取值概率均等。明文的统计特性完全被打破，使明文的相关性大大降低。

(a)原图 512×512　　(c)Chaos-Arnold 变换 1 次 APS 图　　(e)解密效果图

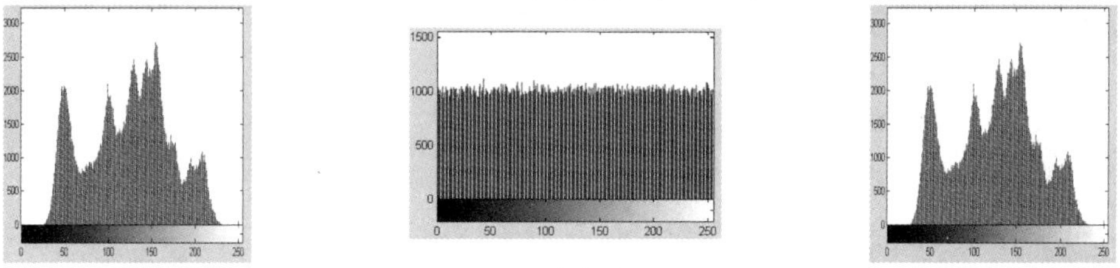

(b)直方图　　(d)直方图　　(f)直方图

图 5-8　n 维 Chaos-Arnold 变换矩阵的 APS 变换效果图及直方图

(2)图像像素坐标置乱

图 5-9 给出了二维广义 Arnold 的 **DLKL**(k,n) 变换图像置乱效果图。图 5-9(a)为 512×512 的原始测试图，图 5-9(b)和(c)分别为 **DLKL**(3,6) 变换置乱 1 次和 12 次的效果图。

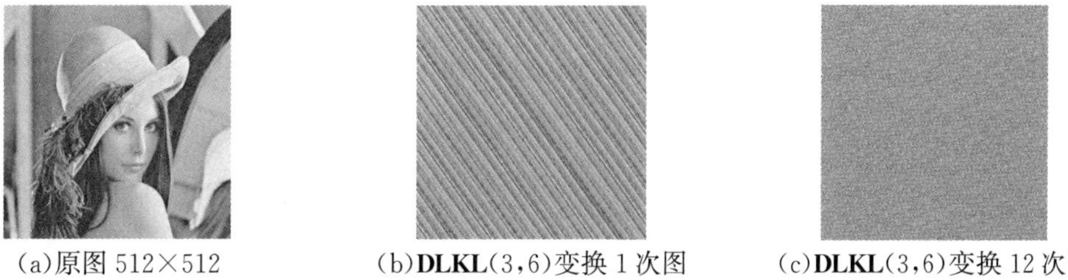

(a)原图 512×512　　(b)**DLKL**(3,6)变换 1 次图　　(c)**DLKL**(3,6)变换 12 次图

图 5-9　二维 DLKL(k,n) 变换图像置乱效果图

(3)图像像素灰度值和坐标多轮双置乱

通过输入密码，生成长周期二维广义 Arnold 变换矩阵进行位置空间置乱，为了防止仅作空间置乱有轮廓显现，再引入色彩空间的置乱，然后进行多轮置乱变换。具体步骤是：

①先使用二维 **DLKL**(k,n) 变换对图像像素坐标进行置乱。由于二维 **DLKL**(k,n) 变换在进行图像置乱中对于(0,0)位置上的像素不起任何作用[159]，因此，可把(0,0)位置上的像素和一个固定位置 $(i,j)(0<i\leqslant N,0<j\leqslant N)$ 的像素在每轮迭代过程后进行交换。这样，前一轮(0,0)位置的像素就可以在下一轮迭代中被置乱。其中 (i,j) 也可以被看作密钥进行控制。

②使用 n 维 Chaos-Arnold 中的 $\boldsymbol{C}_{512\times512}$ 变换矩阵对图像像素灰度值进行 APS 变换；

③为了加强安全，重复①②进行多轮乘积型置乱变换，达到高维矩阵置乱的效果，并抵御选择明文攻击等破译算法。

图 5-10 给出了图像 Lena(图 5-8(a)，512 × 512)像素灰度值和坐标双置乱效果图及其相应的直方图，其中 $\mu=4$、key1＝0.181 8、key2＝118、key3＝18。图 5-10 的(a)和(b)分别为第 1 轮置乱变换的效果图及其直方图，(c)和(d)分别为第 15 轮置乱变换的效果图及其直方图，(e)和(f)分别为解密效果及其直方图。

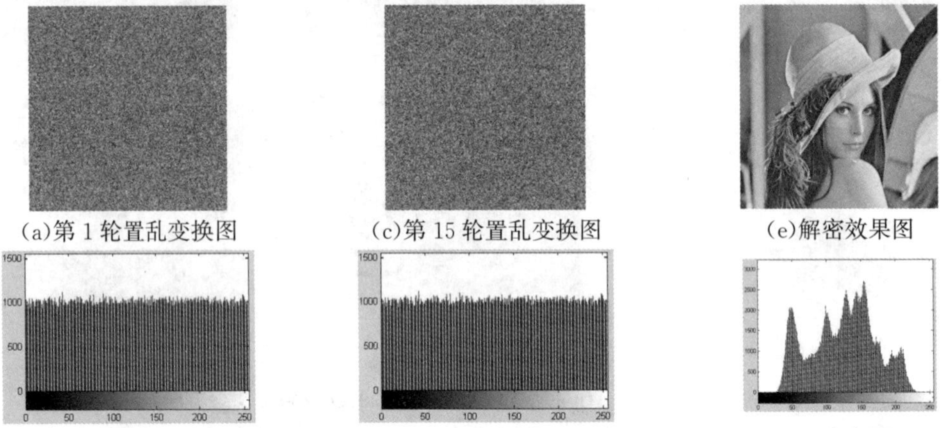

(a)第 1 轮置乱变换图　(c)第 15 轮置乱变换图　(e)解密效果图

(b)直方图　(d)直方图　(f)直方图

图 5-10　图像双置乱效果图及其相应的直方图

2. 图像攻击实验

(1)加密图受到攻击后图像解密效果

图 5-11 给出了加密图受到攻击后图像解密效果及其相应的直方图。通过观察和比较可以发现图 5-11 的解密效果图与图 5-10 的(e)差别不大，仍然可以很容易地分辨出来，不影响图像的整体效果。

(a)受剪切攻击图

(b)解密效果图

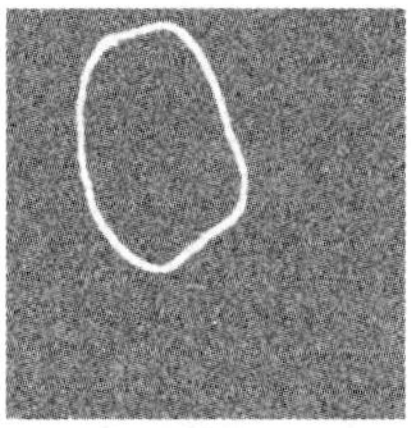
(c)受图画攻击图

(d)解密效果图

(e)受污染图

(f)解密效果图

(g)受标识攻击图

(f)解密效果图

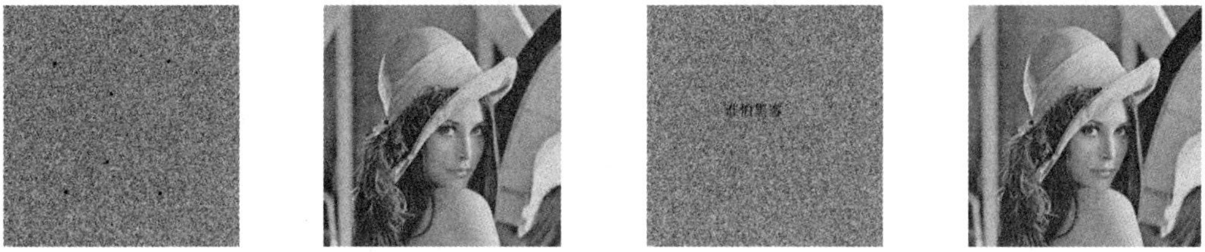

图 5-11 加密图受攻击后图像解密效果

(2)算法受到攻击后图像解密效果

图 5-12 给出了算法受到攻击后图像解密效果及其相应的直方图，这与图 5-10 相比差别很大。不过，这也只是对四个密钥(μ =4、key1=0.181 8、key2=118、key3=18)中的一项发生了微小变化，而解密结果却差别很大。这说明如果不知道密钥，解密是不现实的，并且它的密钥空间是很大的。

(a) key1 = 0.181 8 解密效果图

(c) key2 = 110 解密效果图

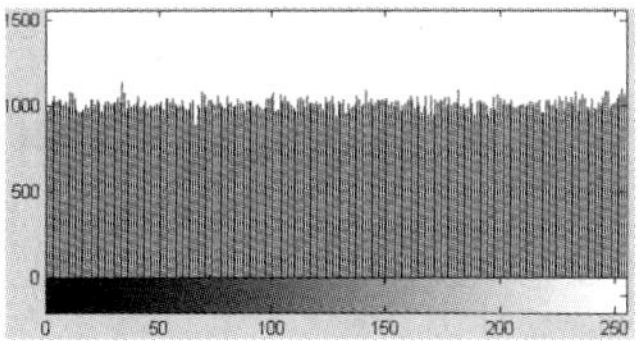

(b)直方图

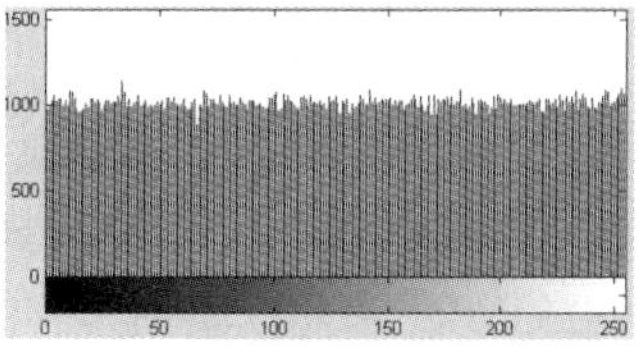

(d)直方图

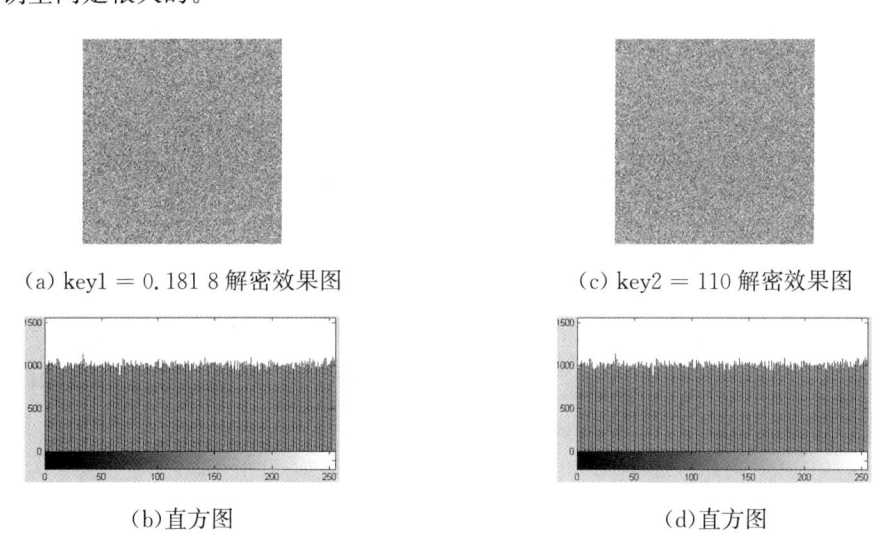

图 5-12 算法受到攻击后图像解密效果及其相应的直方图

5.3.7 基于 n 维 Chaos-Arnold 变换矩阵的图像置乱算法的优点

使用混沌系统模型结合 n 维 Arnold 映射，提出了基于非线性混沌系统的实现位置空间和色彩空间的置乱的新算法。算法具有以下主要优点：

(1)混沌系统具有复杂的非线性混沌行为，因此生成的密钥具有较高的复杂性；构造

Chaos-Arnold 变换矩阵的算法仅与密钥有关，密钥空间是非常大的，使算法具有抵御穷举攻击的能力，且每次随机产生的密钥不同，具有一次一密特性，提高了算法的安全性；密文具有在整个取值空间均匀分布的特性，相邻像素具有近似于零的相关性。

(2)实现了对图像的色彩空间的置乱，置乱算法打破了相邻像素的相关性，图像保密性更高。而文献中常见的典型方法是使用混沌信号序列流与明文序列流进行异域操作来实现[107,159]，缺点是没有对色彩空间进行充分扩散，这对于抵抗已知明文攻击来说非常脆弱[128]。

(3)混沌加密和解密的速度是较快的。由混沌信号序列流构造变换矩阵和逆变换矩阵只是对数列的排列，不涉及复杂的矩阵运算，时间复杂度仅为 $O(n^3)$ 次整数乘法运算，也不会因为变换矩阵维数较高而超出了计算能力。但求混沌序列流的时间开销较大。如果将其用于对网络通信的实时图像加密，可以离线生成混沌序列，然后进行在线加密。这样，算法既具有图像加密的实时性，又确保了加密效果的高安全性。

(4)将这类矩阵作为变换矩阵应用于图像置乱时，采用同时对图像位置空间与色彩空间进行多轮乘积型双置乱算法，经过多轮迭代之后，就能取得较好的置乱和扩散效果。其特点是变换矩阵周期长，算法可以完全公开，符合 Kerckhoffs 原则[157]，提高了隐密的安全性。

(5)该算法简单、易用硬件实现。对每一种具体的密码算法而言，随着技术的进步和时间的推移都可能最终破译[2]。后续工作将继续研究其他构造 n 维广义 Arnold 变换矩阵的方法及其周期，为信息隐藏提供数学理论基础和方法。

5.4 基于 Chebyshev 混沌神经网络的加密矩阵构造方法及其应用

1929 年，美国的希尔(Hill)提出了一种多字母代换密码(又称为矩阵变换密码)，其思想是利用加密矩阵对明文进行加密，然后利用加密矩阵的逆对密文进行解密[161-162]。但由于加密矩阵及其逆矩阵的元素均必须是整数(它们的行列式必须等于 1)，且维数也应该充分大[163]，通常这样的高阶整数矩阵难以构造；近年来，矩阵张量积理论引起了许多学者的关注，并广泛应用于数字图像处理和保密通信领域[164-169]，一些研究人员提出了利用二阶可逆矩阵通过张量积构造高阶加密矩阵的方法[161,170]，其缺点是只能获得偶数阶(2^n 阶)的加密矩阵，难以满足实际问题的需要。

为了克服这一缺陷，本节利用矩阵的张量积理论，提出一种新型的基于 Chebyshev 混沌神经网络的加密矩阵构造(construction of the encryption matrix based on chebyshev chaotic neural networks，CEMBCCNN)算法：利用 Logistic 混沌序列构建 Chebyshev 混沌神经网络模型(chebyshev chaotic neural network model，CCNNM)[171-172]，以此产生保密的混沌序列，然后由该序列构造任意低阶的混沌加密矩阵，最后根据实际问题的需要，通过张量积得到较高阶的混沌加密矩阵。为了验证这种加密矩阵的有效性，本节给出了一个数字图像加密的仿真实例，并与部分相关研究人员的结果进行了比较。

5.4.1　n 维 CCNNM—Arnold 变换矩阵构造方法

类似上节，仍将基于 Chebyshev 混沌神经网络的所构造的 n 维广义 Arnold 变换矩阵简称为 n 维 CCNN—Arnold 变换矩阵。

1. 构造矩阵的数学理论基础

矩阵的张量积又称为 Kronecker 积，其定义及性质如下[173]：

定义 5—6　设 $\boldsymbol{A}$, $\boldsymbol{B}$ 是两个整数矩阵，且 $\boldsymbol{A}=(a_{ij})_{m\times n}$，则称

$$\boldsymbol{A}\otimes\boldsymbol{B}=\begin{bmatrix} a_{11}\boldsymbol{B} & a_{12}\boldsymbol{B} & \cdots & a_{1n}\boldsymbol{B} \\ a_{21}\boldsymbol{B} & a_{22}\boldsymbol{B} & \cdots & a_{2n}\boldsymbol{B} \\ \cdots & \cdots & \cdots & \cdots \\ a_{m1}\boldsymbol{B} & a_{m2}\boldsymbol{B} & \cdots & a_{mn}\boldsymbol{B} \end{bmatrix} \tag{5-51}$$

为 $\boldsymbol{A}$ 的 Kronecker 积或 $\boldsymbol{A}$ 与 $\boldsymbol{B}$ 的张量积。n 个矩阵 $\boldsymbol{A}_i$（$i=1,2,\cdots,n$）的张量积，记为 $\boldsymbol{A}=\bigotimes_{i=1}^{n}\boldsymbol{A}_i$。

定理 5—10　若 $\boldsymbol{A}$, $\boldsymbol{B}$ 分别为 m 阶和 n 阶可逆矩阵，则 $\boldsymbol{A}\otimes\boldsymbol{B}$ 也为可逆矩阵，且

$$(\boldsymbol{A}\otimes\boldsymbol{B})^{-1}=\boldsymbol{A}^{-1}\otimes\boldsymbol{B}^{-1}\text{。} \tag{5-52}$$

定理 5—11　若 $\boldsymbol{A}$, $\boldsymbol{B}$ 分别为 m 阶和 n 阶矩阵，则 $|\boldsymbol{A}\otimes\boldsymbol{B}|=|\boldsymbol{A}|^{n}|\boldsymbol{B}|^{m}$。

推论　如果 $|\boldsymbol{A}_i|=1(i=1,2,\cdots,n)$，$\boldsymbol{B}=\bigotimes_{i=1}^{n}\boldsymbol{A}_i$，则 $|\boldsymbol{B}|=1$。

利用矩阵进行加密时，要求加密矩阵及其逆矩阵的元素必须是整数[163]，所以 $\boldsymbol{B}=\bigotimes_{i=1}^{n}\boldsymbol{A}_i$ 所构造的矩阵满足条件。

2. CCNNM

对于 Logistic 混沌序列 $x_{k+1}=\mu x_k(1-x_k)$，根据文献[171-172]构造一个单输入单输出三层 CCNN 递归模型如图 5-13 所示；其中输入层至隐层的权值恒为 1，隐层至输出层的权值 w_i 需通过学习后确定，隐层神经元的活跃函数是一组可根据递推公式求出的 Chebyshev 正交多项式。

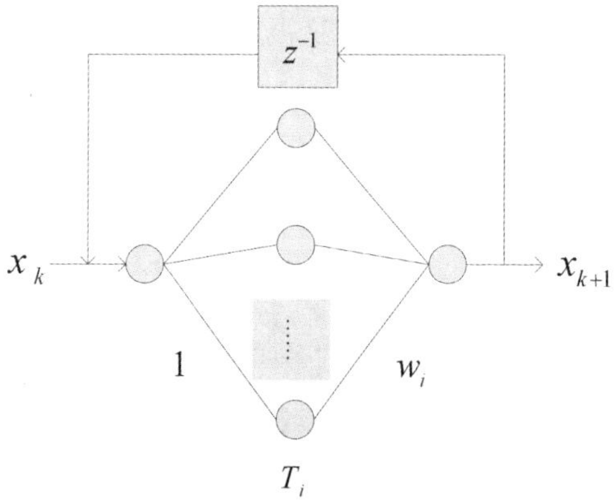

图 5-13　Chebyshev 混沌神经网络模型

网络的操作模式如下：

(1)输入层：$o = x$ ；

(2)隐神经元输入：$\mathrm{net}_i = o_i = 1,2,\cdots,n$ ；

(3)隐神经元输出：$o_i = T_i(\mathrm{net}_i)$ ，$T_i(\mathrm{net}_i)$ 是一组 Chebyshev 正交多项式，可由下式递推求得：

$$T_1(x) = 1, T_2(x) = x ,$$
$$T_{j+2}(x) = 2xT_{j+1}(x) - T_j(x)(j = 1,2,\cdots,n-2) ; \tag{5-53}$$

(4)输出层：

$$y = \sum_{i=1}^{n} w_i o_i = \sum_{i=1}^{n} w_i T_i(x) 。 \tag{5-54}$$

设训练样本为 (x_t, d_t)，其中 $t = 1,2,\cdots,s$ ，s 为样本数，x_t 为 CCNN 的输入，d_t 为 Logistic 混沌序列理想输出(即 x_{t+1})。采用 BP 学习算法，有

(1)误差：

$$e_t = d_t - x_t, t = 1,2,\cdots,s ; \tag{5-55}$$

(2)训练指标：

$$J = \frac{1}{2}\sum_{t=1}^{s} e_t^2 ; \tag{5-56}$$

(3)权值修正公式：

$$\begin{cases} \Delta w_j = -\eta \dfrac{\partial J}{\partial w_j} = \eta e_t T_j(\mathrm{net}_j) \\ w_j(k+1) = w_j(k) + \Delta w_j(k) \end{cases} \tag{5-57}$$

其中，$0 < \eta < 1$ 为学习率；$j = 1,2,\cdots,n$ ；k 为学习次数，$k = 1,2,\cdots$ 。

3. n 维 CCNN－Arnold 变换矩阵生成算法

当 CCNNM 构造成功后，加密矩阵的生成算法设计如下：

步骤 1：任取 x_1 输入 CCNNM，可得序列 $x = x_1 x_2 \cdots x_q$ ，其中 $q = |x| \in [1,\infty)$ 为序列 x 的长度；令 $i = 1$，模为 m ，加密矩阵为 $\boldsymbol{A}_{n\times n}$ ；

步骤 2：从 x 中提取子序列 $\bar{x} = x_i x_{i+1} \cdots x_{i+n^2-1}$，将 $\bar{x}$ 的所有元素转换为 $0 \sim m$ 之间的整数序列，即 $y = \mathrm{mod}(1\ 000 \times \bar{x}, m)$ ，$i \leftarrow i + 1$；若 $i \leqslant q - n^2$，转步骤 3，否则，结束；

步骤 3：将 y 转换为 $n \times n$ 的矩阵 $\boldsymbol{A}$ ，即 $\boldsymbol{A} = \mathrm{reshape}(y, n, n)$ ，若 $|\boldsymbol{A}| = 1$，输出 $\boldsymbol{A}$ 并转步骤 2，否则转步骤 2。

以上算法最多可得 $q - n^2$ 个 $n \times n$ 的加密矩阵，记为 $\boldsymbol{A}_i$ ($i = 1,2,\cdots,t; t \leqslant q - n^2$)，再由 $\boldsymbol{A} = \bigotimes_{i=1}^{n} \boldsymbol{A}_i$ 便可得满足要求的高阶 CCNN－Arnold 矩阵。

5.4.2 仿真实例

对于标准 Logistic 混沌序列 $x_{k+1} = 4.0x_k(1 - x_k)$ ，令混沌初值 $x_0 = 0.2$，样本点 $s = 100$，取

学习率 $\eta=0.1$，训练 $1\times3\times1$ 的 Chebyshev 神经网络，经过 $k=566$ 次学习后，训练指标 $J=9.8897\times10^{-13}$，说明 CCNNM 已构造成功。

令 $q=100\,000$，任取 $x_1=0.1$ 输入图 5-13 所示的 CCNNM 得序列 $x=x_1x_2\cdots x_q$。

设 $n=4$，$m=16$，由 n 维 CCNN－Arnold 变换矩阵生成算法可得以下七个 4×4 的较低阶的矩阵：

$$\boldsymbol{A}_1=\begin{bmatrix}1&1&1&0\\5&7&5&15\\2&0&5&5\\1&0&3&6\end{bmatrix},\boldsymbol{A}_2=\begin{bmatrix}6&9&8&11\\6&6&8&15\\4&9&7&11\\15&14&12&2\end{bmatrix},\boldsymbol{A}_3=\begin{bmatrix}2&5&0&5\\2&3&0&6\\3&7&0&8\\4&0&1&3\end{bmatrix},$$

$$\boldsymbol{A}_4=\begin{bmatrix}2&9&6&4\\7&10&6&14\\11&11&6&3\\13&10&5&4\end{bmatrix},\boldsymbol{A}_5=\begin{bmatrix}3&5&10&7\\1&4&12&12\\15&15&14&12\\1&1&1&2\end{bmatrix},\boldsymbol{A}_6=\begin{bmatrix}8&9&7&12\\11&6&0&14\\12&4&1&10\\5&9&7&11\end{bmatrix},$$

$$\boldsymbol{A}_7=\begin{bmatrix}5&4&0&5\\7&4&1&3\\8&8&4&15\\9&7&1&9\end{bmatrix}。\tag{5-58}$$

若取 $n=5$，$m=10$；同理可得

$$\begin{bmatrix}5&6&7&1&8\\0&2&3&7&8\\4&8&6&2&7\\3&5&1&8&1\\2&3&4&2&6\end{bmatrix}$$

等五个 5×5 的加密矩阵（略）。

下面通过矩阵的张量积构造一个较高阶的加密矩阵 $\boldsymbol{A}_{256\times256}$，对标准图像 lena. bmp（图像大小为 256×256 像素，灰度等级为 $0\sim255$）进行加密与解密：

将原始图像 lena. bmp 转换为整数矩阵 $\boldsymbol{B}_{256\times256}$，计算张量积 $\boldsymbol{A}=\bigotimes_{i=1}^{4}\boldsymbol{A}_i$，则图像加密结果是

$$\boldsymbol{C}=\boldsymbol{AB}(\mathrm{mod}256),\tag{5-59}$$

由定理 4－10 得解密结果

$$\boldsymbol{B}'\equiv\boldsymbol{A}^{-1}\boldsymbol{C}(\mathrm{mod}256)\equiv(\bigotimes_{i=1}^{4}\boldsymbol{A}_i^{-1})\boldsymbol{C}(\mathrm{mod}256)。\tag{5-60}$$

仿真结果如图 5-14 所示。

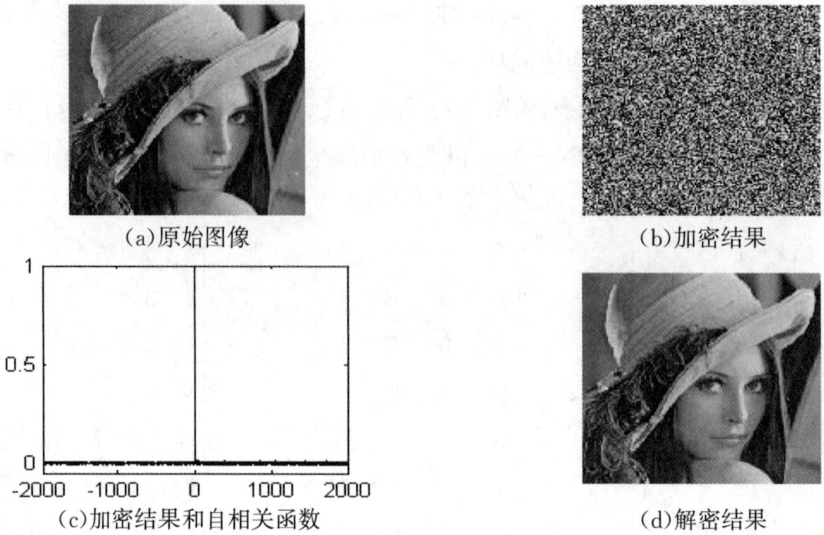

(a)原始图像　(b)加密结果

(c)加密结果和自相关函数　(d)解密结果

图 5-14　图像加密仿真效果

5.4.3　分析与比较

1. 安全性分析

利用混沌对初值的敏感性，每次只要将不同的混沌初值 x_1 输入 CCNNM，便可产生不同的混沌序列 $x=x_1x_2\cdots x_q$，得到不同的加密矩阵 $\mathbf{A}$，从而实现“一次一密”加密，由香农信息论知，这种加密矩阵在理论上是不可破译的。

图 5-14(c)表明这样产生的加密结果具有良好的混沌特性和自相关性，满足密码学的要求。

以上分析说明该加密矩阵和加密结果具有很高的安全性。

2. 相邻像素相关性分析

为了检验原始图像和加密图像相邻像素的相关性，分别从两图像中选取相邻像素(水平、垂直或对角的)，用以下公式计算其相关系数[174]：

$$E(x)=\frac{1}{N}\sum_{i=1}^{N}x_i\;; \tag{5-61}$$

$$D(x)=\frac{1}{N}\sum_{i=1}^{N}(x_i-E(x_i))^2\;; \tag{5-62}$$

$$\mathrm{cov}(x,y)=\frac{1}{N}\sum_{i=1}^{N}(x_i-E(x_i))(y_i-E(y_i))\;; \tag{5-63}$$

$$r_{xy}=\frac{\mathrm{cov}(x,y)}{\sqrt{D(x)}\sqrt{D(y)}}\;; \tag{5-64}$$

其中，x 和 y 分别表示图像中两个相邻像素的灰度值。

图 5-15 和图 5-16 分别描述了原始图像和加密图像水平方向相邻像素的相关性，表 5-4 列出了水平、垂直和对角相邻像素的相关系数。由表 5-4 可知，原始图像的相关系数接近于

1，相邻像素是高度相关的；而加密图像的相关系数接近于 0，相邻像素已基本不相关，说明原始图像的统计特征已被很好地扩散到随机的加密图像中。

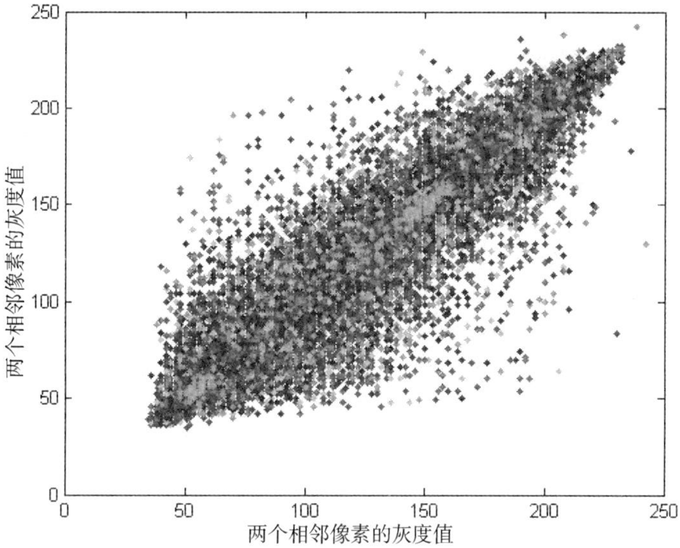

图 5-15　原始图像水平方向相邻像素的相关性

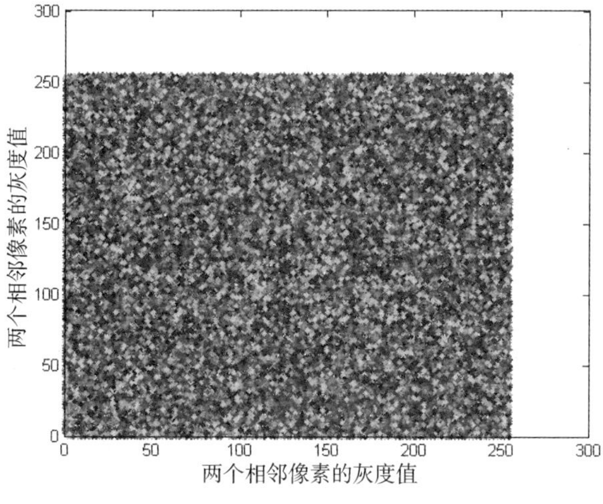

图 5-16　加密图像水平方向相邻像素的相关性

表 5-4　原始图像和加密图像的相关系性

方向	原始图像	密码图像
水平	0.962 0	$5.317\ 6\times10^{-4}$
垂直	0.959 9	0.002 4
对角线	0.948 9	0.076 5

下面给出不同加密方法对 lena 进行加密的比较结果，如表 5-5 所示。

表 5-5 几种不同方法的相关系数比较

方法	水平	垂直	对角线
CEMBCCNN	$5.317\,6\times10^{-4}$	0.002 4	0.076 5
Ref.[174]	−0.014 2	−0.007 4	−0.018 3
Ref.[152]	−0.015 89	−0.065 38	−0.032 31

对比可知,本节所得结果在水平和垂直方向的相关系数比文献[174-175]更好,而对角方向的相关系数结果稍差,总体上可判断本节的加密效果较好。

3. 加密矩阵性能比较

文献[170]讨论了基于矩阵张量积合成加密矩阵的构造问题,仅给出了由二阶可逆矩阵通过张量积来构造高阶加密矩阵的方法,但没有说明这样的二阶可逆矩阵怎样获得的问题;本节给出的方法可自动生成任意低阶矩阵 $\boldsymbol{A}_i$,并且只要改变模 m 的值,还能控制 $\boldsymbol{A}_i$ 中元素 a_{ij} 的大小(即 $0\leqslant a_{ij}<m$),显然可以方便、灵活地通过各种阶数的低阶矩阵 $\boldsymbol{A}_i$ 的张量积来构造满足实际问题需要的高阶加密矩阵 $\boldsymbol{A}$ 。

两种方法性能比较如表 5-6 所示,表中的加密矩阵 $\boldsymbol{A}$ 由低阶矩阵 $\boldsymbol{A}_i\,(i=1,2,\cdots,n)$ 的张量积生成,即 $\boldsymbol{A}=\bigotimes_{i=1}^{n}\boldsymbol{A}_i$ 。

表 5-6 两种方法构造的加密矩阵性能比较

方法	$\boldsymbol{A}_i$ 的阶数	$\boldsymbol{A}_i$ 的元素	$\boldsymbol{A}$ 的阶数	$\boldsymbol{A}$ 的混沌性
Ref.[170]	2	—	偶数	×
CEMBCCNN	任意正整数	自动生成	任意正整数	√

如何快速有效地构造一个可逆矩阵作为加密密钥和求出其逆矩阵作为解密密钥是利用加密矩阵实现保密通信的关键,本节基于 Chebyshev 混沌神经网络提出了一个构造加密矩阵的新方法,并给出了数字图像加密实例;仿真结果表明,该方法能自动构造出任意阶的加密矩阵,且加密结果具有良好的混沌特性和自相关性,完全能满足密码学的要求。

5.5 小结

本章主要提出了构造任意 n 维广义 Arnold 型矩阵的三种方法和 n 维 Arnold 型变换周期的内在规律。

5.1 节从理论上揭示了以 Arnold 变换为代表的 n 维 Arnold 型变换的置乱变换的周期的内在规律,对此类问题做了统一分析和研究。首次提出并证明了任意 n 维广义 Arnold 矩阵($\bmod p^r$)的最小正周期定理,并给出了 n 维 Arnold 矩阵的模周期上界为 $N^{n-1}/2$。

5.2~5.4 节提出了构造任意 n 维广义 Arnold 型矩阵的三种方法:基于等差数列的 n 维广义 Arnold 矩阵构造方法、基于混沌整数序列的 n 维广义 Arnold 矩阵的构造方法和基于 Chebyshev 混沌神经网络的 n 维广义 Arnold 矩阵构造方法。算法特点是:每种方法都只与密钥有关,算法简单且可公开;密钥空间大,具有一次一密特性,算法的安全性;由密钥生成的变换矩阵和逆变换矩阵的算法中不涉及复杂矩阵运算,时间复杂度较低,不会因为变换矩阵维数较高而超出了计算能力;使用此类变换矩阵对图像进行图像像素进行置乱,通过逆变换对置乱图像进行恢复。在实际应用中,提出了基于 n 维广义 Arnold 型变换矩阵的多轮双置乱的一次一密的加密算法:采取图像位置空间与色彩空间的多轮乘积型双置乱,具有周期长、算法公开、可有效防止多种攻击等特点。实验结果表明该置乱变换算法效率高,安全性强。

第 6 章　结论及展望

随着因特网的普及以及信息处理技术的发展，使得多媒体数据可以在通信网络中迅速便捷的传输，带来通信便利的同时，也给信息安全带来新的挑战。信息安全研究领域主要包括密码技术与信息隐藏技术。信息隐藏是专门研究以隐蔽形式进行信息传输的方法。数字图像信息隐藏则是针对数字图像信息存储和传输中的安全问题，研究数字图像信息安全保密中的算法。关于图像信息隐藏，因为有其独特的特点，因而也有其特殊的难度。图像置乱技术是信息安全中针对图像信息隐藏问题的工作基础，数字图像置乱在数字电视的安全处理中具有非常重要的意义，在数字图像信息的安全处理中常被用于预处理和后处理。目前已经提出了很多图像置乱的算法，但是，因为 Arnold 变换的混沌特性，在图像置乱中使用 Arnold 映射的人越来越多，并在图像置乱和数字水印处理中都得到了良好的效果，占有了图像置乱中的半壁江山。尽管如此，针对其数学理论基础研究的文献资料不多，大多数也仅仅停留在使用 Arnold 映射而已，系统研究和总结 Arnold 映射的文章不多，而当前许多实际应用中又需要，因而从数学基础及应用上说，这是一个十分有意义的选题，对该选题的系统论述和推出新的算法，无论在理论上还是在实际应用中都将是十分有价值的。

6.1　主要工作及结论

本书主要研究了数字图像置乱的算法及其应用，主要包括数字图像置乱矩阵的构造方法、置乱矩阵的周期性、置乱矩阵在图像置乱中的应用等三个方面。下面简要叙述一下本书的主要工作和创新之处。

6.1.1　图像置乱理论上的工作及成果

1. 研究了置乱矩阵的构造方法

(1)在第 3 章提出了基于 Euclid 算法的两种有效的方法用于构造广义猫映射：一种基于广义 Fibonacci 序列，一种基于 Dirichlet 序列。首先，广义猫映射的周期可以选择较大的。广义猫映射可以通过计算 $\boldsymbol{Q}_1\boldsymbol{D}_{k-1}\boldsymbol{Q}_1^n$ 得到，由于 k，n 的取值范围大，所以算法具有很好的适应性，也就是说对任意大小的图像总可以选出一个周期比较大的广义猫映射。其次，成功地解决了广义猫映射模变换的构造问题，在程序实现时，可以让用户自行输入 k，n 及叠代次数作为加密的密钥，可以做到一次一密，解决了猫映射的形式只有四种选择困境，从而大大增加了图像加密系统的安全性。最后实验结果表明广义猫映射的周期可变，置乱效果比猫映射更好，为图像置乱提供了更坚实的理论基础。

（2）在第 5 章提出了构造任意 n 维广义 Arnold 型变换矩阵的三种方法：基于等差数列的 n 维广义 Arnold 矩阵构造方法，基于混沌整数序列的 n 维广义 Arnold 矩阵的构造方法和基于 Chebyshev 混沌神经网络的 n 维广义 Arnold 矩阵构造方法。每种方法都只与密钥有关，算法简单且可公开；密钥空间大，具有一次一密特性，算法的安全性较强；由密钥生成的变换矩阵和逆变换矩阵的算法中不涉及复杂矩阵运算，时间复杂度较低，不会因为变换矩阵维数较高而超出了计算能力；使用此类变换矩阵对图像进行图像像素进行置乱，通过逆变换对置乱图像进行恢复；实验结果表明该置乱变换在受到各种攻击时的强脆弱性，因而可用于数字作品完整性鉴别的脆弱水印构造。

2. 研究了置乱矩阵的周期性

（1）在第 3 章中，首先证明了 Fibonacci 数列的模周期的几条整除性定理：Fibonacci 数列的模数列 $\{a_n(p^r)\}$ 的最小正周期定理，即对任意素数 p 和 $r \in \mathbf{Z}^+$，若 Fibonacci 数列 $\{F_n\}$ 的模数列 $\{a_n(p)\}$ 的最小正周期为 T，则模数列 $\{a_n(p^r)\}$ 的最小正周期为 $p^{r-1}T$；Fibonacci 模数列的周期估值定理，得到了 Fibonacci 的模周期的上界定理 $\pi_N(F_n) \leqslant 6N$。其次阐明了二维 Arnold 映射的周期性与 Fibonacci 模数列的周期性的内在联系，证明了 Arnold 变换的模周期等于 Fibonacci 数列的模周期的一半，得到了猫映射的最小模周期的上界为 $3N$，大大推进了现有的结论（$N^2/2$）。为变换矩阵的阶的理论分析开辟了新的途径，也为探讨高阶猫映射的周期性问题提供了新的方法。

（2）在第 4 章中首次提出了孪生 Fibonacci 数列对的定义，给出了其性质和定理，并证明了孪生 Fibonacci 数列对（$\bmod p^r$）的最小正周期定理和模数列的其他周期性定理；其次研究了孪生 Fibonacci 数列对的模周期的一些整除性质，并给出了关于孪生 Fibonacci 数列对模数列的周期估值定理，得到了孪生 Fibonacci 数列对的模周期的上界定理 $\pi_N(FF_n) < 6.269N^2$。进而阐明了三维 Arnold 映射的周期性与孪生 Fibonacci 数列对的周期性的内在联系，得到了 3 维 Arnold 变换的最小正周期上界为 $3.14N^2$，大大推进了现有的结论（N^3）。

（3）在第 5 章中首先证明了任意 n 维广义 Arnold 矩阵（$\bmod p^r$）的最小正周期定理，即对任意素数 p 和 $r \in \mathbf{Z}^+$，$N = p^r$，若 $T = \pi_p[\mathbf{A}(\bmod p)]$，则 $\pi_N[\mathbf{A}(\bmod N)] = p^{r-1}T$。其次给出了 n 维 Arnold 矩阵的模周期上界为 $a \cdot N^{n-1}$，其中 $a < N/2$。这些定理解决了长期困扰大家的变换矩阵模周期性计算问题，从而为图像处理提供了不可缺少的数学理论依据。

6.1.2　图像置乱技术上的工作及成果

1. 二维 Arnold 变换的最佳置乱周期的定义

在第 3 章中首次提出了变换最佳置乱周期的定义，同时给出了 Arnold 变换的最佳置乱周期性定理，最后结合图像置乱的仿真效果，给出了 Arnold 变换时的变换最佳置乱次数。

2. 一次一密的二维广义 Arnold 变换

在第 3 章中使用基于 Euclid 算法的所构造的广义 Arnold 变换具有长周期性，可以做到一次一密，解决了猫映射的形式只有四种选择困境，从而大大增加了图像加密系统的安全性，通过变换很少次数的迭代可达到理想置乱效果。

3. 基于三维 Arnold 变换的多轮双置乱加密算法

在第 4 章中提出了一种新的基于三维 Arnold 映射的多轮双置乱加密算法。为了防止仅作空间置乱有轮廓显现，再引入色彩空间的置乱，然后进行多轮置乱变换。在图像攻击实验中通过观察和比较发现加密图受到攻击后解密效果图与原图差别不大，不影响图像的整体效果。缺点是引入了不超过 9%的信息冗余。

4. 基于等差数列的 n 维广义 Arnold 变换矩阵的多轮双置乱加密算法

在第 5 章中应用于图像置乱时用该矩阵作为变换矩阵，采取图像位置空间与色彩空间的多轮乘积型双置乱，算法具有周期长和算法完全公开等特点，可有效防止多种攻击，增强了系统的安全性。此外，通过逆变换对置乱图像进行恢复，无需计算变换矩阵的周期。实验结果表明该置乱变换算法效率高，一次一密，安全性强。

5. 基于混沌整数序列的 n 维广义 Arnold 变换矩阵的多轮双置乱加密算法

在第 5 章中应用于图像置乱时用该矩阵作为变换矩阵，采取图像位置空间与色彩空间的多轮乘积型双置乱，算法具有长周期和算法完全公开等特点，混沌加密和解密的速度是较快的。另外，由于混沌系统具有复杂的非线性混沌行为，因此生成的密钥具有较高的复杂性，密钥空间是非常大的，使算法具有抵御穷举攻击的能力，且每次随机产生的密钥不同，具有一次一密特性，提高了算法的安全性；密文具有在整个取值空间均匀分布的特性，相邻像素具有近似于零的相关性。

6. 基于 Chebyshev 混沌神经网络的 n 维广义 Arnold 变换矩阵加密算法

在第 5 章中，该算法首先将 Chebyshev 混沌神经网络产生的混沌序列转换为一系列的低阶整数矩阵，从中寻找满足条件的加密矩阵，再应用矩阵张量积相关知识，构造符合实际问题需求的高阶加密矩阵。给出的数字图像加密实例和理论分析表明，该算法可一次一密生成安全性很高的加密矩阵，且加密结果具有良好的混沌特性和自相关性，明文的自然频率得以隐蔽和均匀化，有利于抵抗统计分析法的攻击，能满足密码学的要求。

6.2 未来研究方向展望

6.2.1 不足之处

图像置乱技术是图像信息隐藏问题的工作基础，本书对信息隐藏技术没有做深入研究，所研究的图像置乱方法在信息隐藏中效果如何也难料到，是最大的不足。此外，本书只研究了图像置乱相关问题及技术，但对声音、文本及视频等多种媒体的置乱技术没有进行探讨。

6.2.2　未来研究方向展望

下面着重说明未来可以思考的一些问题和可以进行的一些实验：

(1)在第 5 章中，只给出了构造 n 维广义 Arnold 矩阵的三种方法，n 维广义 Arnold 矩阵的模周期上界仍不精确，在第 4 章中手段基于三维 Arnold 变换的置乱算法应用，这些都需要进一步研究。

(2)数字水印技术近年来得到了飞速发展，并且得到了世界各国科学家们的广泛关注，这是因为它可以对知识产权进行有效保护，对由因特网发展所带来的弊端进行有效补充。下一步的研究将主要集中在海洋遥感图像中的数字水印技术等，这需要我们付出更多的艰辛来从事这方面的研究工作。

(3)数字图像置乱看似一件非常容易的事情，实际上并非如此。这主要是因为置乱后的图像需要有一定的抗攻击性而且去乱后的图像要求具有很高的品质。另外，置乱后的图像在传输时，需要有一定的抗攻击性。一般采用循环置乱和置乱与去乱采用同一方法的算法常常容易被解密。目前的研究主要集中在置乱和去乱过程需要不同的方法上，置乱过程需要一定的密钥参与。我们已经取得的成果包括基于密码学的方法和基于计算机图形学的置乱方法。进一步的研究将集中在其他密码学方法的借鉴和计算机图形学方法的应用上，我们希望将置乱方法应用到声音的置乱和视频的置乱上，希望在数字电视或声音的传输中取得一些实际应用。

(4)攻击和抗攻击的研究贯穿于数字图像置乱研究的始终。建立具有强鲁棒性，高安全性和高可靠性的方法一直是数字图像置乱技术的宗旨，也是衡量一种算法好坏的关键。有关攻击和抗攻击的方法目前已经有了初步的结论，但还需要进行进一步的研究。现有的攻击方法主要集中在基于几何的处理方面，这些方法包括平移、旋转、缩放等，也有基于数字图像处理的方法，例如：滤波、有损压缩、裁剪等，还有基于密码学的明文攻击和选择明文攻击方法。

以上是我们对数字图像处理技术工作的进一步设想，这些设想具有一定的可行性，需要在实验中完成并给出最后的结论。作为数字图像信息隐藏技术的积极参与者，热切期盼它能根深叶茂，并结出累累硕果！

参考文献

[1]沈昌祥,张焕国,冯登国,等.信息安全综述[J].中国科学E辑:信息科学,2007,37(2):129-150.

[2]陈克非.信息安全:密码的作用与局限[J].通信学报,2001,22(8):93-99.

[3]Biham E,Shamir A. Differential cryptanalysis of DES:like ryptosystems [J]. Journal of Cryptography,1991,4(1):3-72.

[4]Petitcolas F A P,Anderson R J,Kuhn M G. Information Hiding:a Survey. Proceedings of the IEEE [J],1999,87(7):1062-1077.

[5]Abbas C,Joan C,Kevin C,et al. Digital Image Steganography:Survey and Analysis of Current Methods [J]. Signal Processing,2010(90):727-752.

[6]孙圣和,陆哲明,牛夏牧.数字水印技术与应用[M].北京:科学出版社,2004.

[7]王朔中,张新鹏,张开文.数字密写和密写分析[M].北京:清华大学出版社,2005.

[8]王育民,张彤,黄继武.信息隐藏:理论与技术[M].北京:清华大学出版社,2006.

[9]Katzenbeisse FS.信息隐藏技术:隐写术与数字水印[M]吴秋新,钮心忻,杨义先,等译.北京:人民邮电出版社,2001.

[10]钮心忻.信息隐藏与数字水印[M].北京:北京邮电大学出版社,2004.

[11]Johnson F,Jajodia S. Exploring Steganography:Seeing the Unseen [J]. IEEE Computer Magazine,1998,26-34.

[12]尤新刚,周琳娜,郭云彪.信息隐藏学科的主要分支及术语[A].北京电子技术应用研究所.信息隐藏全国学术研讨会(CIHW2000/2001)论文集[C].西安:西安电子科技大学出版社,2001,43-50.

[13]Pfitzman B. Information Hiding Terminology [A]. First Information Hiding Workshop [C]. 347-350.

[14]刘瑞祯,谭铁牛.数字图像水印研究综述[J].通信学报,2000,21(8):39-48.

[15]Ingemar JC,Matt LM. The first 50 Years of Electronic Watermarking [J]. EURASIP Journal of Applied Signal Processing,2002,2:126-132.

[16]Goljan M,Lossless Data Embedding Methods for Digital Images and Detection of Steganograp[M]. PhD Thesis. Binghamton University,State University of New York. 2001.

[17]Bender W,Gruhl D,Morimoto N,Lu A. Techniques for Data Hiding[J]. IBM System

Journal,1996,35(3&4):313-336.

[18]Anderson R J,Petitcolas F. On the Limits of Steganography[J]. IEEE Journal of Selected Areas in Communications,1998,16(4):474-481.

[19]江早. 信息伪装一种崭新的信息安全技术. 中国图像图形学报,1998,3(1):83-86.

[20]Li W,Xue X,Lu P. Robust Audio Watermarking Based on Rhythm Region Detection [J]. IEE Electronics Letters 2005,41(4):75-76.

[21]李伟,袁一群,李晓强,等. 数字音频水印技术综述. 通信学报,2005 ,26(2):100-111.

[22]Li W,Xue X. Audio Watermarking Based on Music Content Analysis:Robust Against Time Scale Modification[J]. Proceeding of the Second International Workshop on Digital Watermarking (IWDW 2003),Korea,October 2003:289-300.

[23]Wu CP,Su PC,Kuo CC. Robust and efficient digital audio watermarking using audio content analysis[J]. SPIE Security and Watermarking of Multimedia Contents,2000:23-28.

[24]王让定,朱洪留,徐达文. 基于编码模式的 H. 264/AVC 视频信息隐藏算法[J]. 光电工程,2010,37(5):144-150.

[25]胡洋,张春田,苏育挺. 基于 H. 264/AVC 的视频信息隐藏算法[J]. 电子学报,2008,36(4):690-694.

[26]陈真勇,唐龙,唐泽圣. 视频信息隐藏的置乱策略与方法[J]. 中国图象图形学报,2005,10(10):1242-1247.

[27]谭良,吴波,刘震,周明天. 一种基于混沌和小波变换的大容量音频信息隐藏算法[J]. 电子学报,2010,38(8):1812-1818.

[28]徐淑正,张鹏,王鹏军,杨华中. Performance Analysis of Data Hiding in MPEG-4 AAC Audio[J]. Tsinghua Science and Technology,2009,14(1):55-61.

[29]陈铭,张茹,刘凡凡,等. 基于 DCT 域 QIM 的音频信息伪装算法[J]. 通信学报,2009,30(8):105-111.

[30]杨艳秋,李建勇,曹长修. 基于采样点倒置和 BP 网络的音频掩密算法[J]. 华中科技大学学报(自然科学版),2009,37(12):13-15.

[31]张开文,张新鹏,王朔中. 图像及音频信号中隐蔽嵌入信息存在性的统计检验[J]. 电子与信息学报,2003,25(7):871-877.

[32]姜传贤,陈孝威. 鲁棒可逆文本水印算法[J]. 计算机辅助设计与图形学学报,2010,22(5):879-884.

[33]罗纲,孙星明. 基于文本剩余度的文本隐藏信息检测方法研究[J]. 通信学报,2009,30(6):19-25.

[34]戴祖旭,常健,陈静. 抵抗同义词替换攻击的文本信息隐藏算法[J]. 四川大学学报(工程科学版),2009,41(4):186-190.

[35]陈志立,黄刘生,余振山,杨威,陈国良. 基于双文本段的信息隐藏算法[J]. 电子与信息学报,2009,31(11):2725-2730.

[36]钮心忻,杨义先. 文本伪装算法研究[J]. 电子学报,2003,31(3):1-4.

[37]杜江. 信息隐藏与数字水印技术研究[D]. 西安:西安电子科技大学,2001.

[38]王卫卫. 小波与提升及其在图像数字水印中的算法研究[D]. 西安:西安电子科技大学,2001.

[39]朱桂斌. 数字图像信息隐藏的理论与算法研究[D]. 重庆:重庆大学,2004.

[40]吴明巧. 数字图像信息隐写与隐写分析技术研究[D]. 长沙:国防科学技术大学,2007.

[41]王丹. 抗几何攻击的信息隐藏技术研究[D]. 上海:复旦大学,2008.

[42]刘培培. 图像脆弱数字水印和数字隐写的几个关键技术研究[D]. 成都:西南交通大学,2008.

[43]叶天语. 信息隐藏理论与算法研究[D]. 北京:北京邮电大学,2009.

[44]Kurak C McHugh J. A Cautionary Note on Image down Grading [A]. In Application Proceedings of the 8th IEEE Annual Computer Security Application Conference[C], 1992,153-159.

[45]Proceeding of the First Information Hiding Workshop,LNCS,Isaac Newton Institute, Cambridge,England. 1999,Vol. 1174.

[46]闫伟齐. 数字图象信息隐藏中的数学方法及应用研究[D]. 北京:中国科学院计算技术研究所,2001.

[47]Mangulis,V. Security of Popular Scrambling Scheme for TV Pictures[J]. RCA Rev., 1980:423-432.

[48]Qi D X, Zou J C, Han X Y. A New Class of Scrambling Transformation and Its Application in the Image Information Covering [J]. Science in China (Series E),2000, 43(3):304-412.

[49]Hsu C T, Wu J L. Hidden Digital Watermarks in Images [J]. IEEE Transactions on Image Processing,1999,8(1):58-68.

[50]丁玮,闫伟齐,齐东旭. 数字图象水印的 Cox 方法和 Pitas 方法综述[J]. 北方工业大学学报,2000,12(3):1-12.

[51]Cox I J, Kilian J, Leighton F T, et al. Secure spread spectrum watermarking for multimedia. IEEE Transactions on Image Processing,1997,6(12):1673-1687.

[52]Lee Y K,Chen L H. High capacity images steganographic model[J]. IEE Proc. —Vis. Images Signal Process. 2000,147(3):288-294.

[53] Arnold V I, Avez A. Ergodic Problems of Classical Mechanics [J]. Mathematical Physics Monograph Series. NewYork:W A Benjamin,INC,1968.

[54]F. J. Dyson,H. Falk. Period of a Discrete Cat Map—ping. The American Mathematical

Monthly,1992,99(7):603-614.

[55]QI D X,WANG D SH,YANG D L. Matrix transformation of digital image and its periodicity [J]. Progress in Natural Science,2001,11(7):543-549.

[56]王道顺,杨地莲,齐东旭. 数字图像的两类非线性变换及其周期性[J]. 计算机辅助设计与图形学学报,2001,13(9):829-833.

[57]杨礼珍,陈克非. 变换矩阵(mod n)的阶及两种推广 Arnold 变换矩阵. 中国科学,E 辑,2004,34(2):151-161.

[58] Yang Y L, Cai N, Ni G Q. Digital Image Scrambling Technology Based on the Symmetry of Arnold Transform [J]. Journal of Beijing Institute of Technology,2006,2006,15(2):216-220.

[59]邵利平,覃征,刘波,等. 二维双尺度矩形映射及其在图像置乱上的应用[J]. 计算机辅助设计与图形学学报,2009,21(7):1025-1034.

[60]柏森,曹长修,柏林. 基于仿射变换的数字图象置乱技术[J]. 计算机工程与应用,2002,38(10):74-76.

[61]朱桂斌,曹长修,胡中豫,等. 基于仿射变换的数字图像置乱加密算法[J]. 计算机辅助设计与图形学学报,2003,15(6):711-715.

[62]王泽辉. 二维随机矩阵置乱变换的周期及在图像信息隐藏中的应用[J]. 计算机学报,2006,29(12):2218-2224.

[63]马在光,丘水生. 基于广义猫映射的一种图像加密系统[J]. 通信学报,2003,24(2):51-57.

[64]郭建胜,金晨辉. 对基于广义猫映射的一个图像加密系统的已知图像攻击[J]. 通信学报,2005,26(2):131-135.

[65]吴昊升,王介生,刘慎权. 图像的排列变换[J]. 计算机学报,1998,21(6):514-519.

[66]朱桂斌. 数字图像信息隐藏的理论与算法研究[D]. 重庆:重庆大学,2004.

[67]徐献灵,崔楠. 数字图像置乱加密技术综述[J]. 信息网络安全,2009,9(3):32-39.

[68]李昌刚,韩正之,张浩然. 图像加密技术综述[J]. 计算机研究与发展,2002,39(10):1317-1324.

[69]丁玮,齐东旭. 数字图像变换及信息隐藏与伪装技术. 计算机学报,1998,21(9):838-843.

[70]邵利平,蒙清照,李春枚,王旭. 图像置乱方法综述[J]. 信息网络安全,2009,9(4):22-26.

[71]丁玮,闫伟齐,齐东旭. 基于 Arnold 变换的数字图像置乱技术[J]. 计算机辅助设计与图形学学报,2001,(4):339-341.

[72]邹建成,铁小匀. 数字图像的二维 Arnold 变换及其周期性[J]. 北方工业大学学报,2000,12(1):1014-1032.

[73]孙伟. 关于 Arnold 变换的周期性[J]. 北方工业大学学报，1999，11(1)：29-32.

[74]张健，于晓洋，任洪娥. 一种改进的 Arnold Cat 变换图像置乱算法[J]. 计算机工程与应用，2009，45(35)：14-17.

[75]邹建成，唐旭晖，李国富. 数字图像的仿射模变换及其周期性[J]. 北方工业大学学报，2000，12(3)：13-16.

[76]齐东旭. 矩阵变换及其在图像信息隐藏中的应用研究[J]. 北方工业大学学报，1999，11(1)：24-28.

[77]李兵，徐家伟. Arnold 变换的周期及其应用[J]. 中山大学学报(自然科学版)，2004，43(S2)：139-142.

[78]黎罗罗. Arnold 型置乱变换周期分析[J]. 中山大学学报(自然科学版)，2005，44(2)：1-4.

[79]吴发恩，邹建成. 数字图像二维 Arnold 变换周期的一组必要条件[J]. 北方交通大学学报，2001，25(6)：66-69.

[80]商艳红，李南，邹建成. Fibonacci 变换及其在数字图像水印中的应用[J]. 中山大学学报(自然科学版)，2004，43(S2)：148-151.

[81]Ding W，Yan W Q，Qi D X. Digital image Scrambling[J]. Progress in Natural Science，2001，11(6)：454-460.

[82]丁玮，闫伟齐，齐东旭. 基于置乱与融合的数字图象隐藏技术及其应用[J]. 中国图象图形学报，2000，5(A)(8)：643-649.

[83]徐桂芳，曹敏谦. 纯幻方的构造原理与方法[M]. 西安：西安交通大学出版社，1994.

[84]丁玮，齐东旭. 基于生命游戏的数字图像置乱与数字水印技术[J]. 北方工业大学学报，2000，12(1)：1-5.

[85]柏森，曹长修，曹龙汉，等. 基于骑士巡游变换的数字图象细节隐藏技术[J]. 中国图象图形学报，2001，6(11)：1096-1100.

[86]柏森，曹长修. 一种新的数字图象置乱隐藏算法[J]. 计算机工程，2001，27(11)：18-19.

[87]姜德雷，柏森，董文明. 基于广义骑士巡游的比特位平面间图像置乱算法[J]. 自然科学进展，2009，19(6)：691-696.

[88]雷仲魁，孙秋艳，宁宣熙. 马步哈密顿圈(骑士巡游)在图像置乱加密方法上的应用[J]. 小型微型计算机系统，2010，31(5)：954-989.

[89]侯启槟，杨小帆，王阳生，等. 一种基于小波变换和骑士巡游的图像置乱算法[J]. 计算机研究与发展，2004，41(2)：370-375.

[90]袁玲，康宝生. 基于 Logistic 混沌序列和位交换的图像置乱算法[J]. 计算机应用，2009，29(10)：2681-2683.

[91]马苗，谭永杰. 基于相邻像素间位异或的图像置乱算法[J]. 计算机工程与应用，2008，44(9)：187-189.

[92]李环,覃征,张选平,等. n 维空间随机矩阵变换的音频置乱算法[J]. 西安交通大学学报,2010,44(4):13-17.

[93]邵利平,覃征,衡星辰,等. 基于高维矩阵变换的雪崩图像置乱变换[J]. 中国图象图形学报,2008,13(8):1429-1436.

[94]邵利平,覃征,衡星辰,等. 基于矩阵变换的图像置乱逆问题求解[J]. 电子学报,2008,36(7):1355-21363.

[95]邵利平,覃征,高洪江,等. 二维非等长图像置乱变换[J]. 电子学报,2007,35(7):1290-1294.

[96]李国富. 基于正交拉丁方的数字图像置乱方法[J]. 北方工业大学学报,2001,13(1):14-16.

[97]邹建成,李国富,齐东旭. 广义 Gray 码及其在数字图像置乱中的应用[J]. 高校应用数学学报 A 辑(中文版),2002,17(3):363-370.

[98]万里红,孙燮华,林旭亮. 分形 Hilbert 曲线混合 Gray 码的图像加密算法研究[J]. 计算机工程与应用,2010,46(34):184-186.

[99]谭永杰,马苗. 位平面与 Gray 码相结合的图像置乱方法[J]. 计算机工程与应用,2010,46(16):174-177.

[100]丁文霞,卢焕章,王浩,等. 基于混沌的快速格雷码分段置乱视频加密算法[J]. 通信学报,2007,28(9):34-39.

[101]丁文霞,卢焕章,王浩. 一种基于混沌二值密钥的格雷码分块置乱图像加密算法[J]. 计算机工程与科学,2008,30(7):50-53.

[102]孙鑫,易开祥,孙优贤. 基于混沌系统的图像加密算法[J]. 计算机辅助设计与图形学学报,2002,14(2):136-139.

[103]易开祥,孙鑫,石教英. 一种基于混沌序列的图像加密算法[J]. 计算机辅助设计与图形学学报,2000,12(9):672-676.

[104]陈艳峰,李义方. 交替分段相互置乱的双混沌序列图像加密算法[J]. 华南理工大学学报(自然科学版),2010,38(5):27-33.

[105]刘云,郑永爱,莫丽丽. 基于超混沌系统的图像加密方案[J]. 中南大学学报(自然科学版),2009,40(S1):121-126.

[106]王英,郑德玲,王振龙. 空域彩色图像混沌加密算法[J]. 计算机辅助设计与图形学学报,2006,18(6):876-880.

[107]和红杰,张家树. 基于混沌置乱的分块自嵌入水印算法[J]. 通信学报,2006,27(7):80-86.

[108]朱从旭,陈志刚,欧阳文卫. 一种基于广义 Chen's 混沌系统的图像加密新算法[J]. 中南大学学报(自然科学版),2006,37(6):1142-1148.

[109]刘家胜,黄贤武,朱灿焰,等. 基于 m 序列变换和混沌映射的图像加密算法[J]. 电子与

信息学报,2007,29(6):1476-1479.

[110]黄峰,冯勇.一种对角线拉伸的混沌映射图像加密算法[J].光电子.激光,2008,19(1):100-103.

[111]胡裕峰,朱善安.基于PCA和混沌置乱的零水印算法[J].浙江大学学报(工学版),2008,42(4):593-597.

[112]张翌维,沈绪榜,郑新建,等.基于混沌映射的图像加密硬件实现结构[J].华中科技大学学报(自然科学版),2008,36(6):84-88.

[113]高飞,李兴华.基于混沌序列的位图像加密研究[J].北京理工大学学报,2005,25(5):447-450.

[114]张瀚,王秀峰,李朝晖,等.一种基于混沌系统及Henon映射的快速图像加密算法[J].计算机研究与发展,2005,42(12):2137-2142.

[115]王英,郑德玲,鞠磊.基于Lorenz混沌系统的数字图像加密算法[J].北京科技大学学报,2004,26(6):678-682.

[116]李娟,冯勇,杨旭强.压缩图像的三维混沌加密算法[J].光学学报,2010,30(2):399-404.

[117]王新成.多媒体实用技术(图象分册)[M].成都:电子科技大学出版社,1995.

[118]沈庭方,方子文.数字图象处理及模式识别[M].北京:北京理工大学出版社,1998.

[119]李昌利,卢朝阳.数字水印的去同步攻击及其对策[J].中国图象图形学报,2005,10(4):403-409.

[120]张博,李小斌,侯彪.基于Hermit矩阵扰动特性的图像数字水印.西安电子科技大学学报,2008,35(6):1127-1130.

[121]谢静,吴一全.基于奇偶量化的Contourlet变换域指纹图像水印算法[J].计算机应用,2007,27(6):1365-1367.

[122]刘芳,贾成,袁征.一种基于Arnold变换的二值图像水印算法[J].计算机应用,2008,28(6):1044-1046.

[123]赵亮,廖晓峰,向涛,等.对高维混沌系统的图像加密算法安全性和效率的改进[J].计算机应用,2009,27(7):1775-1781.

[124]黄良永,肖德贵.二值图像Arnold变换的最佳置乱度[J].计算机应用,2009,29(2):474—476.

[125]Paul G.密码学导论[M].吴世忠,等译.北京:机械工业出版社,2003:94-100,154.

[126]袁明豪.Fibonacci数列的模数列的周期性[J].数学的实践与认识,2007,2(3):119-122.

[127]袁明豪.Fibonacci数列的一组模数列的周期[J].黄冈师范学院学报,2007,3(3):1-3.

[128]袁明豪.Fibonacci数列的模数列的周期的一个性质[J].数学的实践与认识,2008,4(8):207-210.

[129] Peter F, Kevin S. Periods of Fibonacci Sequences Mod m. The American Mathematical Monthly, 1992, 99(3): 278-279.

[130]Kenneth H. Elementary Number Theory and Its Applications (Fifth edition)[M]. Beijing: China Machine Press, 2009.

[131]Paulo Ribenboim. My Numbers, My Friends: Popular Lectures on Number Theory [M]. New York: Springer-Verlag. (2000).

[132] Karaduman E. An Application of Fibonacci Numbers in Matrices [J], Applied Mathematics and Computation, 2004, 147: 903-908.

[133]Arnold K, Robert F. Tichy, StephanWagner, Volker Ziegler. Graphs, Partitions and Fibonacci numbers[J]. Discrete Applied Mathematics, 2007, 155: 1175-1187.

[134]Fu X, Zhou X. On Matrices Related with Fibonacci and Lucas Numbers[J]. Math. Comput, 2008, 200 (1): 100-960.

[135]Er M C, Sums of Fibonacci Numbers by Matrix Methods[J]. Fibonacci Quart, 1984, 22 (3): 204-207.

[136] Chen W, Quan C, Tay C J. Optical Color Image Encryption Based on Arnold Transform and Interference Method[J]. Optics Communications , 2009, 282(18): 3680-3685.

[137]Falcon S, Plaza A. On the 4-dimensional k-Fibonacci spirals, Chaos, Soliton Fract, 2008, 38(4): 993-1003.

[138]Sergio F, Angel P. k-Fibonacci sequences modelo[J]. Chaos, Solitons and Fractals , 2009, 41: 497-504.

[139]Falcon S, Plaza A. On k-Fibonacci Sequences and Polynomials and Their Derivatives [J]. Chaos, Solitons & Fractals, 2007, 39: 1005-19.

[140]Kilic E. The Binet Formula, Sums and Representations of Generalized Fibonacci p-numbers[J]. Combin. 2008 , 29(3): 701-711.

[141] Yang S. On the k-Generalized Fibonacci Numbers and High－order Linear Recurrence Relations[J]. Math. Comput, 2008, 196(2): 850-857.

[142]Karaduman E On determinants of matrices with general Fibonacci numbers entries [J]. Math. Comput, 2005, 167: 670-676.

[143]Falcon S, Plaza A. On the Fibonacci k-numbers, Chaos, Soliton Fract, 2007, 32 (5): 1615-1624.

[144]Lin D+D. Introduction To Algebra and Finite Fields[M]. Beijing: Higher Education Press, 2008, 34-36.

[145]Ye G D. Image Scrambling Encryption Algorithm of Pixel Bit Based on Chaos Map [J]. Pattern Recognition Letters, 2010, 31(2) : 347-354.

[146] Lin Z H, Wang H X. Efficient Image Encryption Using a Chaos-based PWL Memristor[J]. Iete Technical Review, 2010, 27(4) :318-325.

[147] Gao H J, Zheng Y S, Liang S Y, et al. A New Chaotic Algorithm for Image Encryption [J]. Chaos, Solutions and Fractals, 2006, 29(2): 393-399.

[148]王泽辉. 三维随机矩阵置乱变换的周期及其应用[J]. 中山大学学报(自然科学版), 2008, 47(1): 21-25.

[149]王英, 郑德玲, 吴延华. 一种多重水印零嵌入算法[J]. 北京科技大学学报, 2006, 28(8): 799-802.

[150]王泽辉. 集成随机置乱和环论的图形图像公钥加密技术[J]. 计算机辅助设计与图形学学报, 2009, 21(5): 708-712.

[151]孔涛, 张亶. Arnold 反变换的一种新算法[J]. 软件学报, 2004, 15(10): 1558-1564.

[152]杨晓元, 苏光伟, 张敏情. 基于 Kerckhoffs 原则的图像隐密算法[J]. 武汉大学学报(理学版), 2009, 55(1): 67-70.

[153] R M. Simple Mathematical Model with Very Complicated Dynamics [J]. Nature, 1976, 261: 459-281.

[154]邓绍江, 肖迪, 涂凤华. 基于 Logistic 映射混沌加密算法的设计与实现[J]. 重庆大学学报, 2004, 27(4): 61-63.

[155] Flannery B P, Teukolsky S A, Vetterling W T, et al. The Art of Scientific Computing, 2nd ed [M]. Cambridge, England: Cambridge University Press, 1992: 35-42.

[156]谭国律. 基于矩阵张量积的数据加密方案[J]. 计算机科学, 2002, 29(8): 119-120, 125.

[157] Bibhudendra A, Sarat K P, Ganapati P. Involutory, Permuted and Reiterative Key Matrix Generation Methods for Hill Cipher System [J]. International Journal of Recent Trends in Engineering, 2009, (4): 106-108.

[158]徐景实, 谭利. 矩阵加密与解密的一些方法[J]. 长沙电力学院学报(自然科学版), 2003, 18(1): 1-3.

[159]杨载朴. 广义逆矩阵的张量积[J]. 工科数学, 1999, 15(1): 85-88.

[160]许君一, 孙伟, 齐东旭. 矩阵 Kronecker 乘积及其应用[J]. 计算机辅助设计与图形学学报, 2003, 15(4): 377-388.

[161] Gerardo R C, Giovanni P. Kronecker Product gain-shape Vector Quantization for Multispectral and Hyperspectral Image Coding [J]. IEEE Transactions on Image Processing, 1998, 7(5): 668-678.

[162] Charles F V L. The Ubiquitous Kronecker Product[J]. Journal of Computational and Applied Mathematics, 2000, 123(Issue 1/2): 85-100.

[163] Chades F Van Loan, Nikos Pitsianis, Approximation with Kronecker Products[R].

New York:Cornell University,1992:92-109.

[164]宋彩芹,赵建立.换位矩阵在矩阵张量积交换中的应用[J].济南大学学报(自然科学版),2009,23(2):218-220.

[165]谭国律.基于矩阵张量积的数据加密矩阵的构造[J].计算机工程与应用,2006,42(23):65-65.

[166]邹阿金,肖秀春.基于混沌控制系统的神经网络异步加密算法[J].计算机工程,2008,34(12):160-161.

[167]邹阿金,张雨浓.基函数神经网络及应用[M].广州,中山大学出版社,2009.

[168]Fredric M. Ham I K.神经计算原理[M].叶世伟,王海娟,译.北京,机械工业出版社,2007.

[169]Tiegang Gao,Zengqiang Chen,A New Image Encryption Algorithm Based on Hyper-Chaos[J]. Physics Letters,2008,372:394-400.